도시
양봉

THE URBAN BEEKEEPER
Copyright ⓒ Steve Benbow 2012
First published as The Urban Beekeeper by Square Peg
All rights reserved.

Korean translation copyright ⓒ 2013 by Dulnyouk Publishing Co.
Korean translation rights arranged with Random House Group Ltd. through EYA(Eric Yang Agency).

이 책의 한국어판 저작권은 EYA(Eric Yang Agency)를 통해 Random House Group Ltd.와 독점 계약한 도서출판 들녘에 있습니다. 저작권법에 의하여 한국 내에서 보호를 받는 저작물이므로 무단전재와 복제를 금합니다.

도시양봉

ⓒ들녘 2013

초판 1쇄 발행일 2013년 7월 3일
초판 5쇄 발행일 2018년 2월 26일

| 지 은 이 | 스티브 벤보우 |
| 옮 긴 이 | 이은주 |

출판책임	박성규
편　　집	유예림 · 남은재
디 자 인	조미경 · 김원중
마 케 팅	나다연 · 이광호
경영지원	김은주 · 박소희
제작관리	구법모
물류관리	엄철용

펴 낸 곳	도서출판 들녘
펴 낸 이	이정원
등록일자	1987년 12월 12일
등록번호	10-156
주　　소	경기도 파주시 회동길 198
전　　화	마케팅 031-955-7374 편집 031-955-7381
팩시밀리	031-955-7393
홈페이지	www.ddd21.co.kr

ISBN 978-89-7527-678-1(14520)
ISBN 978-89-7527-160-1(set)

값은 뒤표지에 있습니다. 잘못된 책은 구입하신 곳에서 바꿔드립니다.

이 도서의 국립중앙도서관 출판시도서목록(CIP)은 서지정보유통지원시스템 홈페이지(http://seoji.nl.go.kr)와 국가자료공동목록시스템(http://www.nl.go.kr/kolisnet)에서 이용하실 수 있습니다.(CIP제어번호: CIP2013009896)

도심 속 양봉가의 즐거움

도시
양봉

스티브 벤보우 지음 | **이은주** 옮김

들녘

1930년대에 북부 슈롭셔 프로비던스의 소규모 양봉장에서 벌들을 돌보고 계신 친조부모님.

2001년 가을,
뉴욕에서는 벌들을 아직 야생동물로 간주하던 시절
도시 게릴라양봉의 선구자 데이비드 그레이브스. 유니온 광장 근처
26층 건물 옥상에 있는 라임 꿀이 담긴 벌집에서 벌을 떼어놓기 위해
낡은 티셔츠로 털어내고 있다.

꿀이 담긴 계상을 내려서 벌이 드나들지 못하게 끈으로 묶는다.
계상을 허리에 매단 채로 사다리를 내려온 후에,
검은색 쓰레기봉지에 담아서 지하철로 운반한다.

유니온 광장 농산물 직거래장터에서
판매 중인 뉴욕 꿀.

지난봄,
벌들을 돌보고 있는 데이비드 웨인라이트.

데이비드의 꿀로 쌓은 탑.
완벽한 진열에 조명까지 받았다.
한 단지 사지 않고
배길 사람이 과연 있을까?

날씨가 더할 나위 없이 좋은 날, 웨스트 웨일스에 있는 데이비드의 그림같이 아름다운 계곡. 육종장에 밝은색으로 칠한 핵군상이 받침대 위에 올라져있다.

나탈리 호지슨과 브리지노스 근처 라벤더농장에 있는 그녀의 벌 마을. 사진과 학생이던 1980년대 중반에 그녀를 방문했고, 상업 양봉을 하기 위해 슈롭셔로 돌아왔을 때 다시 찾았다.

내가 처음으로 사용한 양봉트럭.
손수 페인트칠한 모리스 오스틴 소형 오픈트럭으로,
런던에서 벌들을 운반하거나 시장에 갈 때는 아주 좋았지만,
가족이 타고 다니기에는 적합하지 않아서
네드가 태어났을 때 팔았다.

고급스러운 상가로 재개발하기 전의
스피탈필즈 마켓 입구 쪽에 있던 나의 첫 가판대.
소형 오픈트럭 뒷문에 관람용 벌통을 고정해놓았다.

갓 자른 런던 벌집.
각각 수하물 꼬리표를 달고
벌 모양 도장을 찍었다.

우리의 첫 번째 런던 꿀단지.
식품보존용 밀폐 유리용기에 담고
수하물 꼬리표를 달았다.

도로 위의 삶.

화려한 모양으로 주문제작한 벌통들을 2008년 피커딜리 거리에 있는 포트넘 앤 메이슨 백화점 옥상에 설치하기 전에 전국 순회여행을 하던 중. 스티퍼스톤즈가 올려다보이는 리 매너의 정원에 진열했다.

포트넘 앤 메이슨 백화점 옥상에서 벌통을 점검하는 일은 늘 즐겁다. 많은 사람과 차량으로 혼잡한 아래쪽과 멀리 떨어진 이곳은 평온하기 그지없다. 저녁 늦게 옥상으로 돌아와서 벌들을 지켜보노라면, 시간 가는 줄도 모르고 일에 빠져든다.

꿀벌응애를 점검하기 위한 설탕 흔들기법을 시행한 후에 벌통으로 돌아온 벌들.

피터가 여왕벌들을 조그만 왕롱에 시중벌 몇 마리와 함께 담아서
보호포장(할인매장 광고 선난으로 감쌌나)해서 우편으로 보내왔다.

테이트 모던 미술관에 있는 양봉장에서
미리 준비해두었던 보통 크기의 계상들을
다 사용하고도 모자라서,
하는 수 없이 더 높은 육아소비를 올려놓았다.
이것들은 개당 무게가 45킬로그램이나 나갔다.
정말 큰 실수를 저지른 것이다.

테이트 모던 미술관에서 매주 벌들을 점검하는 만다나.
벌들은 건물 뒤쪽 양지바른 이곳을 무척 좋아하는 것 같다.

도시의 전사(戰士) 네드.

양봉일지에 그리니치 변전소에 있는 양봉장을 대충 그렸는데, 이 그림을 그린 지 몇 주 후에 기물파손범들이 이 곳의 벌통들을 땅바닥에 내팽개치고 불살라버렸다.

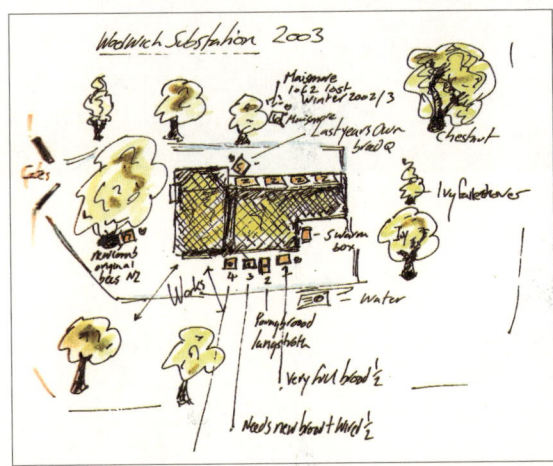

타워브리지 거리에서 조금 떨어진 곳에 있는 오래된 오피스텔의 구식 승강장치를 이용해 시장에서 쓰는 장비를 아래쪽 도로에서 끌어올리고 있다.

오래된 빅토리아 취수펌프장의 물탱크. 조쉬가 꿀이 가득 들은 길이가 긴 벌통을 제과점에서 쓰는 납작한 플라스틱 상자에 넣고 윈치를 이용해서 내려보내고 있다.

빅토리아 취수펌프장의 오래된 물탱크에서 핵군을 만드는 장면.

처음으로 런던의 내 아파트 옥상에 설치한 벌통.
벌들이 상당히 잘 자라서 첫해에는 짙고 풍부한 꿀을 생산했지만,
그다음 해에는 인근에 있는 학교 울타리로 내려가 분봉했다.

양봉장비를
오래된 피크닉 바구니에 담아서
포트넘 백화점에 있는 벌들을 점검하러 간다.

버몬지의 창고에 있는
개방형 작업장.
크리스마스 성수기를 대비해,
동네 쓰레기통에서 주워온
오래된 다리미판 위에
갓 자른 벌집을 진열했다.

눈부시게 아름다운 양봉의 세계.

 머리말

나는 벌에 관한 것이라면 뭐든지 좋아한다. 민첩하게 날아다니지만 나른하게 느껴지는 모습과 들릴 듯 말 듯 윙윙거리는 소리(졸린 듯한 그들의 강한 비트가 들린다면 찌는 듯이 더운 여름날이 다가왔다는 신호다)도 좋고, 그들이 만들어내는 달콤하고 다채로운 꿀이야말로 당연히 좋아한다. 조금만 거리가 떨어진 곳에서 채취해도, 꿀의 풍미가 감칠맛 나는 밤부터 달콤한 라임과 부드러운 장미향에 이르기까지 변화무쌍해서 늘 놀라움의 원천이 된다.

어떤 사람들은 이 조그만 생물체들에게 신경조차 쓰지 않을지도 모르지만, 나에게는 벌들이 전부다. 나는 그들의 다양한 성격을 무척 좋아하며, 그들의 훌륭한 직업의식에 감탄해마지않는다. 평균적으로 벌통 한 개에 들은 벌들이 1년 동안 날아다닌 거리를 합하면 달까지 다녀올 수 있을 정도의 거리다. 그리고 나는 그들의 겸손함에 경외심을 품고 있다. 그들이 수분(受粉) 활동을 하지 않는다면, 인간의 삶은 휘청거릴 것이다.

벌을 향한 나의 열정은 어린 시절에 곤충에 몰두하던 것에서 비롯했다. 곤충 사랑은 부모님께서 고향 집 주택 뒤편 움푹 들어간 곳에 만들어놓은 분홍색 콘크리트 석탄창고에서 시작한 것 같다. 그곳은 나의 비밀스러운 아지트였는데, 어둡고 건조했다. 그리고 상당히 비좁아서 영국 전통의 상인 체크무늬 치마를 입고 손전등을 든 비쩍 마른 어린 소년보다 몸집이 더 큰 사람은 접근하기조차 어려웠다. 그곳은 거대한 집거미가 자주 출몰했는데, 거미를 발견할 때마다 무척 기뻤다.

나의 수집품을 담은 잼 병들이 줄줄이 늘어났다. 유리 안을 들여다보면 그 안에 호리호리한 괴물들이 확대되어 보였다. 금속 병뚜껑을 못으로 대충 뚫어서 숨 쉬는 구멍을 만들어주었다. 매일같이 거미들을 만지작거리며 살펴보긴 했지만, 함부로 다루지 않고 거의 경외하는 마음으로 대했다. 절대 해치지 않았고 결국에는 항상 풀어주었다.

소름 끼치는 이 생물에 대한 나의 광적인 사랑이 점차 커지면서, 우리 가족은 세상에 있는 온갖 잼을 다 먹어주느라고 애를 썼다. 그 결과, 곧 내 수집품들은 초등학교의 라디에이터 덮개 위에 자리 잡았다. 그중에는 학교 운동장에서 죽은 채 발견된 날개 달린 벌들도 있었는데, 판지로 만든 시리얼 통의 활처럼 볼록 나온 부분에 핀으로 찔러 고정해놓았다. 그것들과 나란히, 금이 간 새의 알들을 모은 것들도 탈지면으로 받쳐서 진열해놓았다.

교실은 내가 처음으로 벌에 쏘였던 장소이기도 하다. 아무리 양봉가라도 벌에 처음 쏘인 기억을 잊지는 못하는 법이다. 1976년 여름으로 똑똑히 기억한다. 그해는 전국적으로 보온성이 아주 좋은 두꺼운 오리털 이불을 덮고 자는 것처럼 무더웠다. 우연히 교실에 들어온 꿀벌 한 마리가 밖으로 탈출하려고 커다란 유리창에 계속 부딪히며 점점 더 고통스러워하기에 구해 주려다가 벌어진 일이었다. 윙윙거리는 소리가 살려달라고 미친 듯이 울리는 사이렌 소리 같아서, 도와주려고 내 조그만 의자에서 벌떡 일어섰다.

창문이 전부 다 열려있는데도, 그 벌은 여전히 나갈 길을 찾지 못했다. 미친 듯이 오락가락하는 벌을 두 손으로 동그랗게 모아쥐고 햇빛이 비치는 밖으로 안내하려고 했는데(그때까지는 유리컵을 종이로 덮는 통상적이지만, 완벽한 방법을 터득하지 못했다) 벌은 나에게 최후의 일격을 가하고 말았다.

솔직하게 말해서, 내가 정말로 괴로웠던 이유는 벌침이 아니었다. 가장 걱정된 것은 벌의 죽음이었다. 벌의 배가 뜯겨버렸기 때문이다. 내 손바닥에 독이 들어온 것은 아무렇지 않았다. 내가 가학적인 사람이어서가 아니라 뭔가가 내 마음을 끌었다.

고통은 금방 지나갔다. 시리얼 통으로 만든 내 곤충채집 클럽에 새 친구가 생긴 것이다. 그때는 미처 깨닫지 못했지만, 이것은 진로에 관한 좋은 징조이기도 했다.

심지어 나는 여덟 살 때에도 꿀벌을 알았다. 우리 외할아버지와 외할머니는 2차 세계대전 때 설탕 부족 문제를 해결하기 위한 정부의 시책이 발표된 이후 계속 슈롭셔에 있는 사과농장에서 양봉을 하셨다. 외할아버지의 꿀은 부드럽고 진하고 달콤해서, 나는 걸음마를 배울 무렵부터 꿀을 좋아했다.

내 양봉기술이 대대로 사랑을 담아 물려받은 것이라고 주장하고 싶지만, 거구의 대장장이 할아버지와 난롯가에 앉아 할아버지의 매혹적인 기술에 대해서 다정하게 대화를 나누어본 적은 한 번도 없다. 사실, 내가 기억하는 외할아버지에게 들은 양봉에 관한 유일한 명언은 '너는 항상 너의 벌들에게 걱정거리를 이야기해야 한다'였다. 그것으로 충분해요, 할아버지. 저는 아직도 할아버지 말씀대로 하고 있어요.

나의 친할머니인 케이트 할머니는 이 지역의 다른 쪽에 사셨는데, 대단한 산파이자 양봉가이기도 했다. 무엇보다 진짜로 벌을 가르쳐준 분이었다. 1930년대에 할머니와 할머니의 벌들을 찍은 끝내주게 멋진 커다란 사진은 내가 가장 아끼는 보물이다. 나는 할머니가 나의 DNA 어딘가에 잠복해있던 열정을 일깨워주었다고 생각한다.

해가 갈수록 벌에 대한 나의 열정은 점점 자라나고 발전하였으며, 결국 어느 날 일어나 보니 낯설지만 기막히게 좋은 직업인 전업 양봉가가 되어있었다. 이 책은 내가 그 과정에서 겪은 모험을 이야기하며, 특히 벌들을 런던으로 데려오기로 하고 나서 1년 동안의 진행경과를 낱낱이 기술했다. 이것을 나의 '수도 인수 작전'이라고 부르고 싶다.

월별로 각각 장을 만들어서, 양봉가의 1년 생활이 어떻게 전개되는지를 보여줄 것이다. 해야 할 일과 하지 말아야 할 일, 작은 비밀들, 큰 실수들 그리고 막대한 보답에 이르기까지 모든 것을 망라했다. 내가 겪은 모험이 독자에게 조그맣지만 경탄할만한 이 생물체들을 좀 더 많이 아는 계기가 되기를 바란다. 당신이 아주 외딴 시골마을에 살든, 헤더가 뒤덮인 황야지대에 살든, 바람이 휘몰아치는 바닷가나 혹은 어수선한 도시 한복판에 살든 (그런데 나는 그 모든 것을 다 경험해보았다), 양봉에 필수적인 기술은 다 똑같다.

장담하건대, 당신의 삶에서 그 어떤 것도 계절의 변화와 예측할 수 없는 자연현상에 이토록 밀접한 일은 없을 것이다. 또한, 이처럼 보람차고 삶을 윤택하게 해주는 일도 없을 것이다.

차례

화보_ 도시양봉가의 삶 4

머리말 20

1월 동면기 31

도시 미션 34 | 벌들이 하는 일 40 | 초보 양봉가 42 | 장비 선택 43 | 초보 양봉가가 갖추어야 할 장비 46 | 계획 세우기 – 케이크 한 조각을 곁들이며 50 | 스트루폴리 만들기 52 | 꿀벌응애를 막기 위한 옥살산 처리 53 | 내 벌들은 안녕하신가? 54 | 벌침을 조심하라 55 | 이송 중 일어난 사고 56 | 1월 팁 59

2월 암흑기 탈출 61

벌의 매력에 빠지다 63 | 런던 제일의 번화가 입성 67 _ 날씨가 추워서 좋은 점 68 | 준비는 하되, 조금만 더 참기를 69 | 새로운 시작, 그러나 슬픈 이별 71 _ 케이크 최고! 72 | 제인 누나의 꿀 케이크 74 | 슈롭셔 사람들 74 | 장비 점검과 조립 77 | 양봉의 대가 피터 78 _ 냄새도 잘 맡는 귀염둥이 79 _ 베테랑 79 | 오래된 양봉장 보수하기 80 | 벌통을 지면에 닿지 않게 두라 81 | 새로운 세대 82 _ 어린이들이 양봉을 접할 기회 84 | 한 줄기 햇살 같은 존재 85 | 2월 팁 88

3월 일상으로 복귀 89

설탕시럽 만들기 93 | 귀염둥이들을 데리고 돌아가다 96 | 복장 갖추기 99 | 꿀벌응애와 질병 101 _ 꿀벌 질병 관련 누리집 103 | 위생은 기본 103 | 위를 보지 마! 105 | 버네이스 박사의 꿀 식초 106 | 다시 떠난 여행길 106 | 3월 팁 113

4월 화려한 도시로 돌아오다 115

벌통의 이동과 배치 119 | 벌들에게 먹이 주기 122 | 내 벌들의 실적은? 125 | 월동한 여왕벌 126 | 아슬아슬한 고비 127 | 꽃가루는 슈퍼푸드 129 _ 프로폴리스 131 | 고급 꿀 132 | 먼스터 치즈 거품을 곁들인 소밀 133 | 준비완료? 134 | 꿀 채집 준비 136 _ 계상 136 _ 격왕판 136 | 유충 점검 137 _ 5가지 기본 점검 항목 137 | 여왕벌 돌보기 140 _ 왕대 140 _ 여왕벌 기르기 142 | 여러 종류의 벌들 144 | 벌들에게 연기 쏘기 146 | 봄부터 여름까지 149 | 4월 팁 151

5월 정신없이 바쁜 달 153

스피탈필즈 마켓 160 | 아녀와 에스더 162 | 분봉의 해로운 점 164 | 벌들은 왜 분봉을 할까? 166 | 집 나간 벌 모으기 168 | 분봉의 징후가 있는지 벌통 점검하기 171 _ 큰 벌통 172 | 인공 분봉 173 | 꼼꼼하게 기록하기 176 | 교통체증 177 | 첫 꿀 178 | 톰 빈의 박하와 완두콩을 곁들인 꿀 180 | 우리는 살아남았다 180 | 5월 팁 181

6월 위성항법 프로그램 짜기 183

벌들이 길을 찾는 방법? 185 | 사람들이 벌을 좋아하게 하려면 187 | 오래된 취수펌프장 189 | 온갖 꿀 맛보기 193 | 여름철 직업 195 | 여름철 쇼트브레드 196 | 호박벌과 말벌 197 | 새로운 벌 데려오기 198 _ 핵군 모으기 199 | 벌들의 아빠 되기 202 | 벌침에 쏘이면 가장 괴로운 곳 203 | 운송의 중요성 203 | 다양한 풍미의 꿀을 찾아서 204 | 이사를 미루다 206 | 6월 팁 207

7월 본격적인 유밀기 209

벌집이 급히 더 필요하다면? 212 _ 벌집틀이 모자라면 헛집을 짓는다 213 | 많고도 근사한 꿀 214 | 벌들에게 물 주기 217 | 사냥감을 찾아 돌아다니는 말벌들 218 | 꿀 아이스크림 222 | 유채꽃 222 | 만다나 225 | 데이비드의 런던 227 | 감로 229 | 테이트 미술관 양봉장 231 | 런던 동부 양봉장의 분봉 235 | 잠비아 236 | 7월 팁 241

8월 꿀 채취하기 243

요크셔의 헤더 244 | 영락없는 네안데르탈인 248 | 슈롭셔의 헤더 250 | 슈루즈베리 쇼 255 | 72번 참가자의 꿀 비스킷 256 | 계상 내리기 257 | 계상에서 벌 내보내기 259 | 벌거벗은 채 채밀하기 263 | 꿀벌응애 퇴치를 위한 설탕 흔들기법 266 | 수벌 버리기 270 | 포트넘 백화점을 위한 꿀단지 272 | 꿀 양 예측하기 275 _ 가지각색의 벌통 출입구 276 | 남몰래 간 런던 꿀 페스티벌 277 | 8월 팁 278

9월 양봉철 마무리 279

크레타 섬의 파라다이스 280 | 양봉철 종료 281 | 약한 봉군 합치기 283 | 달콤함을 찾아서 285 | 마침내 새 보금자리에서 287 | 꿀단지 아니면 소밀 288 | 벌집나방 290 | 위층? 아래층! 294 | 바클라바 프렌치토스트 295 | 포장 및 상표 붙이기 296 | 제품 판매하기 299 _ 시장 판매를 위한 황금률 300 | 벌 모양 택시 306 | 9월 팁 308

10월 롱 마인드 언덕 309

기막히게 좋은 버섯들 314 | 라라의 헤더 꿀 케이크 317 | 황야지대를 떠나며 318 | 고층건물 생활의 위험 320 | 지독한 담쟁이덩굴 322 | 월동준비 324 | 계상 안에 있는 설치류 327 | 양봉강좌 328 | 혁신적인 디자인 328 | 벌꿀 품평회 330 | 새로운 사무실, 새로운 거래 331 | 10월 팁 334

11월 겨울을 지낼 걱정 335

벌꿀 포장하기 340 | 개방형 작업실 341 | 배달하기 343 | 무분별한 기물 파손 345 | 기물을 파손하는 동물들 347 | 포근한 8층 350 | 레스토랑 배달 351 | 매콤한 런던 꿀 드레싱 352 | 아늑한 봉구 353 | 친환경 식품 354 | 11월 팁 356

12월 회복을 위한 시간 357

가끔 양봉장 점검하기 360 | 휴식과 반성 363 | 크리스마스를 앞둔 열기 365 | 크리스마스 시장 367 | 복고풍으로 세심한 마무리를 369 | 런던 꿀벌 정상회의 372 | 마감 시간 373 | 킹이의 따끈한 토디 375 | 전통적인 주연 375 | 새로운 아이디어를 위한 시간 378 | 12월 팁 380

맺음말 382

| 일러두기 |

*이 책의 배경은 런던을 비롯한 영국 일대로 독자의 이해를 돕기 위해 지명 옆에 원어를 표기했다.
*양봉장비나 양봉용어같이 전문지식이 필요한 단어는 각주(-옮긴이 주)에서 보충설명하고, 우리나라 실정에 맞는 정보를 추가한 뒤 양봉 전문가의 검토를 받았다.

> 1월
> 동면기

　예전에는 연초에 열의를 갖고 에너지를 쏟아부을 일이 거의 없었다. 성탄절 이후 잠시 한가한 틈을 타 새해 결심을 실천에 옮기거나 헬스클럽에 등록하기보다는, 오히려 허리둘레가 늘어나더라도 양봉업자로서 그동안 쉼 없이 일하느라 지친 몸을 회복하는 데 주력했다.
　식품코너와 상점들로부터 꿀단지를 반짝거리는 벌집무늬 포장지로 예쁘게 포장해달라는 주문이 11월 초부터 밀려오기 시작해서 크리스마스이브 밤늦게까지 계속되었다. 일이 다 끝날 때쯤이면 복잡한 나비매듭을 계속 묶느라 손가락이 온통 다 까졌을 뿐만 아니라, 남들은 들뜬 연말연시에 오히려 나는 우울한 감정에 시달렸다.
　크리스마스 시즌에 상당한 양의 꿀을 판매하는 것은 1월 초의 내 재정 상태가 꽤 괜찮아진다는 의미였다. 헌신적인 나의 벌들이 동면기를 보내고 봄에 새로운 양봉철을 맞아 왕성하게 꿀을 생산하기 전까지, 생산량이 없는 기간에도 안심할 정도로 통장에 돈이 있으니까.
　한때는 크리스마스가 지나서 할인판매하는 비스킷, 케이크, 초콜릿 캔을 잔뜩 챙겨서, 바바라 카틀랜드가 살았던 슈루즈베리(Shrewsbury)[1] 근교의 시골에 있는 자그마한 버틀러스 코티지[2]에 틀어박혀 있곤 했다. 낡은 털양말의 털실 틈으로 보이는 발가락들이 빨갛게 달아오르도록 난로에 따끈따끈하게 불을 지펴놓고, 여러 가지 양봉기술에 관한 서적들을 탐독하면서 지냈다. 날씨가 따뜻해지면 바로 실행에 옮길 수 있도록 대비하기 위해서였다.

실제로 벌을 다룰 일이 없는 동안은 유목민 같은 생활방식은 잠시 중단한 채 오래된 초록색 벨루어 소파와 혼연일체가 되어 지냈다. 내가 이렇게 빈둥거리며 지내는 것을 덩치 큰 회색 고양이 두 마리, 에바드네 힌지 박사와 힐다 브래킷 여사가 가장 반겼다.

지난해에는 양봉용 트럭에 두루마리 화장지를 비롯한 작은 버너와 꼭 필요한 통조림 몇 개, 텐트와 침낭을 싣고 이 도시에서 저 도시로 여행하며 지냈다. 개울에서 씻고, 옷은 주유소에 있는 핸드 드라이어로 말리고, 차에 치여 죽은 동물을 먹기도 하며, 가능한 한 자급자족하다 보니, 편안한 잠자리와 따끈한 목욕물이 그리워지기도 했다.

지금은 사업규모가 더 커지면서 생활이 다소 달라졌다. 올해에는 연휴가 지나자마자, 내가 꿀을 납품하는 수많은 레스토랑과 식품코너들이 재구매하려고 열을 올렸다. 크리스마스에 호황을 누려 진열장의 상품이 싹 팔렸기 때문이다. 남은 꿀을 채취해서라도 내 재정상태 향상에 보탬이 되도록 해야겠다는 생각이 들었다. 본래 1월에는 꿀을 채취하는 일이 거의

---

1 바바라 카틀랜드(Barbara Hamilton Cartland, 1901~2000)는 영국의 로맨스 소설 작가로, 다작으로 유명하다. 슈루즈베리는 영국 잉글랜드 중서부 슈롭셔(Shropshire)의 주도이다.
2 직역하면 집사의 집. 시골에 있는 작은 오두막을 빌리는 임대 서비스를 말한다.

없다. 1년 중 이 시기는 너무 추워서 자연적으로 꿀을 모을 수가 없으므로 분별 있는 양봉업자라면 대부분 몇 개월 전인 늦여름이나 초가을 따뜻한 날에 이미 다 채취했을 것이다. 혹은 아예 양봉철이 지난 뒤에 숙성한 꿀을 채취하기도 한다.

다행히도 작년 수확기에 라임 꿀은 채취하지 않아서, 섣달 그믐날 밤 남들은 쉬면서 유쾌하게 지내는 동안, 나는 밤새도록 허리가 부러지게 일했다. 결국, 여자친구를 바람맞힐 수밖에 없었지만, 양봉가로서 다른 도리가 있었겠는가? 꿀을 채취하다가, 인간관계에서 나 자신까지 채취해버린 격이 되고 말았다.

밀랍을 부드럽게 해서 그 뒤쪽의 걸쭉한 라임 꿀이 풀어지게 하려고, 며칠 전부터 미리 꿀 상자를 가장 뜨거운 전구 아래에 세워놓고 그 자리를 가능한 한 따뜻하게 만들었다. 꿀이 다 녹아내리기 전에 작업을 마치려고 새벽 4시까지 럼주 한 병만을 벗 삼아 쉬지 않고 일했다.

마침내 다음 날 아침에 채밀기(採蜜機)[3]를 돌리자 밝은 오렌지색 새 양동이 수십 개가 런던에서 제일 좋은 라임나무에서 따온 훌륭한 꿀로 가득 채워졌다. 그 모습을 보니 너무 뿌듯해서 실감이 나지 않을 정도였다. 한해를 정말 즐겁게 시작했다.

도시 미션

1월 둘째 주밖에 되지 않았는데도 나는 양봉철이라도 된 것 마냥 작

---

[3] 벌집에 저장한 꿀을 뜨는 것을 채밀이라 한다. 채밀기는 이때 사용하는 기구로, 벌집을 넣고 돌리면 강한 원심력으로 벌집에서 꿀을 분리한다.

업을 시작하고 싶어 몸이 근질근질했다. 올해에는 세워놓은 계획이 엄청나게 많다. 머지않아 또다시 내 양봉트럭이 도로를 부숴버릴 만큼 쉼 없이 질주하겠지만, 지금까지와는 다른 모험일 것이다. 바로 도시 미션이다. 내 벌들은 남쪽으로 가니, 최상의 컨디션을 유지해야 한다. 이 일에 휴일이란 없다.

지난 5년 동안 나는 오랜 단짝 친구인 데이비드 웨인라이트와 함께 슈롭셔와 웨스트 웨일스(West Wales)의 심장부에서 상업적으로 양봉을 해왔다. 우리 둘 다 양봉사업을 놀랄 만큼 도전적으로 해왔고 곤경에 처했을 때에도 특별한 우정을 나누며 견뎠다. 아주 좋은 환경에서 벌들이 번성해 대단한 성공신화를 이룩했던 프로젝트도 있다.

때로는 벌들이 병에 걸리거나 굶어 죽는 어마어마한 재앙을 겪기도 했다. 롤러코스터를 탄 것 같은 느낌이 들었지만, 혼자서는 절대 그 상황에서 벗어나지 못했을 것이다. 데이비드야말로 숨은 영웅이며, 겸손함과 지혜를 갖춘 진정한 양봉의 대가이다. 그 친구가 없었더라면 나는 현재의 위치에 오르지 못했을 것이다. 벌을 치는 일이 때로는 로맨틱하게 보일지 모르지만, 대개는 무장만 하지 않았을 뿐이지 전투나 다름이 없다. 우리가 아무리 벌에 헌신하고 사랑을 베풀지라도, 끊임없이 나쁜 날씨와 질병에 맞서 싸워야 하기 때문이다.

이번에 내가 시도하려고 하는 모험은 우리의 동반자 관계를 깨는 신호이다. 런던을, 꿀을 자급자족하는 도시로 만들고자 하는 비전을 실천에 옮기기 위해, 이번 기회에 런던의 32개 자치구 모두에서 꿀을 얻는 것이 가능한지 알아보려는 것이다! 물론 미친 짓이나 다름없는 허황한 꿈으로 끝날 수도 있고, 아니면 고무적인 미션이 될 수도 있다. 심지어 도시의 건물 옥상에서 양봉하려는 나의 본래 아이디어 자체가 얼토당토않은 일이라고 생각하며 회의적인 반응을 보인 사람들도 많이 있었다.

사실 내가 도시양봉에 뛰어든 게 이번이 처음은 아니다. 하지만 이렇게 방대한 규모로 하는 것은 그 누구도 시도한 적이 없었고 나로서도 처음이다. 이미 15년 전에 시골에 있는 벌통 중 일부를 예전에 살았던 버몬지(Bermondsey)의 임대아파트로 옮겼다. 글로스터셔(Gloucestershire)[4]에 있던 벌로 가득 찬 벌통 한 개를 아파트 옥상의 당시 사용하지 않던 엘리베이터 통로 뒤에 설치했다. 벌들은 잘 자라서 첫해 만에 검고 진한 꿀을 어마어마하게 많이 생산했다.

그 당시 나는 벌에 대해 많이 알긴 했지만 그래도 성인교육센터[5]에서 간단한 양봉강의를 듣기로 했다. 슈롭셔에서 친구들과 가족들이 양봉하는 것을 보며 자라서 지식은 충분히 쌓은 상태였으나, 그래도 도심 한복판에서 양봉하는 것은 불안했다. 하지만 괜한 걱정이었다. 벌들은 번성했고 내가 걱정했던 것만큼 주민이나 출퇴근하는 직장인들을 괴롭히지도 않았다.

이제 마지막으로 나는 데이비드를 방문하여 수도 런던으로 가서 양봉하려는 계획을 알려주었다. 그는 웨스트 웨일스에 있는 외딴 계곡에 손수 지은 오두막에서 산다. 발이 빠지지 않게 조심해야 하는 재래식 화장실에 날벌레가 득실거린다는 점만 빼고는 천국같이 아름다운 풍경을 간직한 곳이다.

---

4 런던 버몬지와 영국 남서부의 주인 글로스터셔는 약 180킬로미터(2시간 거리) 떨어져 있다.
5 영국의 지역마다 있는 평생교육센터로 주·야간에 실생활에 필요한 각종 기술과 외국어를 배울 수 있다.

수많은 벌과 부드럽고 달콤한 과일나무들에 둘러싸여서 벌에 관한 연구와 여왕벌 육종을 하기에 아주 훌륭한 곳이어서 뱅거(Bangor)대학교와 공동으로 양봉에 관련된 다양한 프로젝트를 진행하는 중이다. 게다가 외딴곳에 있어서 수달부터 솔담비에 이르기까지 각종 동물이 서식하기에 완벽하게 좋은 환경이기도 하다. 데이비드는 이곳에서 몇 년 동안 중노동에 가까우리만큼 양봉에 힘쓴 결과, 지난가을에는 나와 함께 벌꿀을 천 리터나 생산해냈고 기르고 있는 벌들의 숫자도 수만 마리에 이를 정도가 되었다.

봉군(蜂群)[6]마다 그 지역에서 독자적으로 생산한 영국종 여왕벌이 있는데, 모두 웨일스 공주들에게서 이름을 따왔다. 데이비드가 가장 좋아하는 거무스름하고 호리호리한 여왕벌 '애뉴윈 29세'는 지금까지 놀라울 정도로 수많은 새끼를 낳았다. 이제는 거의 은퇴한 상태로 겨울에도 햇빛이 잘 들도록 공들여 만든 아주 예쁜 벌통에 살고 있다.

우리의 미팅이 순조롭지는 못했다. 데이비드와 나는 각각 웨스트 웨일스와 슈롭셔에서 늘 함께 벌무리를 경영해왔는데 그를 떠나려니 죄책감이 들었다. 수많은 벌을 혼자서 경영하는 것은 너무나 어려운 일이다.

데이비드는 과묵한 사람이라 말은 거의 하지 않았지만, 그의 표정이 모든 것을 말해주었다. 그는 아무래도 어느 정도 마음의 상처를 받을 수밖에 없었고 그가 장차 혼자서 양봉사업을 힘들게 꾸려나갈 것을 생각하니 나 나름대로 당연히 걱정되었다.

내 마음도 복잡했다. 내가 세상에서 양봉이라는 직업에 처음으로 매료

---

6 벌의 무리, 벌떼.

되었던 곳이 바로 여기인데 수많은 추억을 뒤로하고 떠나게 된 것이다. 이 지역의 양쪽 끝에서 양봉을 하셨던 친할아버지와 외할아버지는 내게 처음으로 영감을 주었다. 나는 케이트 친할머니가 벌들을 보살피는 모습이 담긴 커다란 사진을 언젠가 새 작업장을 마련하는 대로 그곳에 걸기로 했다. 또 다른 할머니 양봉가는 브리지노스(Bridgnorth) 근처의 라벤더농장에서 벌통들을 실제 마을처럼 꾸며놓고 양봉하셨다. 벌통 전면에 교회와 오두막, 은행, 학교 그림을 그려놓으신 것이다. 벌들이 날아다니다가 미니어처 가로등이나 표지판에 매달린 모습이 무척 신기했다. 할머니의 소박한 부엌에서 우리가 벌통마을의 인생 이야기를 나누며 꿀을 타 마신 달콤한 홍차만 해도 족히 몇 갤런은 될 것이다. 그분이야말로 내가 처음으로 만났던 양봉계의 베테랑이었다.

그러나 나는 런던이야말로 장차 벌들이 건강하게 지내며 양질의 꿀을 생산해내기에 최적의 장소라는 것을 안다. 또한, 우리가 지내던 시골에 점점 더 많은 변화가 일어나서 염려하던 터이니만큼 내 정신건강에도 좋을 것이다. 나는 이미 포트넘 앤 메이슨(Fortnum&Mason)[7] 건물 옥상에 정교하고 화려하게 장식한 벌통들을 갖추어놓고, 사업을 수도 런던 전역으로 확장하려고 애쓰는 중이다. 작년에 이 유명한 백화점에서 벌통 네 개를 설치해달라고 요청한 결과다. 벌통이 백화점에 도착한 이래로 벌들은 꽃과 벌통 사이를 성공적으로 왕래하고 있으며, 벌들의 움직임을 누구나 온라인상에서 실시간으로 관찰할 수 있도록 웹캠 두 대를 설치해놓았다.

최근 시위를 하던 대학생들이 이 백화점에 침입해 옥상 일부를 점거

---

[7] 1707년 윌리엄 포트넘과 휴 메이슨이 공동으로 설립한 영국 최고의 식료품 백화점. 런던 피커딜리 거리(Piccadilly street)에 있으며, 홍차로 유명하다.

한 적이 있다. 뉴스를 본 친구들이 벌들이 걱정되어 허둥지둥 나에게 전화를 걸었고, 나는 인터넷에 접속해서 다행히 벌통들이 제자리에 그대로 있는 것을 확인했다. 그 후에도 소요가 계속되었지만, 벌들은 전혀 개의치 않는 것 같았다. 친구들은 짓궂게도 온라인상에서 보호장비를 하지 않고 작업하는 모습을 보여달라고 했지만, 나는 이제 그런 짓은 하지 않기로 했다. 너무 위험하기 때문이다. 게다가 벌에 쏘이는 건 아예 상상조차 하고 싶지 않다.

시골에서는 주로 한 가지 꽃을 밀원으로 사용하는 경향이 있기 때문에 벌들은 끊임없이 농약으로 말미암은 위험에 직면한다. 특히 유채씨에 사용하는 농약은 대부분이 짐작하는 것보다 훨씬 더 많은 해를 벌들에게 끼친다. 이와는 대조적으로 런던의 밀원은 42퍼센트가 공공용지이고 24퍼센트는 사유정원이다. 게다가 철도 가장자리의 녹지와 옥상정원이 점점 더 늘어나는 추세이며, 사람들은 창가에 으레 꽃을 심은 화분을 놓아두고 공원에는 꽃밭을 더 많이 조성하고 있다. 꽃가루가 다양하므로 꿀맛 또한 환상적이다. 웨스트 웨일스와 슈롭셔는 시골인데도 그곳의 벌들은 아직 농약 위험은 거의 없다. 그래도 미래 세대의 벌들을 위해서는 도시양봉을 발전시켜야 한다고 생각한다.

최근에 저명한 프랑스 사진작가가 세계의 양봉 관련 사진을 모아 새로운 사진집을 발간하기 위해 나를 방문했다. 그가 들려준 바로는 독일의 양봉업자들이 라임 수확기에 맞추어 벌통들을 베를린 시내로 옮겼다고 한다. 삼림이 울창한 베를린에는 다 자란 라임나무가 무척 많다. 수백 개의 벌통을 일제히 라임나무 근처로 옮기는 모습이 발견되어 엄청난 파문이 일지 않도록 상당히 비밀리에 작업이 이루어졌다고 한다. 나는 이런 일이 있었는지도 몰랐는데 이 일을 통해 내가 세운 계획을 확신했다. 베를린으로 옮긴 벌통들은 짧은 개화기에도 진한 녹색 꿀을 평균 25킬로그램씩 생산해내고 있다고 한다. 당연히 라임 꿀은 상당히 귀한 꿀로 평가받는다.

런던에 다 자란 라임나무 같은 것이 조금만 더 있다면 우리도 그렇게 할 수 있을 텐데 아쉬울 따름이다. 최근 몇 년간 도시양봉이 증가하면서 지역양봉협회는 각성할 수밖에 없었다. 벌들이 구할 수 있는 먹이 양에 제한이 있다는 사실에 충격받은 양봉협회가 도시에서 꿀을 생산하는 식물을 더 다양하게 확보하기 위해, 이제라도 지역의회와 협력하여 애쓰는 것 같아서 반갑다. 새로운 물결을 주도하는 게릴라 가드너들의 활동도 이에 일조한다. 런던 전역을 녹지로 만드는 것이야말로 멋진 소식이 될 수 있다.

런던 시내에 벌들이 살면 여러모로 유익하다. 도시인도 지역 생산물을 즐길 기회가 생길뿐만 아니라, 아주 조그만 정원부터 공원에 이르기까지 모든 녹지공간의 식물들이 수분하는 데에도 도움이 되기 때문이다. 그래서 벌들이 건강하게 잘 번성하도록 하고 런던 시민을 위하는 마음으로, 나는 슈롭셔의 벌 작업장을 이탈하려는 계획을 세우고 실천에 옮기기로 했다.

벌들이 하는 일

1월이 되면 아네모네가 세상에 나오기 시작한다. 이는 벌들이 먹이로 모을 꽃가루가 생긴다는 예고이다. 신이 내려주신 이 꽃들은 겨우 몇 송이

만으로도 용감한 벌들을 벌집에서 끌어내 꽃가루 공급원에 착륙하고 싶게 만든다. 벌을 키울 때 정원에 어떤 꽃을 심는 게 도움이 되겠느냐는 질문을 받으면 나는 대개 1월에 꽃피는 이 아네모네 구근을 일러주곤 하는데, 벌들의 초기 생장촉진에 일조하기 때문이다.

용감무쌍한 몇 마리를 제외하고는, 대부분 벌들은 벌통 안에 남아 함께 무리지어 지낸다. 그런데 엄밀히 말하자면 자는 것은 아니고, 벌통 내부 온도를 섭씨 32도로 훈훈하게 유지하기 위해 몸을 파르르 떠는 상태다. 벌통 입구에 눈이 쌓이면 추운 날씨에도 벌들이 아늑하게 지낼 수 있다고 말하는 친구들도 있지만, 나는 환기가 충분히 이루어지도록 입구에 쌓인 눈을 솔로 털어내는 것이 좋다고 생각한다.

벌은 0도에서도 날 수 있다. 하지만 벌통 밖으로 나갔다가 잠깐이라도 어딘가에 멈춰서 날개를 움직이는 근육을 사용하지 않으면, 문제가 생긴다. 8도 이하의 기온에서는 다시 날아오를 에너지를 얻을 가망이 없으므로, 벌은 십중팔구 죽는다.

가장 먼저 꽃피는 아네모네와 그에 이어서 피는 크로커스(crocus)는 벌들에게 최초의 꽃가루 공급원이 되어줄 것이다. 특이하게도 벌들은 꽃가루를 뭉친 덩어리를 다리에 붙여서 벌통으로 돌아오는데, 이것은 새끼들의 성장에 중요한 단백질을 공급한다. 양봉철 초기의 꽃가루는 새로운 벌들의 생육에 꼭 필요하다.

1년 중 이 시기에 벌들에게서 꽃가루를 빼앗는 것은 너무 잔인한 일이다. 벌통 전체의 복지에도 해롭다는 것은 말할 필요도 없다. 그러나 나중에 봄이 되면, 꽃가루를 모으기 위해 벌통 입구에 꽃가루 채집기를 부착할 것이다. 지난해 나는 꽃가루를 농산물 직거래 장터에서 팔았는데, 건강에 관심이 많은 중장년층 여성과 꽃가루가 꽃가루알레르기 증상완화에 도움이 된다고 믿는 사람들에게 폭발적인 호응을 얻었다.

다행히 내가 꽃가루알레르기 때문에 간질간질한 것을 느끼려면 아직 몇 달은 더 남았다. 날씨가 추우면 꽃가루가 날리지는 않지만, 그 대신 벌통을 점검할 때 조심스럽고 세심하게 작업해야 한다. 벌들을 너무 많이 방해하거나 벌통의 온도가 내려가지 않게 하는 것이 중요하다. 벌들의 관점에서 볼 때 벌통 지붕을 연다는 것은 추운 겨울날 아침에 덮고 있던 따뜻한 오리털 이불을 누군가가 느닷없이 걷어내고 얼음물 한 양동이를 끼얹는 느낌이 들 게 분명하다.

초보 양봉가

이때는 초보자가 양봉이 자신에게 적합한 일인지 자문하기에 가장 적당한 시기이다. 양봉이 생활방식에 맞는가? 벌을 기를 공간과 양봉에 집중할 시간이 있는가? 기를 쓰고 공부를 시작해야 한다. 벌의 습성을 많이 알수록 벌의 매력에 빨리 빠져들어 그들의 존재 자체에 경탄할 것이다. 이것이 인생이 변할 결정적인 전환점이 될 수도 있다.

양봉강좌를 찾아보라. 1월에는 이론강좌를 많이 개설하므로 양봉에 관한 필수지식을 이 시기에 습득해두는 것이 좋다. 지역양봉협회나 동호회에서 주관하는 강좌들도 있는데 폭넓게 잘 알아보고 선택하라. 가능하다면 이미 수강하고 있는 사람들에게 자문을 구하는 것도 좋다. 처음으로 뉴크로스에 있는 성인교육센터에서 몇 주 동안 양봉강좌를 들을 때는 봄이 되어 날씨가 포근해지면 양봉할 생각에 무척 신바람이 났다.

만약 양봉을 하겠다는 결심이 섰다면, 줄을 서서 기다리는 한이 있더라도 1월 말까지는 종봉가와 접촉해서 새로운 봉군을 사야 한다(그렇게 해도 초여름에나 받을 수도 있다). 새로운 봉군을 사기 전에는 항상 리뷰와 다른 고객들의 평을 먼저 찾아보고 결정하는 것이 좋다. 나도 과거에 부족한 벌들을 보충하기 위해서 봉군을 구할 때, 종종 원산지가 어딘지 모르는 것들을 사기도 했다. 하지만 이제는 새로운 봉군을 구할 때 반드시 평판이 좋은 종봉가에게 주문하는 편이다. 벌을 직접 가서 가져오는 쪽을 더 좋아할지도 모르지만, 우편배송으로 받을 수도 있으니 알아두시길.

장비 선택

양봉을 계속해온 사람이라면 기존 장비를 다시 사용할 수 있도록 1월에 깨끗하게 청소해둬야 한다. 오래된 틀을 세척용 소다에 넣고 끓여서 소독한 다음에 파워호스로 스팀 세척하는 방법이 그런 작업 중 하나다.

장비 제조업체들이 비수기에는 할인한 가격으로 내놓기 때문에 어떤 장비가 필요한지 생각해보기 좋은 시기이기도 하다. 이제 갓 양봉을 터득하기 시작했다면 처음부터 지나치게 많은 장비를 갖추지 않도록 주의해야 한다. 조립식 벌통을 사서 직접 조립하는 것이 간편하다고 생각할 수도 있지만, 공간의 제약이 있는 도시 아파트에 산다면, 조립을 어디에서 할 것인지 잘 생각해보고 다른 사람에게 도움을 요청하는 편이 낫다.

양봉을 시작한 지 얼마 되지 않았을 때는 집 옥상이나 공영 임대주차장에서 벌통을 조립하다가 가끔 공간이 턱없이 부족하면 공용계단을 이용했다. 그 때문에 다른 입주자들이 지하창고에 보관해둔 물건들을 가지러 갈 때면, 내 벌통들 때문에 비좁은 틈으로 다니는 불편을 감수해야만 했다. 조립된 장비를 사면 편하긴 하지만 비용이 더 많이 든다. 나는 대개 가격이 저렴한 편인 이탈리아제를 사기도 하고, 벌통 지붕과 받침대, 벌들이 아늑하게 지내도록 해주는 매트같이 작은 물품들은 직접 만들기도 한다.

철물점에서 구하기 쉬운 평범한 물품을 비싼 가격으로 바가지 씌우는 납품업자들을 조심해야 한다. 예를 들어, 꿀 담는 양동이는 적당한 가격의 아무 양동이나 사도 상관없다. 모든 장비를 '양봉용 이것'이나 '양봉용 저것'이라고 부르는 것은 가격을 올리기 위한 상술일 뿐이다. 나는 이런 것들을 종종 건축자재상에게 저렴하게 사들이곤 하는데, 먼저 그것들을 자외선 살균기로 소독하는 수고 정도는 감수해야 한다.

그렇긴 해도 가장 좋은 도구는 양봉용으로 디자인한 것을 쓰기도 한다. 예를 들면, 파리에서 만났던 도시양봉의 선구자격인 쟝 파우통처럼 스크루드라이버를 사용하기보다는 그냥 적당한 하이브툴(hive tool)[8]을 사용한다. 그는 가르니에 오페라 하우스의 옥상에서 벌을 키웠다. 나이가 지긋한 편인데도 젊은이처럼 가고일(gargoyle)[9] 주위를 분주히 뛰어다니며 맛있는 담색 꿀을 생산해 기념품 가게에 거금을 받고 판매했다. 쟝은 스크

---

8 벌집에 붙은 찐득찐득한 프로폴리스나 밀랍을 긁어내거나 내검할 때를 비롯해서 거의 만능에 가까울 정도로 사용하는 칼. 우리나라에서는 끌개라고도 부르며, 비슷한 도구로 소랍도(巢蠟刀)가 있다.
9 건축용어로 괴물 형상으로 만든 홈통 주둥이를 말한다.

루드라이버로 용케 해냈지만, 양봉기구로 특별히 디자인한 하이브툴은 끝부분이 갈고리처럼 구부러지고 반대쪽 끝은 곧고 편평한 날의 형태라서 더 편리하다. 직접 사용해보면 알 것이다.

여러모로 볼 때, 벌통을 선정하는 것은 몇 달 전에 계획해서 연초에 해야 하는 가장 중요한 결정사항 중의 하나이다. 나는 삼나무로 만든 벌통을 추천한다. 삼나무는 벌레가 침투하기 어렵고 쉽게 부패하지 않으며 별다른 보존처리를 할 필요가 없다. 삼나무의 천연기름 성분은 나무를 보호하는 데 도움이 된다. 내가 가진 삼나무 벌통 중에는 60년이 넘은 것들도 있다.

무리 없이 좀 더 저렴한 비용으로 양봉하기 위해서, 구하기 쉬운 미송(美松, Douglas fir)[10]이나 흔하고 부드러운 다른 나무들로 만든 벌통들을 널리 이용한다. 하지만 이런 것들은 다음에 어떤 형태로든 반드시 보존처리와 보호관리를 해야만 한다.

벌통에 우중충한 색깔을 칠하려는 사람들이 많은 편이지만, 나는 지중해 분위기가 나도록 밝은 색조로 칠하는 것이 더 좋다. 내 벌통들은 단조롭게 한 가지 색깔로만 칠하지 않아서 활기가 넘쳐 보이고 눈에 확 띈다. 벌통의 획일적인 색깔에 싫증 나면, 물방울무늬, 줄무늬, 소용돌이무늬를 더 그려 넣기도 한다. 이렇게 벌통을 재미있게 칠하면 무늬가 꽃처럼 보일 뿐만 아니라 자기 벌통을 인식하기도 쉬워서 벌들도 더 좋아할 것 같다. 하지만 유감스럽게도 밝은색 벌통은 쉽게 눈에 띄어서 공공시설을 고의로 훼손하는 사람들의 목표물이 되기도 쉽다.

---

10 미국 서부산 커다란 소나무.

벌통 부패를 방지하기 위해 예전에는 양봉가들이 크레오소트(creosote)[11]나 다른 부식성 물질들을 칠하곤 했다. 다행스럽게도 이런 유독성 화학 물질들이 벌에게 피해를 야기할 수 있다는 것이 밝혀져서 현재는 더 이상 사용하지 않는다. 하지만 벌통에 페인트를 칠하기 전에 벌에 해로운 페인트는 아닌지 반드시 확인하도록 하라.

초보 양봉가가 갖추어야 할 장비

필/수/품/목

◆첫째도 둘째도 벌통

영국 내에서도 세계 각국의 다양한 벌통을 살 수 있다. 나는 거의 모든 종류의 벌통을 다 사용해봤는데, 그중에서 데이비드가 소개해준 다당(Dadant)[12]의 개량형 제품이 가장 마음에 든다. 견본으로 주는 판을 사용해서 봄에 벌집을 확장했다가 겨울에 다시 폐쇄할 수 있어서 도시지역에 꼭 맞는 기능을 한다고 생각한다. 틀이 넓어서 벌들이 방을 많이 만들 수 있기 때문에 분봉(分蜂)[13] 확률 감소에도 도움이 된다.

나도 대개는 비용을 절감하려고 미송으로 만든 벌통을 사서 알록달록하게 칠해서 쓴다. 하지만 초보자라면 지갑 깊숙한 곳에서 돈을 꺼내, 궂은 날씨에도 끄떡없고 사람의 수명보다 더 오래가는 삼나무 벌통에 투자하는 것도 괜찮을 듯싶다. 그럴 경우 각 벌통은 3단 계상(繼

---

11 너도밤나무과 식물을 증류하여 만든 진한 갈색의 액체로 목재용 방부제로 쓰인다.
12 미국의 대표적 양봉자재 제조 및 판매 회사. 프랑스계 미국인 가문에서 6대째 내려오는 기업이다.
13 늦은 봄이나 초여름 경에 식구가 늘어나 비좁아지고 새로운 여왕벌이 출생하기 직전, 약 반수의 일벌이 구여왕벌과 함께 집을 나와 다른 곳으로 옮겨 다시 벌집을 짓는다. 살림나기라고도 한다

箱)[14] 또는 4단 계상이 적당하다. 즉 꿀을 저장하는 상자를 3층이나 4층으로 쌓는다.

벌통마다 공기순환과 꿀벌응애(바로아응애)[15]와의 싸움에 도움이 되도록 그물망을 설치할 필요가 있다. 그러면 치료 중에 꿀벌응애가 벌들에게 기어 올라오지 못하고 바닥으로 떨어진다. 나는 그물망을 데이비드가 가르쳐준 패턴대로 직접 만들어서 사용한다. 부패를 방지하려고 압착가공해 방부처리한 목재와 촘촘한 아연망을 사용한다. 바닥면은 여러 개의 오리목으로 만드는데, 벌들을 옮길 때 가능한 한 환기가 원활하도록 간격을 설정한다.

지붕은 아연으로 도금한 단순한 것을 사용하고, 밑면은 벌통 매트나 크라운보드로 만든다. 건축자재상에게서 폼보드를 사서 만들면 벌들이 아늑하게 지낼 수 있다(이것도 데이비드의 디자인을 빌린 것이다). 그러나 대부분은 단순한 판을 사용해서 탈출구가 생기기도 한다. 그럴 때는 꿀을 채취하는 동안에 벌들이 꿀 저장고에 다시 들어가지 못하도록 작은 플라스틱 조각들을 끼워서 사용하면 된다.

◆ **사양기**(飼養器)[16]

이 항목은 책의 뒷부분에서 자세하게 이야기하도록 하겠다. 내가 추천하고 싶은 제품은 밀러(Miller) 사양기다. 봄과 가을에 시럽을 신속하게

---

14 벌통 위에 얹는 밑판이 없는 벌통. 덧통이라고도 한다. 계속해서 위로 여러 층 쌓을 수 있으며, 주로 꿀을 저장하는 공간으로 사용한다. 밑통에는 산란하게 한다.
15 꿀벌 유충에 기생하며 번식하는 응애(진드기). 응애에는 바로아응애(Varroa mite) 작은꿀벌응애, 중국가시응애, 둥근가시응애 등이 있다.
16 벌집 내부에 벌집과 나란히 설치하는 꿀벌의 먹이그릇.

공급해주면서도 벌들이 익사하는 것을 방지할 수 있게 목모(木毛)[17]로 채웠기 때문이다.

◆좋은 훈연기(燻煙器)[18]

가죽 풀무가 튼튼한 것을 고른다. 화상 입는 것을 방지하기 위해 훈연기 몸통 둘레에 끼우는 철망을 추가로 구매하라. 나는 벌통에서 작업할 때 두 손을 자유롭게 사용할 수 있도록 훈연기를 내 무릎 사이에 두는 것을 좋아한다. 훈연기에 철망을 끼우면 윗부분에 있는 고리를 벌통 벽에 걸 수도 있다. 철망은 여러모로 중요한 기능을 한다.

◆튼튼한 하이브툴

끝 부분이 갈고리처럼 구부러지고 반대쪽 끝은 곧고 평평한 날 형태인 것을 선호한다.

◆봉솔

꿀을 수확하는 동안 벌집에서 벌들을 부드럽게 쓸어내기에 가장 좋은 도구는 거위 날개다.[19] 하지만 구할 수 없다면 시중에 제품으로 나와 있는 봉솔을 사용해도 된다. 그래도 사는 지역의 사냥터 관리인에게 부탁해서라도 거위 날개를 구하도록 노력해보라. 나는 예전에 런던야생동물센터에서 간신히 몇 개 얻은 적이 있다. 방문객을 괴롭혀서 골칫거리이

---

17 목재를 가늘고 얇게 만든 것으로 주로 포장충전용으로 쓰인다.
18 벌통 내부를 살필 때 꿀벌이 공격하는 것을 막기 위해 연기를 내는 기구.
19 우리나라에서는 돼지털로 만든 봉솔을 주로 사용한다.

던 캐나다 거위들이 어느 날 저녁 사라졌는데, 고기는 어떻게 되었는지 모르지만 날개는 봉솔로 아주 유용하게 쓰였다.

기/타/품/목

◆ **좋은 품질의 흰색 더블 사이즈 침대보**

분봉 중인 벌들과 씨름하거나 포획한 봉군을 감쌀 때 침대보를 사용하라. 입구가 잘 보이는 위치에 두면 벌통으로 들어가는 통로를 쉽게 찾으므로, 나는 언제든지 사용할 수 있도록 늘 한 개 정도는 갖춰놓는다. 또한, 여왕벌을 발견하기도 쉽고 풀밭을 헤쳐나가는 수고도 덜 수 있다. 판지상자 둘레를 침대보로 감싸면, 틈을 막으면서도 환기가 적당히 되어서 봉군 형성에 도움이 된다고 배웠다.

◆ **교미상(交尾箱)[20] 약간**

시간이 지나 봄이 되면 새로운 봉군을 만들기 위해 이것들이 필요할 것이다. 양봉을 상업적으로 하지 않더라도, 벌통 숫자를 어느 정도 유지하면서 젊고 원기 왕성한 벌들을 키우는 일은 중요하다. 교미상을 만들거나 직접 여왕벌들을 키워내는 것은 벌통 숫자를 유지하는 좋은 방법이다.

◆ **왕롱(王籠)[21]**

여왕벌을 새로 유입하거나 골치 아픈 여왕벌을 일시 격리할 때 사용한

---

20 처녀왕의 교미를 목적으로 만든 벌통. 짝짓기통이라고도 한다.
21 여왕벌을 가두는 바구니.

다. 빈 성냥갑을 이용해도 된다.

◆ 메모장 겸 양봉일지

벌통마다 오늘 한 일과 다음번에 할 일, 가져가야 할 것 등을 기록하는 데 사용한다.

◆ 청테이프 많이

양봉에서 청테이프의 쓰임새는 아주 다양하다. 벌통 운반 중에 생긴 틈이나 구멍을 수리할 때뿐만 아니라, 벌들이 옷 속으로 기어 들어오지 못하도록 부츠 주위를 감싸는데도 요긴하게 쓰인다.

계획 세우기 – 케이크 한 조각을 곁들이며

1월은 계획을 수립하는 달이기도 하다. 전년도의 공과를 되돌아보고 다른 방법은 없는지 알아보며 개선할 점을 찾을 기회이다. 기존 양봉가는 다가오는 양봉철에 벌들에게서 얻고자 하는 꿀 양을 예측해보며 기대에 찬 시간을 보낼 수 있다. 이때 벌통마다 각각 새로운 양봉일지를 기록하라고 조언한다. 양봉일지는 각각의 벌통을 개별적으로 모니터하고 양봉가가 개입함으로써 어떻게 달라져 가는지 확인할 수 있는 필수적인 작업이다.

작년에 런던에서 겪은 일을 예로 들자면, 6월 말경에 유밀기(流蜜期)[22]가 끝났는데, 런던에는 가을에 꿀을 얻을 꽃이 없다는 사실을 그때야 알아차

---

[22] 꽃이 피어 꿀이 많이 나는 시기.

렸다. 헤더(heather)와 우드세이지(wood sage)[23]가 만발하는 남부 해안으로 진작 이동했어야 한다고 뒤늦게 깨달았다. 이 직업을 통해 그 어떤 계절도 똑같은 계절은 없다는 교훈을 얻었다. 어떤 패턴이 다음 해에도 똑같이 반복될 거라고 예측하기는 어려울 수밖에 없다. 내가 충고하고 싶은 두 가지는 예기치 않은 일이 생길 수도 있음을 예상해야 한다는 것과 물들어왔을 때 노를 저으라는 것이다. 양봉을 전문적으로 하고 싶은 사람이라면, 훌륭한 정골요법사(整骨療法士)[24] 한 명 정도는 잘 알아두고 언제든지 상담받을 수 있도록 온라인 사이트에 가입하도록 하라.

계획을 세울 때는 언제나 차와 케이크를 곁들여 기분을 돋운 상태에서 하는 것이 가장 좋다. 올해 나는 수도 런던 일대에서 비스 오브 블룸즈버리(Bea's of Bloomsbury)를 비롯한 멋진 찻집을 여러 개 운영하는 비보 씨의 레시피를 입수했다. 버몬지에도 그녀가 운영하는 베이커리가 있는데, 그곳은 나의 오래된 활동무대일 뿐만 아니라 양봉사업을 확장하기 위해 철로 아래 아치에 작업장 한 개를 확보하고 싶은 지역이기도 하다.

다음은 '인기 있는 도넛 간식'인 그녀의 스트루폴리(Struffoli) 조리법인데, 런던 꿀과 참 잘 어울린다.

---

[23] 헤더는 낮은 산이나 황야지대에 나는 야생화로, 보라색·분홍색·흰색 꽃이 핀다. 우드세이지는 차조기과 개곽향 다년초로, 연한 털이 있는 잎과 자색 꽃이 달린다.
[24] 근육이나 골격을 손이나 물리적인 방법으로 바로잡는 대체의학자로 정식 면허를 받고 활동한다. 우리나라로 치면 스포츠마사지사로 볼 수 있다.

스트루폴리 만들기

도넛 반죽 재료:
밀가루 500그램, 오렌지 1개 껍질 간 것, 레몬 1개 껍질 간 것, 파프리카 약간, 소금 ½티스푼, 달걀 7개(6개는 통째로, 1개는 노른자만), 다크 럼[25] 1테이블스푼, 튀김용 식용유 1리터

소스 재료:
런던 꿀 500그램, 오렌지 반 개로 만든 주스, 다크 럼 1잔,
마지막에 뿌려줄 분당(粉糖)[26]

밀가루, 오렌지와 레몬 껍질, 파프리카와 소금을 섞는다. 밀가루를 조리대 위에 쏟아놓고 작은 우물처럼 우묵하게 만드는 것이 전통적인 방법이다. 우물처럼 우묵한 곳을 달걀과 럼주 1테이블스푼으로 채운다. 손으로 잘 섞어서 부드러운 반죽을 만든다. 그런 다음 랩으로 씌워서 냉장고에 1시간 동안 넣어둔다.

반죽을 4등분 한 다음에 굴려서 지름 1인치의 막대 모양으로 만든다. 뇨끼(gnocci)[27]처럼 ½인치 크기의 작은 조각으로 자른다.

냄비에 기름을 넣고 190도로 예열한다. 잘라놓은 반죽 조각들을 조금씩 나눠서 노릇노릇하게 부풀 때까지 튀긴다. 튀김 건지기로 건져놓는다.

넓은 냄비에 꿀과 오렌지 주스와 럼주 1잔을 넣고, 중불에서 꿀이 녹을 때까지 가열한다. 도넛 조각을 꿀을 섞어 만든 소스에 넣고 골고루 묻을 때까지 저어준다. 냄비를 불에서 내리고, 소스가 식을 때까지 꿀이 잘 묻도록 계속 저어준다.

예쁜 접시에 쏟는다(식은 다음에 담아야 잘 굳어서 원하는 모양으로 보기 좋게 담을 수 있다). 그 위에 분당을 골고루 뿌려준다.

---

25 럼주는 색채에 따라 화이트, 골드, 다크로 나뉘는데, 다크 럼은 짙은 갈색이며 향미가 풍부하다.
26 잘게 으깨어 만든 미세한 가루형태의 설탕으로, 입자 크기는 0.01~0.1밀리미터이다. 아이싱슈가(icing sugar)라고도 한다.
27 이탈리아 파스타의 일종으로 감자로 반죽을 만들어 경단 모양으로 잘게 썬다.

🐝 꿀벌응애를 막기 위한 옥살산 처리

1월이 다 가기 전에 마지막으로 꼭 해야 할 일은 벌통에 옥살산 처리를 하는 것이다. 꿀벌을 공격하는 기생 진드기인 꿀벌응애 때문에 봉군을 잃는 치명적인 위험을 줄이려는 방법이다. 옥살산 처리를 하면 벌의 유충까지 죽일 수도 있으므로 여왕벌이 본격적으로 알을 낳기 시작하기 전에, 즉 휴면기인 1월에 해야 한다. 옥살산은 벌통 안의 수소이온 농도를 변화시켜서, 어른벌의 등에 달라붙은 진드기들을 죽이거나 등을 꽉 붙잡고 있던 힘이 빠져 벌통의 그물망 사이로 떨어지게 한다. 옥살산은 벌에 기생하는 진드기만 죽이지 어느 정도 자라서 벌방을 막은 유충[28]에 붙은 것들은 죽이지 못한다. 그래서 더욱 유충이 생기기 전이나 아주 조금만 있는 상태에서 옥살산 처리를 해야 한다.

진드기가 벌통에 얼마나 심하게 우글거리는지 알려면, 그물망 아래에 끈적끈적한 판을 두어 진드기 군단을 잡으면 된다. 끈적끈적한 판은 진드기가 벌에게로 다시 기어 올라가지 못하도록 두꺼운 흰색 종이나 플라스틱판에 간단하게 올리브유와 바셀린을 섞어 발라서 만든 것이다. 그렇게 해놓으면 떨어진 진드기들을 세어보기도 전에 바람에 날아가는 일도 생기지 않는다.

이 진드기들을 제대로 처리하지 않거나 대수롭지 않게 생각하고 놔두면 봉군을 다 죽여버릴 수도 있다. 그러므로 진드기가 있는지 벌들을 정기적으로 살피는 것은 양봉가로서 해야 하는 가장 중요한 일 중의 하나다. 엄연한 사실을 일찍 깨닫는 것이야말로 더욱 중요하다. 양봉철이 거의

---

[28] 벌의 유충이 어느 정도 성숙해 번데기가 될 때가 되면 일벌들은 밀랍과 꽃가루를 혼합해 벌방 입구를 막는다.

끝나가기 시작하는 가을에는 진드기 숫자가 더 늘어나기 때문이다. 가을은 겨울을 대비해 계상을 제거하고 여러 개의 벌통에 분산되어 있던 벌들을 한군데로 모으는 시기여서 더욱 위험하다.

희석한 옥살산을 주사기에 넣어 정확한 용량을 벌통마다 투여하되, 재빨리 해야 한다. 벌들이 포근하게 지내도록 지붕 아래에 설치한 크라운보드를 조심스럽게 들어 올리고, 틈마다 약 5밀리리터씩 주면 된다. 아직은 동면 중이므로 벌들을 가능한 한 방해하지 않도록 주의해야 한다. 벌들이 얼어 죽을 정도로 춥지는 않으면서도 쌀쌀해서 벌들이 빽빽이 모인 정도의 날씨일 때 하는 것이 좋다. 옥살산 처리를 이 시기에 하는 이유는 벌들이 빽빽하게 모였을 때는 날아서 나가는 벌들이 거의 없어서 모든 벌을 한꺼번에 처리할 수 있어서이기도 하다.

예전에는 이렇게 처리하는 것을 별난 방법으로 간주하곤 했지만, 이제는 필수적인 절차라는 인식이 널리 퍼졌다. 그뿐만 아니라 옥살산을 사용하는 과정에서 주의를 기울이기만 한다면, 꿀벌응애와의 전투에서 가장 효과적인 방법으로 여겨진다. 과거에는 강력한 화학살충제가 더 흔하게 사용되었다. 하지만 진드기가 침범한 벌통에나 유채꽃 들판에나 모두 살충제를 남용해버려서 꿀벌응애 대부분이 살충제에 내성이 생기는 결과를 낳고 말았다.

내 벌들은 안녕하신가?

1월 둘째 주에 포트넘 백화점의 옥상에 있는 벌통을 열었다가 너무 깜짝 놀랐다. 살아서 돌아다니는 것이 없어서 벌들이 몽땅 다 죽은 줄 알았다. 하지만 그들은 틀 바닥에 숨어있다가 천천히 비틀거리며 나왔다. 미안, 벌들아! 내가 벌들을 너무 무례하게 깨웠다.

벌통을 들어보아 무게를 대중했을 때 너무 가벼우면 벌들이 굶어 죽어가고 있다는 뜻이다. 벌통을 들어 무게를 점검하려고 하다가 몇몇 벌통 앞에 상당히 많은 벌이 죽어있는 걸 보고 깜짝 놀랐다. 이번 겨울에 꿀벌응애에 심하게 타격을 입었다는 결과였다. 날씨가 더 따뜻해지면 물이나 일찍 핀 꽃의 꽃가루를 찾으러 날아 나오는 벌들이 아직 남았는지 확인할 수 있도록, 벌통 입구의 죽은 벌들을 치웠다. 휴면상태의 벌 무리를 방해하지 않으려고 조심스럽게 치우느라고 시간이 꽤 걸렸다.

휴면 중인 벌들을 방해하다가 이런 상황을 발견하긴 했지만, 이미 벌들의 운명을 내가 좌지우지할 수 있는 상태는 아니었다. 내가 할 수 있는 일이라고는 고작 그들이 용케 이겨내 주기를 바라는 것뿐이다. 벌들이 건강하게 잘 지낼 수 있도록 내가 할 수 있는 일들을 다 해왔는데, 이제는 벌들 자신에게 달린 상태가 되었다. 날씨가 따뜻해지기 전에 사상자가 더 생기리란 것은 확실하다. 내 유일한 희망은 벌들의 피해가 너무 크지 않아서 그들이 봄에 성장하는 데 큰 지장이 없는 것뿐이다.

벌침을 조심하라

이 시기에 양봉가들은 몇몇 벌들이 예기치 않게 양봉가의 체열에 이끌려 몸 위 어딘가에 착륙하여 머무르다가 다시 이륙할 에너지를 모으는 데

실패하는 문제를 흔히 발견할 것이다. 차 안이나 중앙난방이 되는 집같이 따뜻한 안식처에 도달했을 때 벌들이 갑자기 다시 기운을 차리고 침으로 복수할 때에야 비로소 이 사실을 알아챌 가능성이 많다. 그러므로 방충복과 복면포(覆面布)[29]를 벗을 때는 특히 조심해야 한다.

양봉을 처음 하는 사람이라면 되도록 사고를 예방하기 위해 둘씩 짝을 지어 작업하라고 권한다. 실내로 들어가기 전에 혹시 길을 잃고 따라온 벌은 없는지 서로 몸을 빙빙 돌며 점검해서 벌침에 쏘이는 일을 미리 방지하라. 작년에 나는 데이비드와 함께 양봉철 초반 작업을 마치고 중국요리 포장전문점에 간 적이 있다. 주문한 저녁이 나오기를 기다리는 10분 동안 조명으로 따뜻해진 벌들이 우리가 입고 있던 작업복에서 슬금슬금 기어 나오는 바람에 벌들을 잡느라 정신이 없었다. 매킨레스(Machynlleth)에 있는 포장전문점인 차이나가든의 사장에게 이 기회를 빌려 다시 한 번 사과의 말을 전하고 싶다. 손님들도 무척이나 놀랐을 것이다.

이송 중 일어난 사고

나는 고객들에게 소밀(巢蜜)[30]을 1년 내내 제공하려고 소중한 벌집들을 냉장실에 보관하되, 상자마다 결로 현상을 최소화하려고 판지로 포장해둔다. 벌집이 최상의 상태라는 걸 확인하면 포장해서 그달 말까지 웨스트웨일스에 있는 데이비드의 공장으로 보낸다. 그곳에서는 벌집을 큼직큼직하게 자른 다음에 식품점으로 배송할 것이다. 올해는 꼭 물류업무를 이렇

---

29 벌이 쏘지 못하도록 머리 전체에 쓰는 망사 주머니.
30 벌통에서 떠낸 벌집에 들어있는 상태의 꿀. 개꿀이라고도 한다.

게 하고 싶어서, 런던 남동부 지역에 적당한 작업실 겸 사무실로 사용할 수 있는 공간을 구하기로 했다.

그동안은 런던에서 수확한 꿀을 가공하기 위해 데이비드의 공장으로 보내려는 생각을 전혀 못했다. 상자마다 검은 봉지로 조심스럽게 싼 다음에 안전하게 옆 상자와 맞물리게 했다. 화물운반대에 실으니 무게가 500킬로그램이었는데, 산업용 수축포장법[31]으로 포장해 크게 한 묶음으로 만들었다.

우리 벌들이 생산한 수백 개의 다양한 꿀 상자가 1년 내내 전국 각지로 운반되었다. 그 과정에서 불만을 표시한 택배회사는 겨우 한 곳뿐이었는데, 그것도 벌 몇 마리가 꿀 상자에 붙어서였다.

그런데 이번에는 내가 가장 두려워하던 일이 일어나고야 말았다. 런던 꿀을 실은 화물운반대가 애버리스트위스(Aberystwyth)에 있는 데이비드의 공장에 완전히 뭉그러진 채로 도착한 것이다. 데이비드는 내게 전화를 걸어 아주 침착한 목소리로 그 소식을 전해주었다. 그는 이 사건이 나와 내 사업에 큰 타격을 입히리라는 것을 잘 알았다. 나는 늘 데이비드의 솔직함을 칭찬해마지않았는데, 역시나 그는 솔직하게 이 상황을 무척이나 안타까워했다.

운전사가 최종 목적지를 코앞에 두고 막판에 급브레이크를 밟는 바람에 귀중한 짐이 심하게 훼손되고 말았다. 짐이 떨어지지 않게 끈으로 완벽히 묶지 않아서 트럭 바닥에 곤두박질친 것으로 드러났다. 그곳에 있는 좋은 친구 매트에게 이메일로 사진을 몇 장 받았는데, 그는 거의 울상이

---

[31] 플라스틱 피막을 가열하여 상품 형태대로 수축하는 포장법.

었다. 내 꿀이 마지막 단계에서 만신창이가 된 것은 개인적인 재난일 뿐만 아니라, 이렇게 귀한 것을 수확하느라 애쓴 벌들에게도 대단히 몹쓸 짓이다. 자신의 행동 여파가 어떨지 생각조차 하지 못하는 멍청이에게 벌집을 맡기는 바람에 일이 이 지경이 되고 말았다.

벌집을 눌러 짜내서 약간의 꿀을 구해내긴 했지만, 완전히 망가져버려서 좋은 값에 팔려던 올해의 계획도 엉망이 되고 말았다. 화물보험에 들긴 했어도 충분치 못해서 예상했던 총수익의 5분의 1밖에 보상받지 못했다.

그 후 며칠 동안 나는 유례없이 힘든 시기를 보냈다. 시설확장에 필요한 장비를 사는 비용과 남쪽으로 대규모 이동하는 데 드는 경비를 모두 그 자금으로 충당하려던 참이었기 때문이다. 다른 지역에서 아무리 좋은 소식이 들려온다고 할지라도 의기소침해질 수밖에 없었다. 실제로 내가 개설한 초보 양봉가를 위한 강좌는 양봉하는 방법을 배우고 싶은 아마추어들로 만원사례를 이루었다. 런던 사람 너도나도 이런 취미를 하는 게 최신 유행이라고 여기는 것 같았다. 도시 여기저기에 새로운 양봉장들이 뚝딱뚝딱 만들어지고, 그 일을 도우려 하는 자원봉사자들도 늘고 있었다. 새로운 양봉부지를 어디로 정할지가 쟁점이었는데, 마침 런던 북부에서 양봉의 대가라고 할 만한 노신사분이 갑자기 연락을 한 덕분에 나에게도 희망이 생겼다.

도시양봉이라는 미션에는 굉장히 좋은 소식이었지만, 애석하게도 내 사업이 타격을 입었다는 사실을 잊게 해줄 것은 무엇도 없었다. 이 모든 게 멍청한 화물차 운전사 한 사람의 무능함 때문에 빚어진 일이었다. 비록 한 해의 시작은 좋지 않았지만, 다행스럽게도 1월 말에 데이비드가 웨일스(Welsh)에서 키우고 있는 자기 여왕벌의 새끼를 날씨가 따뜻해지면 나에게 보내주겠다고 제안했다. 양봉철이 시작하면 내가 다시 생기 넘치는 벌들을 보유할 수 있도록 놀라운 조치를 취해준 것이다. 나는 그 벌들을 넣을 벌통을 구하기만 하면 된다. 이제는 그 어떤 시련도 내 앞길을 막을 수는 없을 것이다. 나는 지금도 전진하는 중이다.

양봉을 시작하려는 사람이 해야 할 일은?
* 양봉을 꾸준히 할 수 있겠는지 잘 생각해보라. 자신의 생활습관과 시간, 공간을 고려할 때 실현가능한 일인가?
* 만약 양봉을 할 수 있겠다고 판단하면, 1월에 양봉에 관한 이론강좌를 듣도록 하라. 수강신청이 연초에 일찍 마감되므로 서둘러 등록하라!

더 많은 양봉 팁
* 필요한 장비가 무엇인지 잘 생각해서 살 물품과 직접 만들 물품을 정해서 비용을 절감하는 방향으로 양봉철에 대비한다.
* 기존 장비는 다시 쓸 수 있도록 청소하고 소독한다.
* 꿀벌응애의 수준이 어떤지 벌집을 체크하고 옥살산으로 처리한다.
* 연간 계획 수립: 벌들을 어떻게 관리할지 목록을 작성한다. 즉, 기존 장소에서 규모를 확장할 것인지 아니면 새로운 장소를 물색할 것인지를 결정한다.

　아무래도 솔직히 말해야겠다. 나는 사실 늘 2월이 싫었다. 2월은 정말 암울하고 따분하다. 내가 계절성 정서장애[32]를 앓는 건 아니지만, 거의 그에 버금가는 상황이다. 겨울은 정말 지긋지긋하다. 허구한 날 비가 부슬부슬 내리거나 잿빛 구름이 끼어있고 기온도 낮아서 을씨년스럽다. 심지어 얼음장같이 쌀쌀하더라도 상쾌하고 맑은 날은 이국적이라고 할 정도로 드물다.
　상업 양봉가가 되기 전에 나는 런던에 살면서 여행 및 다큐멘터리 사진 작가로 활동했다. 어떨 때는 고작 몇 시간 동안 열대지방의 곤충을 포착하려고 기막히게 멋진 장소로 비행기를 타고 떠나기도 하고, 새로운 촬영지를 향해 배를 타고 항해하기도 하는 극단적인 생활방식이었다. 그 당시 나는 킹스 크로스(King's Cross) 역 뒤편에 있는 열대성 질병 전문병원에서 꽤 유명했다. 열대지역 섬에서 살아남고 캘리포니아 사막에서 벌거벗고 정처 없이 걸어 다니고 발리우드 영화에 출연하는 등, 내가 들려준 이

---

32 겨울철 햇빛 부족으로 생기는 우울증상.

야기들 대부분은 재미있다 못해 중독성이 있었다.

  2월에는 짧은 낮과 극도의 우울함을 피하려는 방편으로, 따뜻한 지역을 찾아 촬영하며 지내곤 했다. 아주 한참 전에는, 심지어 2월 내내 말레이시아에서 항해법을 가르치며 시간을 보냈다. 삶을 윤택하게 해주는 쾌청한 열대지방의 열기를 만끽했다.

벌의 매력에 빠지다

  이러한 삶의 방식이 화려하게 보일지는 모르겠지만, 매력은 오래가지 못했다. 직종에 품었던 흥미가 시들해지자, 벌들이 내 마음속으로 살금살금 기어들기 시작했다. 그래서 전 세계 도시양봉가들을 무작위로 방문하는 여행을 하며 여가를 보냈다. 일단 아침에 나의 직무와 관련된 사진을 다 찍은 뒤에, 인터넷에서 찾아낸 신비로운 인물들을 만나러 슬며시 빠져나가곤 했다.

  내가 작품을 늦게 보내는데도 사진 편집자들은 내 새로운 집착 대상에 관대했다. 작품 중간에 수염이 텁수룩한 양봉가들이 활짝 웃는 사진들이 끼어있고, 향기로운 꿀단지가 새서 사진에 단 게 묻었는데도 너그럽게 받아주었다. 혹시 예기치 않게 벌통이 많은 곳에 갈 경우를 대비해, 파나마모자[33] 위에 덮어쓸 검정 복면포와 분홍색 고무장갑 한 켤레를 잘 개서 카메라 가방 맨 아래쪽에 늘 넣고 다녔다.

  처음에는 예전에 살던 버몬지의 임대아파트 엘리베이터 통로 뒤편에 벌

---

[33] 밀짚모자의 일종. 에콰도르, 콜롬비아 등 중남미 야자류의 섬유로 짠 챙 있는 모자.

통 한 개를 설치했다. 그런데 겨우 몇 년도 안 되어 도시 전역에 설치한 벌통이 50여 개로 늘어났다. 설치 장소 중 몇몇은 변전소와 야생동물원 같은 기발한 곳도 있다. 나는 여전히 사진작가로 사는 삶을 이어갔지만, 그것을 모두 포기하게 될 날이 점점 다가왔다.

처음 몇 년간은 벌들이 사람들에게 알려지지 않도록 일부러 안 보이게 숨겨놓았다. 벌통이 민감한 곳에 있어서 들키지 않으려고 이른 시간에 도둑고양이처럼 벌통 주변을 슬며시 돌아다니며 돌보아야 했던 것들도 있다. 반면, 건물 입주가 늦어져서 무단점유 상태로 예상보다 오래 있었던 것들도 있다.

벌들이 분봉을 하거나 꿀을 유난히 정신없이 많이 따왔다면 양봉장의 위치가 들통 날 수도 있다. 도시에서는 사람들이 위를 올려다보는 경우가 드물긴 하지만, 혹시라도 어느 따뜻한 날에 하늘을 올려다보았더라면 나의 벌들이 미개발 자원이나 다름없는 도시의 꿀을 따오느라 떼구름처럼 정신없이 분주히 움직이는 모습을 목격했을지도 모른다. 주요 도시 심장부의 7층 건물 꼭대기에서는 벌들이 믿을 수 없을 정도로 평온하게 질서정연한 사회를 이루어 일하며 지냈다. 그 반면, 아래쪽에서는 사람들이 스트레스에 찌든 채 출퇴근하고 교통체증과 각종 소동이 빚어졌다.

이 시기는 아주 흥미롭고도 신 났다. 벌들은 도시에서 겨우 살아남기만 한 것이 아니라 번식까지 잘했다. 그렇다. 처음에 내 이웃들은 4층 벌통으로 이동하던 벌들이 바람에 날려서 창문에 부딪혀 튕겨 나가는 모습을 보고 깜짝 놀랐다. 불법이긴 해도, 나는 벌통 둘레에 옥상정원을 꾸며서 아파트 주민들도 혜택을 누릴 수 있게 했다. 토마토, 감자, 샐러드 거기에 구근, 관목, 포도나무까지 키워서 화려해진 정원은 보기 좋았다. 채취한 꿀도 나눠주었다. 나는 사랑스러운 황금빛 꿀단지들이 사람들의 불신을 사라지게 한다는 사실을 곧바로 깨달았다.

이 작은 털북숭이들을 향한 열정이 다시 솟아오를 때, 마침 친구들이 내게 도시 곳곳의 회사에 벌을 납품하는 사업을 하면 좋겠다고 권했다. 예전부터 생각해오긴 했지만, 환경이 열악한 탓에 벌들의 안전과 복지가 염려되어 실행에 옮기지 못했다. 그러나 그동안 내 양봉기술이 일취월장했고 양봉사업을 점차 확장해나가면서 두려움도 사그라졌다. 내가 키우는 벌들은 다소 독특하면서도 다양한 맛이 나는 꿀을 생산했는데, 키우는 장소에 따라 맛이 상당히 다르다는 것을 곧 알게 되었다.

런던 허니 컴퍼니(London Honey Company)의 전신을 설립했다. 당시 '비즈플리즈(Beesplease)'라고 부를 때를 제외하고는, '도시 근로자들을 위한 꿀'이라는 슬로건을 내걸고 수도 런던에 벌들이 있으면 좋은 점을 홍보했다. 단지 벌에 관해 몇 마디만 꺼내도 극심한 공포를 느끼는 사람들도 있어서 역동적인 녹색 도시에는 이 꽃가루 매개자들이 필수라는 사실을 교육하는 일이 쉽지는 않았다.

그래서 나는 조사차 뉴욕에 다녀오기로 했다. 그곳에는 데이비드 그레이브스라는 사람이 맨해튼 거리의 옥상에서 독불장군처럼 양봉을 하고 있다고 했다. 그는 15층 높이에서 안전벨트도 하지 않고 복면포도 쓰지 않고 과시하듯 돌아다녔으며, 벌집에서 꿀을 채집하기 위해 벌들을 털어낼 때도 봉솔 대신 낡은 티셔츠를 사용했다. 그는 벌이나 꿀을 옮길 때 지하철을 이용했는데, 벌이나 꿀을 쓰레기봉지에 싸서 옮기면 벌들이 꿀을 훔쳐가지도 못하고 틈으로 꿀이 새는 것도 방지할 수 있다고 한다.

옥상에서 꿀을 옮길 때 쓰레기봉지에 싸서 옮기면, 벌들이 건물 사무실 직원에게 날아가는 것을 막을 수 있다. 그래서 나도 요즘은, 특히 도시 지역에서 꿀을 채취할 때는 그 방법을 따른다. 초기 몇 년 동안은, 이상한 시간에 쓰레기봉지를 대량으로 아파트 안팎으로 옮기자 관청에서 내가 마약상이 틀림없다고 확신하는 바람에 곤욕을 치르기도 했다. 하지만 그들은 몇 년 동안 반지하에 아지트가 있다는 것도 알아차리지 못했다.

그 시절에는 벌들이 야생동물로 분류되어서 대도시에서 키우는 것을 금지했으므로 뉴욕에서는 양봉을 다소 은밀하게 해야 했다. 아무튼, 공식적인 방침은 그랬다. 어쨌든 데이비드 그레이브스는 도시환경에서 상업적으로 양봉하는 것이 가능할 뿐만 아니라, 그들이 생산하는 꿀이 아주 훌륭하다는 것을 잘 보여주었다. 하지만 맨해튼 옥상의 혹독한 날씨 때문에 그가 키우던 벌들이 겨울에는 늘 죽어버렸다는 이야기를 듣고 무척 놀랐다. 그는 매년 봄마다 벌들을 새로 교체했다.

이 무렵 나는 벌들에게 할애하는 시간이 점점 더 많아져서, 5년 전에는 사진촬영을 완전히 포기하고 전업 양봉가가 되기로 했다. 아무래도 내가 사랑하는 슈롭셔로 돌아가는 것이 의미 있겠다는 생각이 들었다. 그곳에 서라면 벌 키우는 일에 완벽히 몰입하고 데이비드 웨인라이트와 긴밀한 작업을 함으로써 양봉에 관한 견문을 넓히고, 환상적인 공기도 만끽할 수 있었다. 또한, 내가 그랬던 것처럼 나의 어린 아들 네드도 시골에서 자랄 수 있도록 해주고 싶었다.

지나고 보니, 주중이건 주말이건 오두막에서 나 혼자 일을 마치고 런던 남쪽으로 질주하다시피 돌아가는 생활을 계속했다. 그렇게 해야 네드랑 네드 엄마와 함께 시간을 보낼 수 있었다. 그리고 저녁에 기온이 떨어지기 전에 도시에서 키우는 벌들을 돌보고 벌들에게 필요한 게 뭔지 살펴볼 수도 있었다. 그런 다음 다시 계곡으로 돌아와 또 한 주간 고되게 일하며 지내는 일상이 반복되었다. 나의 벌 작업장이 있는 농장이 유대가 끈끈한 공동체여서 참 기뻤다.

런던 제일의 번화가[34] 입성

내게 처음으로 자기네 건물 옥상에서 벌을 키우는 것이 가능한지 문의한 사람은 아주 세련된 말씨를 쓰는 포트넘 앤 메이슨 백화점의 직원이었다. 당시에는 백화점 건물이 개조공사 중이라[35] 벌들이 피커딜리 거리 옥상에 정착하기 전까지는 화려하게 특별 주문제작한 벌통을 싣고 영국 전역을 돌아다니는 여행을 계획했다. 처음으로 머문 곳이 슈롭셔의 국가 소유지였는데 나로서는 무척이나 편했다.

몇 년 전 어떤 경매에서 『히블라 산의 꿀단지(A Jar of Honey from Mount Hybla, 1859)』라는 책을 한 권 발견했다. 1부 시작 부분에 포트넘 앤 메이슨 사(社)의 창밖을 지나가다가 쇼윈도에 진열된 작고 파란 시실리 꿀단지를 바라본다는 표현이 나온다.

포트넘은 언제나 자기네 꿀에 대한 자부심이 대단했다. 나를 그 백화점의 '벌 치는 사람'으로 임명하기 전에도, 나는 각종 이국적인 꿀과 훌륭한

---

[34] 원서에는 W1로 표기되어 있다. W1은 런던 지역의 우편번호로 번화가를 지칭하는 뜻으로 통한다.
[35] 백화점 개업 300주년을 기념해 2007년에 대대적인 보수공사를 했다.

벌집이 담긴 단지들이 그곳 매장에 즐비한 것을 감탄스럽게 바라보았다. 그중에는 멀리 핏케언(Pitcairn) 제도[36]에서 채취한 꿀도 진열되어 있었다.

벌들이 자기네가 새로이 살게 된 궁궐 같은 저택의 진가를 알지는 모르겠지만, 그해에 헤더로 뒤덮인 근처 황야지대에서 아주 훌륭한 꿀을 생산해냈으며 1년 후에는 첼시 꽃박람회의 정원 전시장에서 관심의 중심에 서기도 했다. 그 뒤 벌 순회 홍보행사는 헨리(Henley)[37]에 있는 아름다운 오두막 정원으로 이동했다. 거기에서 피커딜리 거리의 백화점 옥상에 새로 설치한 에어컨 통풍구와 통풍관이 연결되기를 기다렸다.

아침에 벌통을 보살피러 백화점 옥상에 가면, 아래층에 있는 여러 음식점에서 풍겨 나오는 맛있는 아침밥 냄새 때문에 집중이 잘 안 될 법도 했다. 하지만 혹시라도 벌들이 근처의 캐번디시 호텔(Cavendish Hotel)[38]에 분봉할까 봐 몹시 걱정되어 벌들을 필요 이상으로 철저히 확인하느라 그 냄새에 신경 쓸 겨를조차 없었다. 사실 처음 몇 주 동안은 벌들이 저민 거리(Jermyn Street)[39]까지 휩쓸려 내려갈 정도로 바람이 거세서 무척 힘들어했다. 그래서 벌들이 내려앉거나 날아오르기 쉽도록 버드나무가지로 만든 바람막이를 세워주었다.

날씨가 추워서 좋은 점

올해처럼 영국의 겨울 날씨가 아무리 암울해도 긍정적인 면은 있기 마

---

36 남태평양에 있는 영국령의 섬나라. 2009년 인구 50명으로, 세계에서 가장 인구가 적은 속령이며 꿀이 특산물이다.
37 잉글랜드 남부 템스 강가에 있는 도시.
38 런던 중심가에 있는 4성급 호텔.
39 피커딜리 남쪽의 동서로 뻗은 일명 신사용품 거리로 구두와 모자, 와이셔츠, 담배, 면도용품 등 다양한 물품을 파는 고급점포들이 있다.

련이다. 추위가 워낙 혹독해서 벌들 사이의 질병이 제거되거나 억제되었다. 예전에 몇몇 어르신들로부터 이에 관한 이야기를 들은 적이 있는데 나도 동의하는 바이다. 몹시 나쁜 날씨가 가축이나 농작물이 걸린 질병에 큰 타격을 입힌다는 것은 농가에는 잘 알려진 사실이다. 정말 그렇다.

덤으로, 지독한 한파는 벌들이 움직이고 싶지 않도록 하는 역할도 한다. 날씨가 따뜻하게 풀릴 때까지 벌들이 빽빽하게 모여서 최소한의 에너지만 쓰면, 덜 굶어죽고 더 많이 생존한다. 왜 그럴까? 움직이는 것은 에너지를 사용한다는 뜻이고 그것은 먹어야 한다는 의미이다. 너무 이른 시기에 날씨가 따뜻해지면, 꽃샘추위가 오기도 전에 벌들이 활발하게 움직이기 시작한다. 그렇지만 양봉가들은 계절이 완전히 바뀌어 기온이 확실하게 오를 때까지는 봉구(蜂球)[40] 대부분이 그대로 버텨주기를 바랄 것이다.

준비는 하되, 조금만 더 참기를

2월에는 곧 다가올 양봉철을 준비해야 하므로 마음이 조급해지기 마련이다. 그렇지만, 인내심을 발휘할 필요가 있다. 머지않아 1월에 미리 하지 않은 일을 할 시간조차 없어질 것이다.

초보 양봉가들은 배송받은 장비를 미리 조립해둬야 한다. 혹시 아직 새로운 벌을 주문하지 않았다면 2월 말이 되기 전에 서둘러 주문하는 게 좋다. 벌은 선착순으로 분양하는 시스템이어서, 예약이 일찍 마감되기 때문이다. 배송은 6월까지 받아도 된다. 봉군 하나에는 보통 대여섯 개의 틀이

---

[40] 월동시 체온을 유지하기 위해 벌들이 모여 공처럼 뭉쳐있는 형태.

들어가는데, 대략 벌 1만 마리와 새로운 젊은 여왕벌 한 마리로 이루어진다. 첫해에는 여왕벌이 거의 분봉하지 않는 경향이 있으므로, 초보 양봉가가 운 좋고 평화롭게 양봉하기에는 이 정도가 적당하다.

그리고 지역양봉협회에 가입하도록 한다. 영국양봉협회에서 초보 양봉가와 기존 양봉가 모두 실질적인 지원과 조언뿐만 아니라, 더 높은 차원의 보호를 받을 수가 있다. 양봉협회들은 보통 새로운 회원 유치에 매우 적극적인데, 심지어 회원 자격에 제한을 둘 만큼 인기가 높은 협회들도 있다.

이맘때쯤에는 기존 양봉가들도 자신의 벌들이 겨우내 어떻게 지냈는지 궁금하기 마련이다. 실제로 올해는 워낙 추웠기 때문에, 걱정하는 마음에 허약한 봉군들이 회복할지 여왕벌들이 다시 육아를 시작할지 나처럼 당장 알고 싶을 것이다. 하지만 살짝 엿보는 것조차도 아직은 위험하니까 조금만 더 참도록 하라. 다 잘될 것이다. 벌들은 애완동물이 아니라는 것을 명심하라. 벌들이 나타날 때를 대비하는 데 몰두하기보다는, 벌통 입구가 죽은 벌들로 막히지 않도록 깨끗하게 치워놓도록 하라.

날씨가 더 따뜻해지면, 때 이른 꽃가루 먹이를 찾으러 벌통 밖으로 나가는 모험적인 벌들은 없는지 눈여겨보아야 한다. 올해는 아직 한 마리도 발견하지 못했다. 만약 벌들이 꽃가루주머니[41]를 가득 채워 돌아온다면, 여왕벌이 알을 낳는 중이라고 생각하면 된다. 꽃가루는 유충의 먹이이기 때문이다. 만약 시간 여유가 있다면, 날씨가 따뜻해지는 초봄인 3월 중순에서 3월 말까지 먹일 수 있도록 미리 설탕시럽을 만들어놓는 것이 좋다. 벌들이 활동을 시작하자마자 기운을 북돋아 줄 수 있을 것이다. 다른 말

---

41 일벌의 뒷다리 바깥쪽에 있는 꽃가루를 담아두는 공간.

로 하면, 2월은 관찰하고 준비하는 시기이다.

새로운 **시작**, 그러나 **슬픈 이별**

나에게 있어서 올해 2월은 예년과 사뭇 달랐다. 기분이 정말 좋았다. 사실, 다소 흥분되기까지 했다. 이제 겨울이 거의 지나갔으니 지난 6개월 동안 개발한 새롭고 중대한 양봉전략을 실행하고 싶어 좀이 쑤셨다. 특히 나의 서툰 목공 솜씨의 결실을 보여주고 싶었다. 그렇다. 나는 새 벌통 몇 개와 장비를 별 힘들이지 않고 뚝딱 만들어서 화려하게 색칠까지 했다. 나의 도시 깍쟁이들을 위해 손수 준비한 것이다.

내가 런던 남동부로 되돌아가면 가장 그리울 동반자는 오래된 로버츠 라디오[42] 외에도, 다리가 밖으로 휜 잭 러셀 종[43] 강아지인 허버트일 것이다. 원래는 슈롭셔 오두막에서 겨우 2마일 떨어진 내 양봉장이 있는 농장 주인인 조와 앤의 강아지이다. 허버트는 밝은 셀로판지로 포장한 달콤한 케이크를 나만큼이나 열정적으로 좋아했다.

나는 프랑스식 퐁당 팬시(fondant fancies)[44]를 하루에 두 상자나 먹어치우는 기록을 세우기도 했다. 그렇게 먹어댔으니 거구가 되어야 마땅하겠지만, 가만히 앉아있는 사람이 아니라서 늘 먹은 칼로리를 다 소모해버렸다. 내 직업이 육체적으로 매우 힘든 일이기 때문에, 겨우내 꽤 많은 양을 먹었다. 워낙 단것을 좋아해서 꿀만 가지고는 어림도 없다.

---

42 세계적인 고급 라디오 브랜드.
43 다리가 짧고 몸집이 작은 개로 짐 캐리 주연의 영화 〈마스크〉에 나와 더욱 유명해졌다.
44 한입 크기의 작은 케이크.

케이크 최고!

내가 제일 좋아하는 케이크 다섯 가지는 다음과 같다.

◆ 5위: 배턴버그(Battenberg)[45]

정신없이 바쁜 오후 서너 시경에, 특히 겨울에 벌집틀을 조립하다가 달콤한 아몬드 페이스트를 먹으면 에너지가 보충되어 정말 좋다.

◆ 4위: 잼 타르트(jam tarts)

오케이, 엄밀하게 말해서 케이크는 아니지만, 작업장에서 종일 한 박스 정도는 쉽게 먹어치울 수 있다. 한입 크기라서 운전 중에 안전하게 입에 넣을 수도 있는데, 이건 아주 중요한 특징이다.

◆ 3위: 생강 케이크

조금씩 뜯어먹기 쉬우며, 공 모양으로 만들면 쉴 틈 없이 양봉작업을 해야 할 때 복면포 지퍼를 살짝 열고 얼른 먹을 수 있다.

◆ 2위: 에클스 케이크(Eccles cake)[46]

이것도 정확히 케이크는 아니고 흔하지도 않지만, 달콤한 건포도가 풍부하게 들어있어서 그 안에 좋은 성분이 있는 것처럼 보인다. 버몬지에 있는 세인트 존 베이커리(St. John Bakery)의 제품은 특히 놀랄 만큼 부

---

45 두 가지 색의 스펀지케이크를 구워서 그 위에 마지팬(marzipan: 아몬드, 설탕, 달걀을 섞은 것. 과자를 만들거나 케이크 위를 덮는 데 쓴다)을 잼으로 붙여서 씌운 케이크로 아몬드 향이 난다. 칼로 자르면 체크무늬를 비롯한 여러 가지 모양을 낼 수 있다. 빅토리아 여왕의 손녀인 빅토리아 공주와 루이스 바텐베르크 공이 결혼할 때 영국 왕실 요리사가 바텐베르크의 이름을 따서 만든 특별한 케이크다.
46 겹겹이 바삭한 페이스트리 안에 건포도가 가득 들어있는 케이크로 에클스라는 지역명을 따서 이름을 지었다.

드럽고 쫄깃하다.

◆ 1위: 웰시 케이크(Welsh cake)[47]

이것은 종류가 상당히 다양한데, 나는 따뜻할 때 버터를 살짝 발라 먹는 것을 무척 좋아한다. 웰시 케이크야말로 내가 양봉할 때 사 먹는 케이크 중에서 단연 최고다. 웰시풀(Welshpool)[48] 근처 웨일스 변두리에 있는 작은 빵집에서는 자기네 나름대로 스콘(scone)[49]처럼 평평한 철판에 구워서 만드는데, 거의 집에서 만든 거나 다름없이 아주 훌륭하다.

하지만 내가 가장 좋아하는 케이크는 뭐니 뭐니 해도 제인 누나가 만든 꿀 케이크다. 우리 둘 다 아주 어렸을 때부터 케이크 굽는 법을 배웠다. 우리 엄마는 요리에 전혀 취미가 없으셨기 때문에(엄마, 죄송해요. 하지만 사실인걸요) 누나와 나는 크리스마스 만찬까지 요리할 수 있는 경지에 올랐다. 우리는 새로운 요리에 도전해보는 차원은 이미 일찌감치 졸업한 상태다. 제인 누나는 늘 기막히게 맛있는 케이크를 만드는 아이디어를 내놓곤 한다. 누나가 새로운 케이크를 만들고 있다는 문자를 받을 때가 참 좋다. 그럴 때 나는 조카들이 마지막 부스러기까지 싹 먹어치우기 전에 쏜살같이 달려간다. 누나의 꿀 케이크는 정말 특별하므로, 여기에서 그 요리법을 소개해 공유하고자 한다.

---

47 웨일스의 전통 간식으로 밀가루, 버터, 돼지기름, 달걀, 설탕, 건포도 등을 넣어서 지름 4~6센티미터, 두께 1.5센티미터 정도로 둥그스름하게 만든다.
48 웨일스 중부에 있는 도시.
49 속을 넣지 않고 가볍게 부풀도록 철판이나 오븐에 구운 빵으로 주로 티타임에 차와 함께 먹는다.

제인 누나의 꿀 케이크

재료:
마가린 6온스[50], 정제당 6온스, 달걀 3개, 베이킹파우더가 든 밀가루 9온스[51], 베이킹파우더 1티스푼, 계피(밀가루와 베이킹파우더와 함께 체로 거른 것) 1티스푼, 꿀 2테이블스푼(거의 반병)

기름을 두른 지름 8인치짜리 오븐 팬과 제빵용 유산지[52]

오븐을 180도로 예열한다.
모든 재료를 전기 믹서에 넣고 1분 30초~2분 동안 혼합한다.
팬에 넣고 오븐 중앙에서 1시간~1시간 15분 동안 굽는다.

슈롭셔 사람들

허버트는 다 낡은 포드 앵글리아(Ford Anglia)[53]에서 뜯어낸 가죽좌석에 느긋하게 누워서 많은 시간을 보내곤 했다. 예전에 돼지가 분만할 때 쓰는 헛간이었다가 지금은 내 작업장 겸 양봉본부로 사용하는 곳 뒷벽에 그 자동차 좌석 두 개를 나란히 기대어두었다. 허버트를 떠나려니 무척 섭섭했다. 사실, 나는 농장 식구들 모두를 무척 그리워할 것이다. 그들은 내 인생의 큰 부분을 형성해왔을 뿐만 아니라, 양봉가인 내 삶이 곤경에 처

---

50 1온스는 약 28.35그램으로 6온스는 약 170그램.
51 약 255그램.
52 기름을 먹인 종이로 반죽이 팬에 붙는 것을 막기 위해 사용한다.
53 포드 역사상 가장 유명한 소형차 중 하나이자 밀리언셀러로 높은 인기를 누렸던 자동차(1959~1967). 영화 해리포터 시리즈 2편 〈해리포터와 비밀의 방〉에서 마법학교에 가는 기차를 놓친 해리포터가 친구 론 위즐리와 함께 이 자동차를 타고 하늘을 날아다니는 장면이 나온다.

했을 때 감당할 수 있도록 해준 필수기반 같은 존재였다.

그중에는 엄청나게 재주가 많은 조립공이자 대장장이인 헨리 그리피스도 있다. 그는 사각철[54]로 만들 수 있는 것은 아주 섬세하거나 세련된 것만 아니라면 무엇이든지 만들어낼 수가 있다. 그는 내 트럭의 평범한 적재함을 치우고 대신 6각텐트 구조로 적재함을 만들어주었다. 그가 만든 지게차는 수년 동안 슈롭셔의 벌들을 이동하는데 필수적인 역할을 했다. 수많은 벌통과 설탕과 꿀이 가득 든 상자들을 계속 실어 날랐다. 그가 아니었더라면 남부에서 내가 그런 귀한 물건들을 가질 수도 없었으며, 양봉작업에 따르는 엄청난 물량을 처리할 엄두도 내지 못했을 것이다.

마크 '치피' 험프리스[55]는 헨리와는 정반대로 나무와 오래된 트랙터를 좋아했다. 마음씨 좋은 그는 작년에 자질구레한 벌통 부품을 수리하거나 만들기 딱 좋은 매우 다양한 기계들을 나더러 마음껏 사용하라고 자기 작업장 열쇠를 주었다. 큰아버지 디키의 소유인 오래된 회색 매시 퍼거슨(Massey Ferguson)[56] 제품과 나를 다시 연결해주기도 했다. 그것은 큰아버지가 돌아가신 후 몇 년 동안 인근 농장에 있는 마크 여동생의 밭에 세워져 있었는데, 이제는 내가 수도 런던에서 사용할 원대한 계획을 세우게 되었다.

그리고 허버트의 주인인 조와 앤도 빼놓을 수 없다. 내 양봉장이 있는, 반할 정도로 아름다운 농장의 주인이기도 한데 정말 유쾌하고 인정 많은 부부다. 조는 농장에서 워낙 자주 만났는데, 내가 슬럼프에 빠져 있거나

---

54 사각형 모양의 쇠파이프.
55 마크의 가운데 이름 치피(Chippy)는 우리말로 목수라는 뜻이다.
56 세계적인 농기계 브랜드.

기운이 없거나 양봉 일에 지쳐있을 때도 마찬가지였다. 내가 몇 년 동안 그들 부부의 거실에서 먹어치운 차와 케이크값만 해도 양봉장 임대료만으로는 부족할 정도이다.

우리는 모두 아침 11시에 모닝커피를 마시러 모이고 오후 3시에는 차를 마시러 모였다. 작업복 때문에 의자에 얼룩이 묻지 않도록 신문을 깔고 앉아서 마셨다. 우리의 화제는 세계 정치부터 벌들의 상태, 텔레그래프(Telegraph)[57]의 십자말풀이뿐만 아니라 제멋대로 뻗쳐서 다루기 어려운 내 빈약한 턱수염에 이르기까지 아주 다양했다.

강아지 허버트가 쥐를 잡는 능력이 아무리 환상적이라고 할지라도, 런던의 비열하고 낡은 거리에서는 견디기 힘들 것이다. 허버트의 촉촉한 두 눈은 순해 보이는 오해를 살 수도 있다. 하지만 실제로는 내가 널찍한 건초 헛간에서 겨우내 보관해두었던 벌통들을 샅샅이 살피다가 몰래 들어와 있던 쥐들을 발견해서 내쫓으면, 스프링처럼 몸을 웅크린 채 기다리다가 쏜살같이 덤벼들어 잡곤 했다. 쥐들은 상자를 갉아 먹어 구멍을 내서 망가뜨리고, 생쥐들은 남은 꿀과 밀랍 냄새의 유혹을 참지 못해서 아예 벌집틀 사이에 자리 잡고 살기까지 한다. 그래서 설치류의 공격을 철저하게 봉쇄하려면 가을에 꼼꼼히 살펴서 전부 없애버려야 하지만, 완벽하게 처리하기에는 아무래도 시간이 부족하다…….

허버트는 언제나 소리 없이 나타난다. 작년에 그가 대왕 쥐를 성공적으로 해치웠을 때도, 제대로 사투를 벌이기도 전에 이미 허버트의 주둥이에는 쥐가 매달려있었다.

---

[57] 영국의 인터넷신문.

나는 이 농장을 오래전부터 알고 지내왔다. 운명이 이상하게 엮여서 예전에 우리 외삼촌 알란이 추수철에 조의 아버지를 위해서 일했던 것이다. 현재는 조의 좌우명이 '내일도 하지 않을 일을 굳이 오늘 할 필요는 없다'여서, 농장경영 상태가 약간 불안하긴 하지만, 내가 왈가왈부할 입장은 못된다. 양봉장 한편에 있는 내 작업실은 정말 어수선하기 짝이 없다. 내가 목공 일에 얼마나 서투른지를 보여주는 갖가지 물건들이 널려있다. 처음엔 의기충천한 마음으로 대단히 주의를 기울이고 실력을 발휘해서 못을 똑바로 박으려고 해보았다. 하지만 워낙 당혹스러울 정도로 솜씨가 없어서 품질은 당연히 떨어질 수밖에 없다. 벌들이 세심하게 주의를 기울여서 섬세한 구조로 집을 짓는 것과 비교하면 특히 더 그렇다.

런던으로 운반할 준비를 하느라고 출입구에 장비들이 점점 쌓여갔다. 벌통과 계상과 벌집틀에 벌이 좋아하는 밝은 페인트를 바르려고 잔뜩 늘어놓아서 드나들기 힘들 정도였다.

장비 점검과 조립

1월에 준비한 대로 계속 진행하기 위해서, 이번 달에는 작년에 사용하고 보관해둔 장비를 꺼내 작업하기 괜찮은 상태인지 확인해야 한다. 또한, 새로 산 장비를 조립할 시기이기도 하다. 양봉장비를 조립하려면 어느 정도의 공간과 조립에 필요한 몇 가지 기본적인 도구가 필요한데, 쇠망치, 나무망치, 전기드라이버가 주요도구이다.

대규모 제조업체들은 비수기에 사면 혜택을 제공하므로 1월과 마찬가지로 2월도 저렴한 가격에 파는 물건들을 찾아내기 딱 좋은 시기다. 벌통을 직접 조립하면 그런 이점이 있을 뿐만 아니라, 여러 가지 부품들을 잘 알게 되어 능숙하게 다룰 수 있다.

양봉의 대가 피터

새로 조립한 장비들은 앞으로의 작업에 중요한 역할을 할 예정이므로, 날씨가 따뜻해지기 전에 런던으로 옮길 필요가 있다. 하지만 먼저 답사도 할 겸 피터 킹지를 만나러 런던 북부로 가기로 했다. 예전에는 정육점을 운영하다 지금은 양봉을 하며, 수년 동안 나에게 조언을 해주는 멘토이다. 그는 오랜 양봉생활에서 은퇴할 예정인데, 만약 그곳 삼림지대에 있는 양봉장을 내게 맡겨도 되겠다는 확신을 심어준다면 도시로 진출하는 데 중요한 디딤돌이 될 수 있다.

피터는 3에이커[58]나 되는 방대한 부지에 수많은 벌통을 설치해 여왕벌을 사육해왔다. 그를 알고 지내는 10년 동안, 그는 내가 필요로 할 때면 언제든지 시간을 내서 지혜를 빌려주었다. 나는 누구보다 이 살아있는 전설 같은 존재에게 많은 정보를 얻고, 찾아내고, 긁어모았다.

15년 전 벌을 사려고 처음 만났을 때부터 이 원기 왕성한 노인이 차분하면서도 자신감 있게 수많은 벌통 사이를 움직여 다니는 모습을 정기적으로 보아왔다. 그는 담뱃대에서 나오는 연기로 벌들을 부드럽게 진정시키곤 했다(시대에 따라 벌들을 안심시키는 냄새에도 차이가 있다). 그는 늘 한결

---

[58] 약 3,672평.

같고 근면했으며, 양봉장은 잘 정리되어 있고 깔끔했다. 그는 조용하고 차분하게 작업하는 것이 중요하다고 가르쳐주었다. 갑작스럽게 움직이지 말아야 하고, 술이 덜 깨거나 나쁜 체취가 날 때는 가까이 가지 말아야 한다고 했다. 그 가르침 덕분에 내 벌들은 행복하게 지내서 생산성도 뛰어났다.

냄새도 잘 맡는 귀염둥이

벌들의 후각이 상당히 뛰어나다는 것을 아는 사람은 많지 않다. 벌들도 우리 사람과 마찬가지로 불쾌한 냄새에는 부정적인 반응을 보이는데, 스트레스를 받고 기분이 언짢아져서 관리하는 사람을 쏘기 쉽다. 그러므로 벌들과 잘 지내려면 청결하고 냄새가 나지 않게 유지할 필요가 있다. 유목 생활이 그리 쉬운 일만은 아니다.

베테랑

피터는 벌을 한 마리라도 짓누르거나 불안하게 하지 않기 위해, 늘 장갑도 안 끼고 맨손으로 벌들 주위를 더듬거리며 작업을 했다. 언제나 피터의 아랫입술에 걸친 울퉁불퉁한 담뱃대에서 뿜어져 나오는 연기 덕에, 벌들은 몽롱한 상태가 되어 그를 쏘려는 생각조차 못했다.

고맙게도 피터는 내가 도시를 접수하는 계획을 품게 해주었다. 작년에 그의 연락을 받아 벌을 사면서 런던 북부에 있는 그의 부지에 관심이 있다고 몇 마디 언급했다. 나는 그가 이 일을 그만둘 걸 알고 있었다. 피터는 은퇴하면 런던 인근의 주로 가려는 계획을 이미 세우고도, 유채꽃밭에 호기심을 가졌다. 유채꽃밭에서는 벌들을 키워본 적이 없으므로 그도, 벌도 어떤 타격을 입게 될지 모르는데 말이다.

피터는 항상 책략이 풍부한 도시의 전사나 다름없지만, 양봉이 육체적 노동인 것만은 분명하다. 올해 2월에 만났을 때 그는 이제 복면포를 걷어올릴 준비가 되었다고 말했다. 그 후 얼마 되지 않아 그는 페이스북으로 내게 연락해서, (당신도 소셜 네트워킹을 하기에는 결코 너무 늦지 않았다) 내가 원하기만 한다면 그 양봉장이 내 것이 될 거라고 말했다. 피터는 상황 판단이 빠른 사업가라서, 런던 일대에 3에이커나 되는 삼림지대는 대단한 거금을 벌어들일 가치가 있다는 것을 잘 알았다. 먼저 어느 정도 협상한 후에 내가 그에게 낼 임차료에 동의했다. 사실 그가 매우 관대한 액수를 제안한 것으로 보아, 나의 모험적인 사업이 성공하기를 진심으로 바란다는 것을 알았다. 날씨가 따뜻해지면 피터의 숲을 베이스캠프로 사용하고 런던 중심부의 새로운 위성 양봉장으로 벌들을 수송하는 계획을 세웠다. 먼저 슈롭셔의 벌들을 모두 여기로 운반할 것이다.

오래된 양봉장 보수하기

나는 재빨리 자원봉사단을 동원해 일요일에 피터에게 빌린 땅을 고르는 것을 도와달라고 했다. 그들 대부분은 도시에서 근무하는 은행가와 법조인들인데, 내가 예전에 도시양봉 강좌를 들을 때부터 부탁하려고 마음먹었던 사람들이다. 비록 날씨가 궂은 날 만나긴 했지만, 일사천리로 땅을 정돈했다. 땅은 내가 피터를 자주 방문했던 전성기 시절의 모습은 영 찾아볼 수 없는 상태였다. 그는 2년이나 양봉을 하지 않으며 잡초가 우거질 때까지 내버려뒀다. 온통 담쟁이덩굴로 덮인 나무들 사이를 힘겹게 헤치고 지나가야 할 정도였다. 만약 이렇게 습한 환경에 벌통을 설치하면, 벌들이 이질이나 장과 관련된 질병에 걸릴 수 있다. 벌들은 벌통 출입구나 테라스에서 태양의 온기를 느끼고 싶어 할 것이다. 우리 모두 그렇지 않은가?

살아있는 지붕처럼 그늘을 드리운 채 자라는 거대한 미국삼나무에서 떨어진 나뭇잎이 거의 퇴비가 되어가서, 양봉창고가 더더욱 황폐해 보였다. 창고 한쪽 벽에는 창문이 스무 개도 넘게 달려서 안이 다 들여다보였다. 알록달록하게 장식한 창틀도 이제는 칠이 다 벗겨졌다. 여기에서 피터는 가장 뛰어난 벌들을 키워냈다. 여담으로, 그는 꿀을 생산하려는 의도는 전혀 없이 단지 여왕벌을 키우려고만 했는데도 매년 엄청난 양의 꿀을 생산했다. 그는 이곳 상태가 제대로 회복되면 1톤 이상의 꿀을 산출하고도 남을 거로 생각했다.

번드르르한 도시 친구들이 열성적으로 도와준 덕분에 그 땅은 하루 만에 완전히 탈바꿈했다. 친구들은 깔끔하게 손질한 손톱 밑에 흙이 묻을 기회였다고 즐거워했다. 이곳에 있으면 워낙 초목이 무성해서 시골에 있다고 착각하기가 쉽다. 하지만 종종 경찰차의 사이렌 소리가 들려올 때마다 현실을 깨닫게 될 것이다.

🦋 벌통을 지면에 닿지 않게 두라

여기로 가져올 벌통들을 균형을 맞춰서 올려놓으려고 다음날에는 나 혼자서 받침대 50개를 배치했다.

벌통을 항상 지면에 닿지 않게 두는 것이 좋다. 그러면 벌통에 충분한 공기와 햇볕이 들어서 벌통을 튼튼하게 유지할 수 있고, 벌을 관리하느라 허리가 아픈 것을 예방할 수 있다. 나는 땅을 평평하게 잘 고른 후에 경량 콘크리트 블록을 놓고 그 위에 압축 처리한 8각 나무가로대를 올려놓을 예정이다. 수많은 벌통 받침대를 사용해봤는데, 조립한 솜씨는 투박해도 이 테라스가 가장 효과도 좋고 높이가 적당해서 벌들을 관리하기 편하다.

양봉을 처음 하는 사람들은 벽돌이나 나무받침대를 많이 사용하는 편이다. 재료는 그다지 중요하지 않으므로 구하기 쉬운 것을 사용하면 된다. 데이비드가 사용하는 오래된 우유궤짝도 마찬가지로 효과가 좋다. 궤짝 틈으로 풀이 자라서 개구리뿐만 아니라 숨어있기 좋아하는 도롱뇽의 은신처로도 인기가 좋다. 몇 년 전부터 상업 양봉을 하는 런던 서부의 반즈(Barnes)에서는 종종 벌통 밑에서 풀뱀을 발견하기도 하는데 때로는 몇 마리씩 모여 있던 적도 있다. 뱀들이 아무런 해를 끼치지 않는데도, 볼 때마다 화들짝 놀랐다. 사실 풀뱀들은 그저 벌들이 통로로 방출하는 온기를 누리려 했을 뿐이다.

새로운 세대

숲 속 안식처 여기저기에서는 새싹들이 파릇파릇 돋고, 초롱꽃도 고운 색깔을 낼 때가 다가왔다. 양봉장에 받침대 세우는 일을 끝마치려고 아들 네드를 데려갔을 때는 공기에서 여우 냄새가 났다. 일곱 살인 네드는 아직도 벌을 두려워해서 앞으로 나의 직업을 아이에게 강요하기가 망설

여진다. 내가 작업을 하는 동안 네드는 안전한 숲 속에서 이리 저리 돌아다니며 즐겁게 지냈다. 여기는 모두에게 보호구역이나 다름없기에 벌들도 잘 자라리라 생각한다.

트럭 뒤에서 간단하게 소풍을 즐기며 난로를 켜고 삐삐주전자를 올려놓자, 네드는 무척 신이 났다. 내 아들이 벌써부터 아빠를 닮아 맛좋은 밀크티 한 잔에 초코과자를 곁들여 먹는 걸 좋아한다는 사실이 무척 뿌듯했다. 인생은 참으로 단순하다.

나는 네드가 아빠의 직업을 학교 친구들에게 어떻게 말하는지 궁금할 때가 많았다. 그래서 지난주에 그 애에게 직접 물어보았다. "사람들을 위해서 옥상에서 벌들을 돌보잖아요, 아빠. 맛있는 꿀도 만들고요."라고 그 애가 대답했다. 역시 내 아들다웠다. 정말 흠잡을 데 없이 꼭 맞는 답변이다.

네드는 언젠가 벌을 배우고 싶다는 말도 했다. 극장의 배우로 일생을 보낸 아빠처럼, 내가 이 직업을 아이에게 강요한 적도 없는데 신은 환상적인 응답을 해주었다. 어쨌든 네드가 아주 어릴 때는 밀폐된 차 안에서 안전벨트를 맨 채로 있었기 때문에 벌들을 겨우 몇 번밖에 보지 못했는데도 말이다.

나는 네드와 네드의 학교 친구들에게 좋은 평판을 얻고 싶어서, CBBC[59] 어린이 TV쇼의 벌과 꿀에 관한 프로그램에 출연하기로 했다. 사우스 뱅크(South Bank)[60]에 건설하고 있는 새로운 양봉장 옥상에서 촬영했는데, 강 건너편이 보여서 전망도 아주 뛰어났다.

---

59 Children's BBC. 영국 방송국 BBC의 어린이 채널.
60 런던 중심부에서 템스 강 남쪽 기슭에 해당하는 지구.

지금은 양봉용 방충복과 빈 벌통들이 어린이들의 마음에 조금이라도 관심을 불러일으키기를 바란다. 아직은 젊은 양봉가들이 많지 않지만, 이 기회를 통해서 더 많은 학교가 벌통을 보유하고 교과과정에 양봉을 포함하는 변화가 일어날 거로 생각한다. 그것이 좋은 소식인 건 틀림없다.

네드를 잘 보호하려고 오래된 작은 복면포와 주머니까지 꿰매버린 농사용 작업복세트를 찾아냈다. 심지어 우리 할머니의 오래된 파란색 가죽 운전복도 몇 개 갖고 있다. 할머니 손이 무척 작기 때문에 네드가 입은 다음에 손목에 청테이프를 두르기만 하면 된다. 불쌍한 녀석. 차림새는 후줄근해도 아무것도 꿰뚫고 들어갈 수 없도록 만반의 준비를 했다. 이거야말로 정말 중요한 문제니까.

나이 든 사람과 젊은 사람이 함께 양봉하는 모습을 세계 곳곳에서 보아왔다. 예전에 브라질 리오의 판자촌에서 양봉하는 사람을 방문한 적이 있다. 제라드라는 이름의 퇴역한 해군대령으로, 범죄 집단에게서 보호하기 위해 장전한 녹슨 권총을 바지 뒤쪽에 찬 채로 벌들을 돌보았다. 그의 어린 딸이 현관에서 우리를 맞이했는데, 양봉장을 운영하는 데 꼭 필요한 존재라더니 유감스럽게도 벌들의 공격을 받아서 얼굴이 심각하게 통통 부어있었다. 그런데도 아이 아버지는 벌침 면역력을 형성할 수 있는 기회라며 대수롭지 않게 여겼다. 빈민가에서 생활하느라 힘들겠다는 생각은 들었지만 감동 받지는 않았다.

어린이들이 양봉을 접할 기회

어린이들이 양봉에 흥미를 느끼도록 하고 싶다면, 영국양봉협회의 스쿨 팩[61]과 온라인 정보를 찾아보라고 권하고 싶다. 참 멋진 일이다. 나는 조카들을 어렸을 때부터 양봉 일에 참여하도록 했는데, 네드도 바통을 이어받기를 바란다. 내가 아는 어떤 벌통 제조회사에서는 철이 지나면서 봉군이 어떻게 발달하는지를 보여주는 사진들을 벌집틀에 삽입한 교육용 모형벌통을 생산한다. 연령에 상관없이 초보자들을 교육하기에 굉장히 좋은 제품이다.

한 줄기 햇살 같은 존재

  2월의 경치는 벌들보다도 내게 그다지 의욕을 불러일으키지 못했다. 2월 중순에 런던으로 돌아오니, 공원들은 온통 우중충하고 질퍽거리며 너무 생기가 없어 보였다. 따뜻한 햇볕을 받은 적이 있다고 생각하기 어려울 정도로 황량해서 아무런 가망도 없어 보였다. 하지만 거기에도 한 줄기 희망은 있었다. 아니 좀 더 정확히 말하자면, 한 줄기 빛깔이 있었다. 그것은 외로이 피어있는 보랏빛 크로커스 한 송이었다. 시간이 지나면 이 진 흙탕에 불이라도 붙은 듯 여러 송이가 뒤따라 피어날 것이다. 그러면 벌들이 새끼들을 잘 기르려고 크로커스 꽃가루를 가져가기 시작할 것이다.

  그 꽃을 보니 슈롭셔에 있는 앤의 정원이 생각났다. 사암으로 쌓은 담을 두른 정원이다. 바람을 막아서 따뜻한 담벼락 구석은 지금쯤 일찍 먹이를 찾아다니며 얼마 되지 않는 기회를 움켜쥐려는 벌들로 뒤덮였을 것이 분명하다. 일찍 꽃가루를 모으려고 먹이를 찾아 나선 벌들에게는 겨우

---

61 영국양봉협회에서 만든 양봉교재. www.bbka.org.uk/learn/bees_for_kids/schools_pack

몇 송이밖에 피지 않은 아네모네 몇 포기도 메카가 될 수 있다.

조그만 공원을 걸어 지나갈 때 크로커스가 나에게 한 조각 활기만 준 것은 아니다. 순간적으로 두려움도 불어넣었다는 사실을 인정할 수밖에 없다. 1년 중 이 시기의 양봉가 대부분이 그렇듯, 나도 양봉철을 대비해서 이미 엄청난 분량의 작업을 끝마쳤다. 그런데도 달랑 이 꽃 한 송이로, 양봉철이 눈앞에 다가왔고 아직도 해야 할 일이 많이 남았음을 깨달은 것이다.

회의에 참석하기 위해 런던으로 돌아왔다. 지하철역으로 가는 길에 있는 템스 강변의 포터스 필드(Potters Field)[62]는 지난 10년 동안 상당한 발전을 이루었으며 환하게 트여서 활력을 불어넣는다. 사실 런던에서 하늘을 볼 기회는 드물다.

회춘하고 다시 태어난 '모어 런던(More London)[63]과 시청 건물은 소풍을 가거나 점심을 먹거나 사진 찍기 좋은 장소로 인기를 끌었다. 그곳에서 벌을 키우는 문제로 경영진이 열띤 토론을 벌였지만, 그리 간단한 문제가 아니라는 것을 안다. 낮에는 사람이 많이 붐비기 때문에 벌통을 상당히 높이 설치해야 한다. 이뿐만 아니라 높은 건물이 많아서 그 사이 보도로 돌풍이 불 수도 있기 때문에, 먹이를 찾고 돌아오는 벌들이 위태로울 가능성도 있다.

동시에 벌들이 고맙게 여길 만한 것들도 있다. 볼품없는 부들레아(buddleia)[64]와 심각한 손상을 입은 자작나무, 누렇게 시든 클로버 무더기

---

62 런던시청과 타워브리지 사이에 있는 공원.
63 더 나은 런던을 만들기 위한 템스 강변 도시환경개발 프로젝트로 마련된 현대적인 공간.
64 1~3미터 가량 자라는 낙엽관목으로 7~9월에 옅은 자줏빛의 꽃이 핀다. 독이 있지만, 관상용으로 심는다.

를 대대적으로 교체하고 정원 가장자리도 깔끔하게 다듬었다. 이제 벌들은 철 내내 좋아하는 요리를 마음대로 골라 먹을 수 있다.

사이드메뉴로 향이 짙은 백리향과 꿀맛이 빼어난 아카시아꽃, 수많은 라벤더도 있다. 토착식물은 얼마 되지 않지만, 철 내내 다양한 꽃가루를 얻을 수 있다. 양봉을 하는 처지에서는 기쁜 소식이긴 하지만, 이렇게 헤스톤 블루멘탈(Heston Blumenthal)[65] 수준의 고급스러운 화밀(花蜜)[66]을 런던 자치구 곳곳에서 다 얻을 수 있을까 확신이 서지 않았다.

적은 양이긴 하지만, 런던에서도 벌들이 아카시아 꿀을 생산하기 시작했다고 들었다. 샘플을 보내서 성분 분석을 해보고 싶은 심정이지만, 워낙 비용이 많이 드는 조사인 데다가 꿀 안에 든 꽃가루를 정밀하게 조사해서 화밀의 출처를 판별해야 하는데, 그 또한 100퍼센트 정확하지 않아 소용이 없다. 꽃가루를 화밀과 같은 출처에서 자동으로 수집하는 것이 아니기 때문이다.

요즈음 런던 각지에서 재개발이 급속하게 이루어지기 때문에, 벌들을 위해 신선한 야생 녹지를 찾으려면 더욱 고군분투해야 했다. 그래서 2월 말에는 내 벌통들을 설치하기 적합한 옥상부지를 신중하게 선정하느라 며칠을 보냈다. 비록 벌과 상자들을 옥상 위로 옮기느라 더 많은 땀과 눈물을 흘린다고 할지라도, 나는 이 자원에 무한한 가능성이 있다고 본다.

---

65 런던에 있는 레스토랑으로 2012월드베스트레스토랑 50선 중 9위를 차지했다.
66 벌이 꽃에서 막 수집해온 묽은 꿀. 꽃꿀이라고도 부른다. 여기에 벌들이 효소를 가미해 화학성분이 변하고, 수분을 증발시켜 농축하면 우리가 먹는 벌꿀(봉밀)이 된다.

2월 Tip

양봉을 시작하려는 사람이 해야 할 일은?
* 양봉철 시작을 대비해 새로운 장비를 사고 조립한다.
* 양봉하려고 진지하게 생각한다면, 꿀벌 육종장의 예약주문이 대체로 일찍 마감하므로 여름을 위해 봉군 한 세트를 지금쯤 주문하는 것이 좋다.

더 많은 양봉 팁
* 모든 장비(새로 산 장비와 수리한 장비 모두)를 양봉철이 맹공격할 때를 대비해 완벽하게 갖춰놓아야 한다.
* 참을성을 발휘해서 귀염둥이들을 아직은 방해하지 말 것. 그러나 벌통 무게를 점검하고 입구가 죽은 벌들로 막히지 않았는지 반드시 확인해야 한다.
* 처음으로 며칠간 날씨가 맑고 따뜻할 때, 일찌감치 아네모네와 크로커스 꽃가루를 찾으러 나온 벌들이 있는지 살펴보라. 이것은 여왕벌이 알을 낳고 있다는 신호다.

    3월은 꿀벌과 양봉가 모두 휴면상태에서 벗어나 꿈틀거리기 시작하는 시기이다. 겨우내 동면, 아니 긴장상태로 선잠을 자고 있었다는 표현이 더 적절할 것이다. 나는 벽 속에 넣는 단열재를 재활용해 벌통 꼭대기에 덮어서 벌들이 아늑하게 지내도록 했다. 오리털 이불을 추가로 덮어준 것이나 다름없는 효과를 본 것이다. 단열재는 건축터의 폐기물 자재함을 뒤져 쓸 만한 것을 찾으면 된다. 벌들이 발포고무를 조금씩 뜯어 먹는 것을 방지하려면 합판에 청테이프를 붙인다. 양봉할 때 임시변통으로 재활용품을 사용하는 고전 사례 중 하나인데, 촉감도 편안해서 벌들이 좋아할 것이다.

    벌들을 옮길 준비를 하느라고 이따금 런던에 급히 다녀올 때를 제외하고는, 겨울에는 대개 슈롭셔에 있는 나의 따뜻한 양봉창고에 틀어박혀 있었다. 테스트 매치 스페셜(Test Match Special)[67]을 틀어놓고 인도의 크리켓 대회 중계방송을 듣거나 조와 앤의 응접실에서 소중한 친구들과 차를 마시고, 새로운 벌통을 만들며 지냈다. 얼핏 들으면 내가 무척 편안하게 지

---

[67] 영국 BBC 라디오방송의 크리켓 전문 프로그램.

낸 것 같겠지만, 벌통을 만드는 일은 믿기 어려울 만큼 힘든 작업이다. 직접 만들어본 사람이라면 누구나 공감할 것이다. 다루기 힘든 부품을 가지고 씨름하다가, 못 박는 기계로 내 손가락을 작업대에 박아버리는 최악의 상황이 벌어지기도 했다. 한 번도 아니고 두 번씩이나 그랬다.

벌집틀을 조립하는 반복적인 작업을 계속하다가 혼이 나가서 벌어진 일인데, 누구라도 질렸을 만한 일이다. 양봉철을 대비해서 정신없이 만들다 보니 내 피로 얼룩진 틀을 3천 개나 만들었는데, 족히 벌통 300개에는 들어갈 것이다. 꿀을 엄청나게 많이 수확하리라고 낙관하는 것만큼 좋은 일은 없다. 오래전 처음으로 버몬지에 벌통을 설치한 해에는 여름 내내 꿀을 생산했는데, 해마다 한결같기를 기대해왔다. 어쨌든, 장비는 늘 여분이 있는 편이 낫다. 양봉철이 한창일 때 만드느라 고생하는 것보다는 스트레스를 훨씬 적게 받는다.

양봉은 사업 못지않게 열정이 있어야 할 수 있는 일인데, 절충안 중의 하나로 유목생활, 즉 이동양봉이 있다. 지난 몇 년 동안 나는 독특하고 미묘한 향을 간직한 꿀을 얻으려고 민들레와 초롱꽃, 블랙손(blackthorn)[68] 과 라임의 개화기를 열심히 쫓아 벌통들을 지방으로 옮겨댔다. 또한, 유채꽃 같은 단일 꽃에서 꿀을 수확하는 것을 피하려고 온 힘을 다했다. 고객들이 그 진가를 인정해주리라고 생각한다. 라벨에 2개국 이상의 EU국가에서 생산한 제품이라든가 혹은 심지어 EU에 속하지 않는 나라들에서 생산한 제품이라고 표시한 꿀과 차원이 다르게, 진정한 이동양봉으로 생산해왔다. 내가 한 일이 언젠가는 모든 꿀이 나아갈 미래라고 생각하

---

68 장미과의 낙엽교목으로 학명은 스피노자 자두나무다. 흰색 꽃이 피며 지름 1.5센티미터에 검푸른 색인 시큼한 열매가 열린다.

니 힘이 난다.

　나는 고객들이 제품의 생산이력과 정직하게 신중을 기해서 제품을 생산했는지 알고 싶어한다는 말을 듣고 용기를 얻었다. 나의 꿀들을 지역별, 자치구별, 계절별로 공들여 구분해서 판매한 지 몇 년이 지나자, 믿고 찾는 사람들이 많아졌다. 올해 3월에는 갓 채집한 하얗고 밝은 봄철 소밀을 찾는 사람이 늘었다. 육체와 정신의 기운을 북돋는 활력소로 여겨 벌써 주문장부가 넘친다. 이것은 장기간의 화창한 날씨와 더불어 당연히 새로운 도시양봉장에 있는 벌들이 함께할 때에만 결실을 볼 제품이다.

　날씨가 나날이 따뜻해짐에 따라 피터의 숲에 있는 야생동물들도 꿈틀대기 시작했다. 여우들도 움직임이 활발해졌다. 내가 도착했을 때는 바람이 거의 불지 않아 그들의 냄새가 짙게 났다. 갓 파낸 흙이 벌통을 설치할 장소 여기저기에 흩어져있었다. 벌통이 내려다보이는 언덕 위에서 여우들이 정신없이 흙을 파헤쳐서 그렇게 된 것이다. 나는 걱정하지 않았다. 여우들은 벌에게 어떤 위협도 가하지 않을 것이다.

　곧 벌들을 이 숲으로 옮기는 데 대비해, 벌들이 배고플 때만 먹일 설탕시럽을 엄청나게 많이 제조해두었다. 유비무환이다. 시럽은 벌들의 움직임이 증가할 때 약해진 봉군에 필요할지도 모르는 연료인 셈이다.

　거의 1년 내내 자기 자신을 위해서 벌의 꿀을 훔치는 이기적인 행동을 하면서도, 벌에게 시럽을 먹이는 일이 위선적이라고 여기는 사람들도 있다. 객관적인 관점에서는 옳은 말이지만, 이렇게 고약한 기후에서는 벌들이 겨울을 지낼 정도로 충분하게 꿀을 저장하기 어려우므로 흔히 있는 일이기도 하다. 먹이를 주지 않아서 벌들이 굶어 죽게 내버려두는 일이 훨씬 더 나쁜 죄라고 생각한다. 나는 벌들이 생존하는 데 꼭 필요할 때에만 먹이를 준다.

런던 북부에서 키우는 벌들에게 따로 먹이를 줄 필요가 없기를 바라지만, 만일을 대비하기는 해야 한다. 1년 중 이 시기는 날씨가 급격하게 바뀔 때가 많다. 통상 4월까지는 벌통에 시럽을 넣어주지 않지만, 벌들이 굶어 죽은 것을 갑자기 발견해 벌들에게 아무것도 해줄 수 없는 상황을 원하지는 않는다. 벌들이 시럽으로 꿀을 만들어 저장하는 일은 결코 없다. 시럽은 단지 유충을 기르고 봉군을 부양하는 용도로만 계획한 것이다.

설탕시럽 만들기

내가 달콤한 시럽을 만드는 방법을 소개한다. 뚜껑이 없는 오래된 드럼통을 벽돌 위에 올리고, 창고 지붕에서 모은 빗물을 걸러서 정확한 양을 부은 다음에, 건축가들이 사용하는 커다란 가스버너로 가열한다. 이상적인 방법은 아니지만, 아직 언덕에 전기나 수도가 들어오지 않기 때문에 어쩔 수가 없다. 어쨌든 벌들은 빗물을 가장 좋아한다. 번거롭게 태엽으로 작동하는 손전등을 사용하는 대신, 양봉창고 조명용으로 태양열 집열판 설치가 가능한지 알아보고 있지만, 손전등도 그럭저럭 괜찮은 편이다. 지금은 그보다 먼저 해야 할 일이 많다. 게다가 임시변통하며 창의적으로 해결하는 것도 양봉의 재미다.

만약 시럽을 직접 만들고 싶다면(기성제품을 살 수도 있지만, 가격이 매우 비싸다), 나는 처음부터 붉은색 경고깃발을 들고 싶다. 혹시라도 오염되는 일을 피하고자, 꿀과 관련한 것은 무엇이든지 그 어떤 것도, 시럽 혼합물에 가까이 두지 말라고 거듭 강조한다. 심지어 꿀을 보관했던 통이나 항아리에는 절대로 설탕시럽을 담으면 안 된다. 갖가지 유충병[69]이 몇 년 동안 비활성상태인 홀씨 형태로 남아있을 수도 있기 때문이다.

나는 아주 기본적인 방법으로 측량한다. 정확한 물 양을 드럼통 안쪽에 못으로 긁어서 표시를 해두는 것이다. 항상 김이 오를 때까지 가열하지만, 보통은 설탕이 충분히 녹을 정도로 물을 데우기만 하면 된다.

지금은 이 일을 즐기면서 한다. 내 트럭 뒤에는 브릭 레인(Brick Lane)[70] 거리에 있는 방글라 시티 대형슈퍼마켓에서 산 25킬로그램짜리 영국산 그래뉴당(granulated sugar)[71] 10포가 실렸다. 꿀을 몇 차례 거래한 덕분에 꽤 괜찮은 가격으로 흥정했다. 이 설탕으로 시럽 약 400리터를 만들 것이다. 나는 2회분으로 만들지만, 만약 나보다 더 적은 양을 부엌에서 만들 거라면, 견고한 냄비를 사용하고 설탕은 1킬로그램짜리 몇 개를 최대한 저렴하게 사서 쓰도록 한다.

나는 항상 시럽을 찰랑거리며 사방에 튀기고 다닌다. 그래서 이 단계에서 커다란 비닐 앞치마를 입는다. 이것은 몇 년 동안 능숙한 솜씨로 트레일러 커버와 벌 침입 방지용 망 등을 만들어온 故 '타폴린 마이크'가 만든 것이다(애석하게도 마이크는 작년에 사망했다. 내 앞치마는 이제 위대한 장인이 남긴 유산이 되었다). 이 앞치마는 불과 몇 분 만에 후다닥 만든 것으

---

[69] 벌이 유충일 때 걸리는 질병으로는, 백묵병, 낭충봉아부패병, 곰팡이병, 그리고 가장 치명적인 부저병 등이 있다.
[70] 런던에 있는 예술가들의 거리로, 예전에 벽돌과 타일을 생산하는 공장이 많았던 데서 지명이 유래했다.
[71] 입자의 크기가 0.3~0.5밀리미터인 표준 과립형 설탕. 조리할 때 일반적으로 쓰는 설탕으로, 육안으로 결정이 보인다. 순도가 높고 물에 잘 녹는다.

로, 길이는 내 발끝까지 늘어질 정도로 길고 허리에는 파래박[72] 노끈 길이의 끈이 달렸다. 추억이 가득 담겼을 뿐만 아니라 동시에 실용적이기도 한 복장이다.

  따뜻하게 데운 물에 설탕 한 봉지를 넣고 충분히 저어준 다음 또 다른 설탕 한 봉지를 넣는다. 시럽 농도는 시기에 따라 다르게 조절한다. 나는 봄에 먹이로 줄 때는 농도가 묽은 시럽을 쓰고, 젊은 핵군(核群)[73]을 위한 용도라면 꿀에 가까울 정도로 농도가 짙은 시럽을 쓴다.

  설탕을 물에 완벽하게 녹이는 게 중요한데, 그렇지 않으면 나중에 결정체가 생겨 사양기에 들러붙을 수도 있다. 이런 상황을 미연에 방지하려면 설탕물을 저을 때 사용한 막대기나 주걱에 결정체가 붙었는지 확인하면 된다. 나는 방글라 시티 상점에서 산 아주 커다란 나무주걱을 사용한다. 설탕물을 계속 움직이도록 젓기에 딱 좋다. 설탕 덩어리가 수면에 떠오르면서 잘 녹지 않으면 적당한 농도가 된 걸로 본다. 설탕물에 손을 넣어 휘저으며 농도를 직접 확인하고 싶겠지만, 충분히 식을 때까지 조심하라.

  사탕을 만들고 있는 게 아니라는 걸 명심한다. 물을 팔팔 끓이지 말고 천천히 데워라. 너무 서두르면 설탕이 완전히 녹기도 전에 혼합물이 지나치게 뜨거워질 것이고, 설탕이 녹은 후에 끓이면 사탕이 될 것이다.

  시럽이 일단 식으면, 휴대하기 편하게 25리터들이 통에 담아 단단히 밀봉하고, 날짜와 농도를 적어서 붙인다. 봄에 먹일 준비가 다 되었다.

---

[72] 배에 괸 물을 퍼내는 바가지.
[73] 작은 규모의 벌들과 여왕벌이 담긴 벌통. 벌의 증식, 여왕벌의 짝짓기, 갑작스러운 여왕벌의 망실 같은 사고에 대비하는 등 다양한 목적으로 확보해놓는다.

귀염둥이들을 데리고 **돌아가다**

이제 몇 주만 지나면 봄이 올 것 같다. 봄이 온다는 것은 솜털이 보송보송한 나의 벌들을 맨손으로 돌보기 어려워진다는 뜻이다. 내가 활력이 샘솟는 건 놀랄 일이 아니다. 빨리 다시 일에 빠져들고 싶다. 정서적으로 메마른 상태를 떠나 아주 새로운 일련의 모험이 펼쳐질 것이 틀림없다. 로맨틱한 생활에는 좋지 않겠지만 어쩔 수 없다. 아무래도 내 인생에서 어떤 여성에게 여왕벌들에게 했던 것처럼 굳게 믿으며 헌신하는 일은 사실상 불가능할 것 같다.

슈롭셔로 돌아가서 곧장 내 벌통들을 뒤져보고 싶은 마음이 굴뚝 같았지만 참았다. 날씨가 본격적으로 더 따뜻해질 때까지 그냥 내버려두는 것이 상책이다. 외부 온도가 14도로 유지될 때(대개 3월 말쯤, 서머타임으로 시간이 당겨질 무렵이다)에만 벌통을 열거나 움직이는 게 좋다.

피터는 엄마처럼 벌들을 돌보고 싶어하는 사람들에게 차라리 개나 고양이를 사서 키우라고 조언한다. 벌들에게 계속해서 너무 세심한 관심을 기울이면 오히려 피해를 줄 수도 있다. 벌통을 방문하는 것만으로도 보금자리의 섬세한 균형을 깨뜨릴 수 있다. 게다가 꿀벌의 보금자리를 점검하는 일이 '벌들의 사생활 침해와 독립성 강탈'이라고 여기는 사람들도 있다. 이것은 다소 극단적인 생각인 것 같다. 내 고객 중에는 벌들이 사방에서 분봉하는 바람에 괴로워하는 사람들도 더러 있는데, 만약 서머타임에 벌들을 점검하지 않으면 나에게도 일어날 수 있는 일이다. 양봉은 매사에 균형과 타이밍을 잘 맞추어야 한다.

날씨가 아직 안정적이지 않은 3월에 벌통을 열어서 냉기가 들어가게 하고 싶지는 않을 것이다. 벌통이 일단 열리면 자연적인 균형상태를 회복하는 데 시간이 꽤 걸리기 때문에 벌들의 성장에 지장만 준다.

물론 벌통 밖에서도 벌들에게 무슨 일이 일어났는지 알 수 있다. 예를 들어, 벌통 아래에 밀랍 조각과 각종 신체 부위가 떨어진 게 보이면 벌들이 움직이기 시작했다는 징표다. 벌통 앞쪽으로 꽃가루를 갖고 들어가는 활동이 증가했다면, 이는 개체 수가 폭발적으로 증가했다는 신호다. 또한, 벌들의 왕래가 빈번해져서 벌통 입구가 혼잡하므로 겨울에 입구를 막아놓은 것을 제거해야 한다는 뜻이기도 하다.

나는 기상청 일기예보와 날씨정보를 알려주는 각종 누리집을 주시하면서, 날씨가 더 따뜻해지기를 손꼽아 기다린다. 따뜻한 기온이야말로 좋은 양봉철을 가름하는 열쇠이다. 이뿐만 아니라 적당한 습도도 유지되어야 한다. 온도와 습도 두 가지가 적당히 균형이 맞으면 좋겠지만, 이것은 우리가 조절할 수 없는 문제다.

겨우내 벌들은 벌통 내부 온도를 계속 32도로 유지하느라 공 모양으로 빽빽하게 모여 지내며 낮이 더 길어지기를 기다린다. 온도를 일정하게 유지하기 위해 벌들은 모두 몸을 파르르 떤다. 특별히 히터 역할을 하는 벌들도 있다. 그들은 벌집 안에서 진동하며 어린 유충을 위해 열을 방출한다. 최근 몇 년간 겨울에 추위가 더 기승을 부렸는데, 이 벌들이 없었더라면 유충들은 혹독한 겨울에 생존할 수 없었을 것이다. 덕분에 극히 작은 규모의 유충 무리도(때로는 딱 50펜스짜리 크기도 있다) 겨우내 살아남아 손실을 회복해 개체 수 유지에 도움을 준다. 혹한이 계속 이어지면 벌들이 여전히 빽빽하게 무리지어 있느라 유충을 기르는 활동이 완전히 중

단될 수도 있다.

이때는 벌들이 대대적으로 재건하는 시기이다. 겨우내 여왕벌들을 돌봐온 벌들은 죽어 없어지고, 새로운 세대가 모습을 드러낼 것이다. 겨울 동안 여왕벌을 돌보고 모든 시중을 들던 벌들은 죽어가면서도 일한다. 겨울은 다른 계절보다 일의 강도가 심하지 않아서 그나마 덜 지치기 때문에 새로운 유충이 그들의 헌신을 이어받을 때까지 6개월 이상 생존한다. 대전환의 모습이다. 새로운 봄 벌들은 격무에 시달리기 때문에 생명주기가 훨씬 더 짧아서, 나타난 날부터 대략 36일 정도밖에 살지 못한다.

벌들과 마찬가지로 나도 몸을 따뜻하게 유지하려고 열심히 일해야만 했다. 나는 양봉창고에서 에나멜 살대가 있는 포클랜드(Falklands)[74]산 난로에 의존해왔다. 이베이(eBay)[75]에서 산 것으로 그 위에 올려놓은 커다란 주전자에서는 김이 모락모락 피어오르지 않는 때가 거의 없었다. 땔감은 여러 양봉장에서 가지치기하고 나온 나무를 사용했다. 그렇게 하지 않았더라면 이렇게 몇 달 동안 우중충한 날씨가 이어질 때 나무는 벌들에게 그늘을 드리워서 소중한 햇빛을 가렸을 것이다. 햇빛이야말로 질병예방에 꼭 필요하다. 이 무렵 나무는 땔감으로 쓰기에는 너무 수액이 가득하고 푸르다. 태우면 수액이 흘러나오며 '쉬익' 하는 소리가 나서, 마치 살아있는 나무가 침을 뱉으며 야유라도 하는 것 같다.

추운 날씨 탓에 이렇게 벌들과 떨어져 지내다 보니까 내 벌들이 무척 보고 싶었다. 그들이 내는 소리와 냄새까지도 그립다. 양봉을 시작한다면

---

[74] 남대서양에 있는 군도로, 영국과 아르헨티나가 영유권을 주장하고 있는 영토분쟁지역인데, 현재는 영국의 실효지배 상태에 있다.
[75] 인터넷 경매 사이트.

누구라도 마찬가지일 것이다. 하지만 그들도 나를 보고 싶어할 거라는 착각은 하지 않는다. 내 감정이 일방적인 집착이라는 것을 잘 안다. 처음 벌통 뚜껑을 열었을 때, 벌집에서 벌들이 부글부글 넘쳐나오며 짙은 사향 냄새가 풍겼다. 벌들이 졸린 상태에서 누가 자기들을 깨웠는지 보려고 서로 위로 올라오다가 굴러떨어지는 모습을 보며, 그들은 나랑 똑같이 느끼지 않는 것을 알았다. 나중에 본격적인 양봉철에야 그들이 나를 인식한다는 느낌이 들었다. 어쩌면 그들은 '주인님이 오셨네'라고 생각할지도 모르겠다. 하지만 1년 중 이때는, 나는 이방인에 지나지 않을 뿐만 아니라 심지어 침입자일 수도 있다.

🐝 복장 갖추기

양봉철 초기에는 벌들이 온순해서 장갑을 끼거나 연기를 피우지 않고도 다루기 쉽다. 그러나 얼굴에 벌침을 맞으면 너무 괴로우므로 복면포는 항상 착용해야 한다. 처음 몇 번 벌을 접했을 때는 너무 방심했다가, 손가락 여기저기가 벌에 쏘이고 말았다. 양봉철 후반에는 면역력이 생기겠지만, 당시에는 손가락들이 치폴라타(chipolata) 소시지[76]처럼 부풀어 올랐다. 벌과 나는 아직 서로 익숙하지 않아서 아예 새로 친분을 쌓아야만 한다.

만약 오래전의 나처럼 양봉을 처음 시작하는 거라면, 틀림없이 벌들을 접대하는 동안 전투복을 완벽하게 갖춰 입고 싶을 것이다. 그러나 시간이

---

[76] 길이 6센티미터 정도의 가늘고 작은 소시지. 작은 손가락이라고도 부른다.

지날수록 분명 자신감이 증가하고 일을 더 잘하려고, 착용하는 보호장구 품목도 줄 것이다. 예를 들어, 투박한 장갑을 끼지 않고 작업하면 벌들이 손에 짓눌리는 것이 더 잘 느껴진다. 결과는? 벌통이 더 차분해져서 벌침에 쏘이는 일도 더 적고 나도 더 편하다.

겨울에는 벌들을 재빨리 점검하기 위해 주로 허리가 꽉 조이는 스타일의 방충복을 입는다. 복면포와 두건은 상당히 다양한데, 나는 펜싱마스크 스타일의 두건을 좋아한다. 지금 내 두건은 언젠가 훈연기에 불을 붙이다가 태워서 구멍이 나는 바람에 오른쪽 눈 부분에 떡하니 청테이프 한 조각이 붙어있다. 만약 머리가 길면, 속에 모자를 하나 더 쓰기를 권한다. 또한, 좋은 장갑도 필요하다. 나는 여름에는 통기성이 좋은 가죽장갑을 선호한다. 그 중 송아지 가죽이 좋고, 겨울에는 가벼운 고무장갑이 좋다.

만약 여름 낮에만 양봉을 하고 싶고 더 많은 벌을 키우는 다른 사람들을 도우려고 한다면, 방충복을 철저하게 입고 장비를 제대로 갖추어야 한다. 그럴 때는 위아래가 붙은 흰색 작업복과 윗옷 속으로 집어넣게 된 복면포를 착용할 것을 권한다. 상업적으로 양봉하는 우리도 그렇게 갖추어 입어야 작업장에서 일을 제대로 할 수 있다.

새 작업복과 복면포를 장만하면 잘 맞는지 착용해본다. 몸에 너무 딱 맞는 것은 좋지 않고, 몸을 완전히 가려주는지 확인해야 한다. 데이비드의 조수인 루크는 엠씨 해머[77]처럼 보이게 하는 옷이 한 벌 있는데, 배기바지를 입으면 벌들이 옷이 피부에 닿는 지점을 기가 막히게 찾아내서 그 부분에 벌침을 쏠 염려가 있다. 한편 예전에 나의 제자였던 에스더가 가장무

---

[77] MC Hammer. 미국의 랩퍼이자 댄서로 셔플댄스의 창시자. 자루같이 헐렁헐렁하게 만든 배기바지를 즐겨 입는다.

도회에나 어울릴법한 옷을 입고 와서 그 옷이 양봉하는 데 편한지 알아보려고 했던 일이 기억난다. 무도장에서 휘젓고 다니면 정말 멋질 것 같았다.

쓰고 있는 복면포 안으로 벌이 들어왔을 때 대처하는 방법이 하나 있다. 이런 일은 누구에게나 벌어지게 마련이다. 이 말을 듣고 깜짝 놀라는 사람도 있겠지만, 여기서 언급할 내용은 아니고 피치 못할 순간이 닥쳤을 때 어떻게 해야 할지 아는 것이 더 중요하다. 사건은 복면포 지퍼를 제대로 잘 닫지 않았거나 복면포에 구멍이 났을 때 일어나지만, 영리한 벌 녀석이 바지 속으로 기어 올라가서 갑자기 시야에 나타났을 가능성이 더 크다.

그러기 쉽지 않겠지만, 막상 그런 상황에 부딪혔을 때 겁에 질려 허둥지둥하지 않아야 한다. 애석하게도 이 벌은 죽일 수밖에 없다. 벌통 앞에서 일하다가 복면포를 벗으면 절대 안 된다. 내가 알기로 이럴 때 침입자들은 대개 밝은 쪽으로, 즉 복면포 앞쪽으로 날아갈 것이다. 그러므로 복면포에 붙은 벌을 장갑 낀 손으로 꽉 잡아 눌러버리면 된다. 십중팔구 벌이 작업복 속으로 기어 올라가는 과정에서 이미 작업복 어딘가에 벌침을 떨어뜨렸을 것이므로 그 벌은 어차피 죽는다. 그래도 벌이 코 위에 있거나 벌침이 눈꺼풀 위에 있는 게 기분 좋을 리 없다.

🐝 꿀벌응애와 질병

벌들과 다시 친밀해져서 위로가 되긴 하지만, 마냥 좋기만 한 건 아니다. 겨울에 손상된 게 있는지 점검하고, 마음 아프지만 혹시라도 질병에 걸린 벌은 처리해야 하기 때문이다. 질병은 종종 1년 중 이 시기에 추악한 고개를 든다. 질병으로 집단폐사한 곳에 있던 벌통과 벌집틀을 다시 사용할 수 있도록 살균해두어야 한다. 그래야 가정을 꾸리려고 보금자리를 찾는 봄철의 새로운 거주자들에게 질병이 옮는 것을 막을 수 있다.

알다시피 꿀벌응애는 벌들에게 치명적인 사망원인이다. 인간의 HIV[78]처럼, 실제로 벌들을 죽이는 것은 꿀벌응애 자체가 아니라, 꿀벌응애로 약해졌을 때 걸리는 다른 바이러스들이다. 벌들을 감염시키는 질병은 그에 관한 글만 모으면 따로 책 한 권을 만들 수 있을 정도로 대단히 많다. 그중에서도 꿀벌응애가 침범한 벌들이 무척 걸리기 쉬운 병은 불투명날개 바이러스(Cloudy Wing Virus)나 변형날개 바이러스(Deformed Wing Virus)인데, 이것은 벌의 날개가 정상적으로 성장하는 것을 막는 질병으로 결과가 끔찍하다. 성장이 위축되고 날개가 흉하게 일그러져서 화밀을 구하러 갈 수 없고, 심지어 보금자리 밖으로 나갈 수조차 없다. 자주 굶다 보면 결국 봉군은 와해할 것이다. 책과 온라인에서는 이 끔찍한 유행병을 상당히 많이 다룬다.

양봉을 잘하는 비결은 벌들의 피해 상황이나 응애가 들끓는 정도를 계속 지켜 보는 것이다. 나의 작업 방식은 1월에 옥살산 처리를 하는 것(52쪽 참조)이라고 거듭 말한다. 물론 응애가 계속 발달하고 더 내성이 강한 변종들이 새롭게 출현하면, 대응방식도 당연히 달라지기 마련이다. 응애 숫자는 늦여름이 되면 더 늘어나므로 그 시기에는 필수적으로 적당한 점검을 하되, 전문가들이 고안해낸 설탕 흔들기법을 추천한다. 이 테스트를 수행하는 세부적인 방법은 〈8월〉에 기록했다(266쪽 참조).

---

[78] Human Immunideficiency Virus의 약자. 인간 면역 결핍 바이러스. 에이즈를 일으키는 원인.

꿀벌 질병 관련 누리집

각종 새로운 침략자들에 관한 정보를 계속 얻고 싶다면, 영국중앙과학연구소(Central Science Laboratory)의 누리집을 찾아라. 현재 영국식품환경청 산하 국립양봉협회에서는 질병정보를 정기적으로 업데이트하며 상담도 많이 하고 있다.

지역양봉협회 또한 질병인식 강좌를 운영한다. 솔직하게 말해서 아주 재미있다고는 할 수 없지만, 다닐 만한 가치는 충분히 있다.

위생은 기본

양봉에는 위생이 정말 중요하다. 요즈음에는 벌을 점검할 때 유충병의 교차오염을 방지하는 데 신경 쓴다. 그래서 표백제 얼룩이 묻은 세탁용 소다 양동이를 늘 가지고 다니며, 한 벌통을 점검하고 나면 반드시 하이브 툴을 깨끗이 닦고 나서 다음 벌통을 점검한다. 양봉가들 스스로 협회의 구성원이 되어, 서로 의견을 교류하며 벌에 대해 기록하고 질병예방 작업을 하는 것도 대단히 중요하다. 주인이 다른 벌들이 서로 매우 가깝게 붙어있는 도시지역에서는 특히 그렇다. 최근 벌들의 밀집도는 계속 상승하는 중이다. 여기는 초창기 버몬지의 양봉장처럼 내 주변에서 보이는 벌들이 전부 내 예쁜이들이던 때와는 차원이 다르다. 요즈음 양봉하는 사람이 상당히 많아진 사실에는 갈채를 보내지만, 이는 우리 모두 그만큼 더 경계해야 한다는 뜻이다.

질병을 퇴치하기 위해 기억해야 할 또 다른 규칙은 소유한 귀염둥이들에게 다른 벌이 채취해온 꿀을 절대로 먹이지 말라는 것이다. 벌들은 당연히 자기들이 비축해놓은 꿀을 갖고 있을 것이며, 그렇지 않으면 그들을 위해서 시럽을 만들어주면 된다(93쪽 참조). 나는 몇 년 전, 미들랜드(Midlands)[79]의 교구목사가 자기 벌들에게 끈적끈적한 것을 대접하기로 하고 슈퍼마켓에서 남아메리카 꿀을 사 먹였다는 이야기를 들은 적이 있다. 그가 여름에 벌통을 점검했는데, 벌들이 모조리 아메리카부저병(AFB: American Foul Brood)[80]에 감염되었다. 이것은 벌통뿐만 아니라 꿀에도 수년 동안 잠복해 남아있을 수 있는 아주 끔찍한 유충병이다.

질병확산을 방지하기 위해 그는 벌통들을 모두 완전히 소각해야만 했다. 그런 다음 혹시라도 불탄 벌집에서 흘러나온 꿀에 다른 벌들이 접촉하는 것을 차단하기 위해 땅 몇 피트 아래에 묻었다. 일단 아메리카부저병에 걸리면 다른 선택의 여지가 없다. 유럽부저병(European Foul Brood)[81]은 그나마 덜 치명적이어서, 항생제로 치료하거나 혹은 '벌떼 흔들기(Shook Swarm)'라고도 불리는 방법으로 벌들을 새 틀에 흔들어 넣음으로써 치료할 수있다. 하지만 만약 벌들이 아메리카부저병이나 유럽부저병에 걸린 게 의심되면, 반드시 국립양봉협회(National Bee Unit)에 보고해야 한다. 그러면 그곳에서 감독관을 파견할 것이다. 이것은 모두를 위해서 정말 필수적인 절차다.

내가 꿀벌응애에 대비한답시고 새로운 방법을 시도한 탓에 이번 양봉철에는 벌들의 치사율이 더 클 것 같아 걱정스럽다. 현재는 벌통 몇 개가

---

79 잉글랜드 중부지방.
80 꿀벌 유충에 발생하는 세균병의 일종으로 감염된 유충은 갈색 액체로 녹아버린다. 내생포자는 건조상태에서 35년 동안이나 생존할 수 있다.
81 아메리카부저병에 비해서는 전파 속도가 느리고, 감염균이 내생포자를 만들지 않아 치료 후 봉군이 회복할 수 있다.

이미 병에 걸려서 봉군이 다 죽었는데, 두렵게도 대부분 피해는 지난가을에 시작했다.

위를 보지 마!

날씨가 따뜻해지는 3월과 4월 초에는 배설물의 축제가 벌어질 수 있으니 조심하라고 경고한다. 1년 중 처음으로 벌들이 대규모 비행에 나서는 모습이 장관이긴 하지만, 벌들이 날아다니면서 몇 달 치 배설물을 한꺼번에 방출할 테니 그 아래에 있고 싶지는 않을 것이다.

이 위생적인 동물은 밖에 나갈 수 있을 정도로 날씨가 좋아질 때까지 응가를 꾹 참는다. 내가 어렸을 때, 벌들은 유독성 노란색 배설물의 흔적을 남기기 위해 항상 우리 엄마의 흰색 빨래를 겨냥하는 것처럼 보였다. 그렇지 않을 때는 우리 아버지가 자동차를 세차할 때까지 기다렸다. 80대이신 아버지는 오스틴 알레그로(Austin Allegro)[82]가 산성비에 희생된 줄로만 생각하셨다. 아버지, 죄송해요. 페인트칠이 군데군데 벗겨지게 한 건 벌 똥이었어요.

긍정적 측면으로는 따뜻한 봄날이 정신건강에는 좋을 수 있다. 그래서 나는 이따금 잠시 시간을 내어, 활기를 되찾게 하는 햇살을 흠뻑 받으려고 한다. 그러면서 친구 라라네 할아버지의 맛있는 피로회복제를 한 모금 홀짝거리는 것도 해가 되진 않을 것이다.

---

[82] 영국 일간지 텔레그래프가 세계에서 가장 못생긴 차 4위로 선정한 자동차.

버네이스 박사의 꿀 식초

꿀 식초와 탄산수가 담긴 텀블러를 가지고 오후에 햇볕을 쬐며 앉아계시던 할아버지의 모습이 기억난다. 그분은 치체스터(Chichester)[83]의 의사였는데 그것을 만병통치약이라고 굳게 믿으셨다. 육체와 정신을 북돋우는 상쾌한 강장제라며 환자들에게도 권하셨다. 건강과 장수를 위해서 하루 한 번, 한 잔 가득 마시는 것이 의사의 처방이었던 것이다! 꿀과 사과식초의 놀라운 효과를 익히 알고 있거니와 오래전부터 전해오는 지혜가 담긴 강장제이므로 여기에 기록했다.

재료:

묽은 꿀, 사과식초

묽은 꿀 한 병을 주전자에 쏟아 병을 비운다. 그 병에 유기농 사과식초를 가득 담고 휘저어서 병에 남은 꿀이 잘 섞이도록 한 다음에, 이것도 주전자에 쏟는다. 주전자에 담긴 것을 골고루 섞어서 다른 유리병에 붓는다. 잘 흔든 다음 냉장고에 보관한다. 필요하면 스쿼시[84]처럼 물로 희석해서 먹는다. 할아버지는 탄산수에 희석했다. 즉석에서 꿀 식초를 만들어 먹으려면 아주 간단하게 꿀과 식초를 같은 양으로 컵에 넣고 물과 잘 섞으면 된다.

다시 떠난 여행길

슈롭셔의 계절감이 짙어질 때쯤, 날씨가 더 포근해졌다는 런던은 더욱 급속히 봄을 향해 갈 것이 확실하다. 나는 벌들의 활동을 측정하기 위해

---

83 잉글랜드 남부 웨스트서식스(West Sussex) 주의 주도.
84 과즙에 소다수를 넣고 희석하여 당분을 가미한 음료.

서 포트넘 백화점 누리집의 웹캠 영상을 확인했다. 먹이를 찾아 탐험을 나서는 원정대 숫자와 청소하느라 쓰레기를 제거하러 나간 숫자가 얼마나 되는지 화면을 통해 대략 알 수 있다. 내가 아무리 전통을 중시하는 사람이라 해도, 새로이 밀려오는 유용한 기술을 받아들이는 게 중요하다고 느꼈다. 그런 기술을 이용하면 정신없이 바쁘던 내 생활에도 좀 더 여유가 생기고, 대단히 매력적인 사실들과 수치들까지도 알 수 있다.

대규모 벌 수송을 어서 하고 싶은 마음이 간절하다. 날씨가 아직 선선할 때 벌을 이동시키는 것이 더 수월하고, 벌통이 지나치게 뜨거워질까 걱정할 필요도 없기 때문이다. 벌들이 대부분 아직 휴면 중이라면 뒤에 낙오자를 남길 가능성도 더 적다.

이제 남쪽으로 대규모 이동을 시작할 시간……. 여행을 떠나기 위해 대장장이인 친구 헨리에게 빌린 트레일러에 각종 양봉도구 세트를 꾸려 실었다. 내 양봉트럭은 개조한 도요타 하이럭스(Toyota Hilux)인데, 스테인리스스틸 체스판 같은 짐칸에 벌통을 싣기 시작했다. 여느 때처럼 곧바로 에너지를 얻기 위해, 약간 쓴맛이 나는 다크초콜릿을 먹고 시작했다. 양봉장에서 가장 멀리 떨어진 곳에 있는 무거운 벌통들을 아래쪽에 싣고, 더 가벼운 것들은 위쪽에 싣기로 했다. 어차피 일을 계속하면 부득이하게 몸이 점점 지치기 마련. 멀리 있는 무거운 벌통부터 옮기다가 나중에 가까이 있는 가벼운 벌통을 옮기면, 벌통에서 트럭까지 이동거리가 더 짧아지면서 육체적으로나 정신적으로 더 쉬워진다.

나는 벌통의 바닥 주변을 두 손으로 꽉 잡고 지붕을 가슴에 밀착한 채

운반한다. 이렇게 옮기는 것을 딱히 운반기술이라고까지 부르긴 뭐하지만, 지붕을 제자리에 잘 고정한 채로 옮기려고 애쓰다 보니 시간이 흐르면서 내 나름대로 터득한 방법이다. 이렇게 하면 벌을 입으로 한가득 무는 불상사가 생기지 않는다.

벌통을 옮기는 일이 뼈 빠지게 힘든 작업이긴 하지만, 평소의 벌통 무게에 비하면 가벼운 편이다. 이는 벌들의 꿀 저장량이 얼마 되지 않으므로 날씨가 속히 따뜻해지지 않으면 벌들에게 따로 먹이를 줘야 한다는 신호이다. 미리 숲에 먹이를 약간 준비해놓길 정말 잘했다. 벌들의 숫자가 더 늘어나면, 생존을 위해 충분한 자양분을 줘야겠지만, 런던에 도착할 때까지는 기다려야 한다.

피터의 여왕벌이 들었다는 인식표가 붙은 벌통이 눈에 띄었다. 이 토실토실한 예쁜이는 2년 전 봄에 런던 북부의 우듬지 위에서 수많은 수벌과 함께 짝짓기했기 때문에 이번 여행이 귀향길이 될 것이다. 이제 이 여왕벌은 세 번째 양봉철을 맞이하므로, 이번이 생산활동을 하는 마지막 해일 수도 있다.

대개 여왕벌들에게는 3년째가 마지막 해가 된다. 생식능력이 없어진 여왕벌은 봉군을 강건하게 유지하기 위해 벌들이 직접 교체하기도 하고, 양봉가가 교체하기도 한다. 그렇지만 여왕벌이 남긴 유산은 계속될 것이다. 만약 여왕벌이 특출난 특징, 즉 좋은 기질을 가졌고 새끼도 순하고 부지런하면, 양봉철 후반에 훌륭한 딸들을 만들어내기 위해 알을 개량한다. 종봉(種蜂, 씨벌)으로 사용할 여왕벌들은 몇 가지 특성을 고려해서 신중하게 선정한다.

나는 혼자 일하기 때문에, 벌통 50개를 양봉트럭에 싣는 데 시간이 꽤 걸린다. 가능하면 벌들이 계속 시원하도록, 어두울 때 여행할 뿐만 아니라 벌통 바닥과 옆면의 환기구로 통풍이 최대한 잘 이루어지도록 벌통을 매우 조심스럽게 쌓아야 한다. 내 트럭은 이런 점을 염두에 두고 특별하게 디자인한 것이다.

헨리가 빌려준 트레일러를 뒤쪽에 연결할 것이다. 운전석 뒤 헤드보드에 끈으로 묶은 낡은 이탈리아제 베스파(Vespa)[85]는 1966년산으로 예전에 군용으로 썼다. 지금은 다소 지쳐 보이지만, 더 오래 살 기회가 생겼다. 런던 교통사정이 워낙 나빠져서, 러시아워에 벌들을 보러 가려면 도시를 우회하는 길을 찾아가는 편이 낫다. 그래서 베스파 옆에 사이드카를 장착하려고 생각 중이다. 벌통을 넣어 다니기도 편리할 테고, 시장 노점의 간단한 파라솔과 테이블 사이를 지날 때도 아주 좋을 것이다.

벌통을 묶는 데도 기술이 있어야 한다. 게다가 손수 벌통을 싣느라고 이미 지친 상태에 어둡기까지 해서(특히 황야지대라 더 깜깜한 상황에), 완벽하게 마무리하려면 시간이 걸리기 마련이다. 나는 언제나 가로등을 처음 발견하자마자 차를 세우고 벌통이 무사한지 확인한다. 벌통을 점검할 때는 방향감각을 잃어서 벌통 앞쪽이나 아래쪽에 매달린 벌들이 있을 수도 있으니 조심해야 한다. 달갑지 않게도, 가로등 빛에 또렷하게 보이는 나에게 갑자기 덤벼들어 공격할 수도 있다.

이런 말 때문에 부정 타지 않았으면 좋겠는데, 여태까지 짐을 잘못 고정해서 떨어진 벌통은 딱 한 개밖에 없다. 그것도 가파른 비탈길에서 미끄러

---

[85] 이탈리아의 스쿠터 상표 이름.

져 내렸다. 새벽 2시에 쿵 소리를 듣고 밖으로 뛰어나갔더니 벌통이 거꾸로 뒤집혀 있었다. 슈롭셔의 구릉지를 지나고 있었는데, 그나마 다행스럽게도 벌통 지붕은 벗겨지지 않고 제자리에 그대로 있었다. 비록 나중에 벌들의 성질이 매우 나빠지긴 했지만, 많은 꿀을 차질 없이 계속 생산했다.

양봉가라면 누구나, 양봉 규모에 상관없이 벌에 얽힌 사건을 한번쯤은 다 겪었으리라고 생각한다. 그런데 상업 양봉을 하는 사람은 압박감이 훨씬 더하다. 때때로 자신의 에너지와 감정이 마치 칼날 위에 서 있기라도 한 듯이 불안할 때가 있는데, 그럴 때는 자칫 경솔한 결정을 내릴 염려가 있다. 양봉철 내내 늘 구불구불한 B급 도로를 질주하는 것 같다. 나는 아주 이른 시간에 탈진상태가 된 것을 자랑스럽게 여긴 적도 몇 번이나 있다.

가끔 벌통을 트럭에 실으려고 들고 가다가 실수로 길 한복판에 떨어뜨린 적도 있다. 헤더가 만발한 황야지대에서 깜깜할 때 트럭을 후진하다가 벌통들을 덮친 적도 있는데, 아마도 바퀴가 토끼굴에 빠지면서 접촉사고가 일어난 것 같다. 데이비드는 그런 일도 잘 이해해주었다.

심지어 런던으로 가던 중에 운전대를 잡은 채로 잠시 꾸벅꾸벅 졸은 적도 있다. 정말 큰일 날 뻔했기에, 지금은 이동하기 전에 반드시 잠을 푹 자고 카페인을 충분히 장전한다. 다른 도로 이용자들에게 손해를 끼치는 것은 물론이거니와, 완파된 양봉트럭만으로도 타의 추종을 불허하는 참사가 일어날 것이다.

벌을 운반하면서 런던 주위에 더 조용한 길은 없는지 물색해왔다. 오래된 우유배달용 소형 전기자동차를 사용했는데 아무래도 노화한 차에게 책임을 맡기면 문제가 생길 수 있다. 처음에는 벌통을 런던 북부의 양봉장에서 여러 도심지역으로 수송하는 데 더 많은 벌통을 상대적으로 빨리 옮기려고 트럭의 평대를 사용하기로 계획했다.

순식간에 내 트럭의 외관을 모두 해체하고 강철로 용접했다. 결과는 거의 군용 장갑차 같은 자동차가 되었다. 뒤쪽에 거대한 기관총만 탑재한다면 북아프리카에 더 어울릴 것 같다. 나는 이 차를 무척 애지중지한다. 공기가 내부로 들어가게끔 이동식 차양의 앞쪽 몸체에 구멍을 내서, 여행 중에 벌들이 시원하게 지낼 수 있도록 했다. 습도가 높은 밤에 통기는 정말 필수적인 기능이다. 그리고 트렁크는 운전석 지붕 위에 부착하고, 접이식 의자와 여분의 집기, 물통 몇 개를 넣어두었다. 물통은 씻을 때도 필요하지만, 차를 끓이려면 꼭 필요하다.

데이비드가 휴가를 보내기 시작했다. 전에는 휴가와 거의 담을 쌓고 지냈기에 정말 반가운 소식이다. 그런데 최근에 호주 여행을 다녀오면서 여러 가지 소형트럭의 사진을 가지고 돌아왔다. 소형트럭은 기본적으로 후면에 평대가 있는 다용도 차량인데, 호주에서는 한 단계 더 발전해서 지퍼로 여닫을 수 있는 차양까지 달렸다. 멋진 야외활동을 할 수 있는 모든 것을 갖춘 셈이다. 내가 이 사진 속 차를 본떠서 디자인한 대로 헨리가 지금의 내 트럭을 제작했다.

오늘 저녁에 이 영국식 소형트럭에 실은 것들은 모두 기본적인 내 소지품들이다. 채밀기, 계상, 침낭, 텐트와 더불어 내가 아끼는 양봉서적들과 옷가지들을 실었다. 애석하게도 고양이들은 없다. 내 친구들인 힌지와 브래킷은 진입로에 앉아있는 채로 남겨두고, 나는 유목생활용 이동식 주택을 타고 떠나왔다. 눈부시게 아름다운 시골의 드넓은 땅은 그들의 놀이터

이고, 토끼들도 무제한으로 공급되므로 그들의 미래는 확실하게 보장되어 있다. 내가 대충 얘기했는데도 이 정도다.

　잠잘 수 있는 장소를 제공해주겠다는 제안을 몇 번 받긴 했는데, 정작 내가 받아들인 적은 딱 한 번뿐으로, 알게 된 지 얼마 안 된 어떤 여배우의 제안이었다. 그녀는 나에게 딸린 양봉장비가 얼마나 많은지 미처 알아차리지 못했던 것 같다. 런던 북부에 창고가 생기면 대부분 짐을 편리하게 보관할 수 있을 것이다. 나는 여벌 옷과 필수품을 아버지가 쓰시던 낡은 가죽 군용 여행가방에 갖고 다닌다. 그것은 아버지가 사이프러스(Cyprus)에서 군 복무할 때 사용하셨던 것으로 'BENBOW'라는 이름이 찍혀있다. 가방이 워낙 커서 무척 편하긴 하지만, 그걸 들고 다른 집 문간에 서 있으면 마치 백과사전을 팔러온 것처럼 보인다. 어딘가에 정착해서 그 가방이 빈 모습을 보고 싶은 마음이 간절하다.
　드넓은 전원에 나무가 즐비한 구불구불한 진입로를 조심스럽게 운전해 나오면서, 사이드미러로 보이는 고양이들에게 경적을 울려서 작별인사를 했다. 이제 고속도로로 진입하면, 다음 정류장은 런던 북부다. 그런데 먼저, 〈Best of Ibiza〉 CD는 어디에 두었더라? 음악을 들으면서 운전할 시간이다.

3월 Tip

양봉을 시작하려는 사람이 해야 할 일은?

* 새 벌통을 설치할 때는 벌들에게 가장 좋은 환경이라고 생각하는 장소를 선정하라. 아침 햇살이 잘 들고 이웃, 애완동물들과 떨어진 장소인지 확인하라.
* 이론공부를 계속했다면, 실습시간이 있는 강좌에 등록하고 지역양봉협회에 가입한다. 회원은 대개 초봄에 받는데, 거기에서 필요한 멘토를 찾을 수도 있다.
* 새 복면포와 작업복이 몸에 잘 맞는지 착용한다. 너무 딱 맞는 것은 안 되고, 몸을 완전히 가려줘야 한다.

더 많은 양봉 팁

* 봄에 먹이가 필요할 때를 대비해 미리 설탕시럽을 만들어둔다. 날씨가 따뜻해져서 벌들이 움직이기 시작하면 신속하게 기운을 북돋아 줄 것이 필요하다.
* 양봉철이 시작하면 정신없이 바빠질 것이므로 모든 장비, 새로 산 것과 수리한 것까지 모두 미리 꼼꼼하게 점검한다.
* 아무리 벌들을 들여다보고 싶더라도 자제한다. 일기예보를 주시하면서 날씨가 더 따뜻해질 때까지 벌들을 방해해서는 안 된다. 대신 벌통 입구 근처에서 생명체가 보이는지 관찰하는 데 시간을 사용한다.
* 1년 중 이 시기에는 벌통에 생길지도 모르는 질병과 죽음에 대비해야 한다. 특히 꿀벌응애의 침범 여부를 특히 유심히 살펴보라.

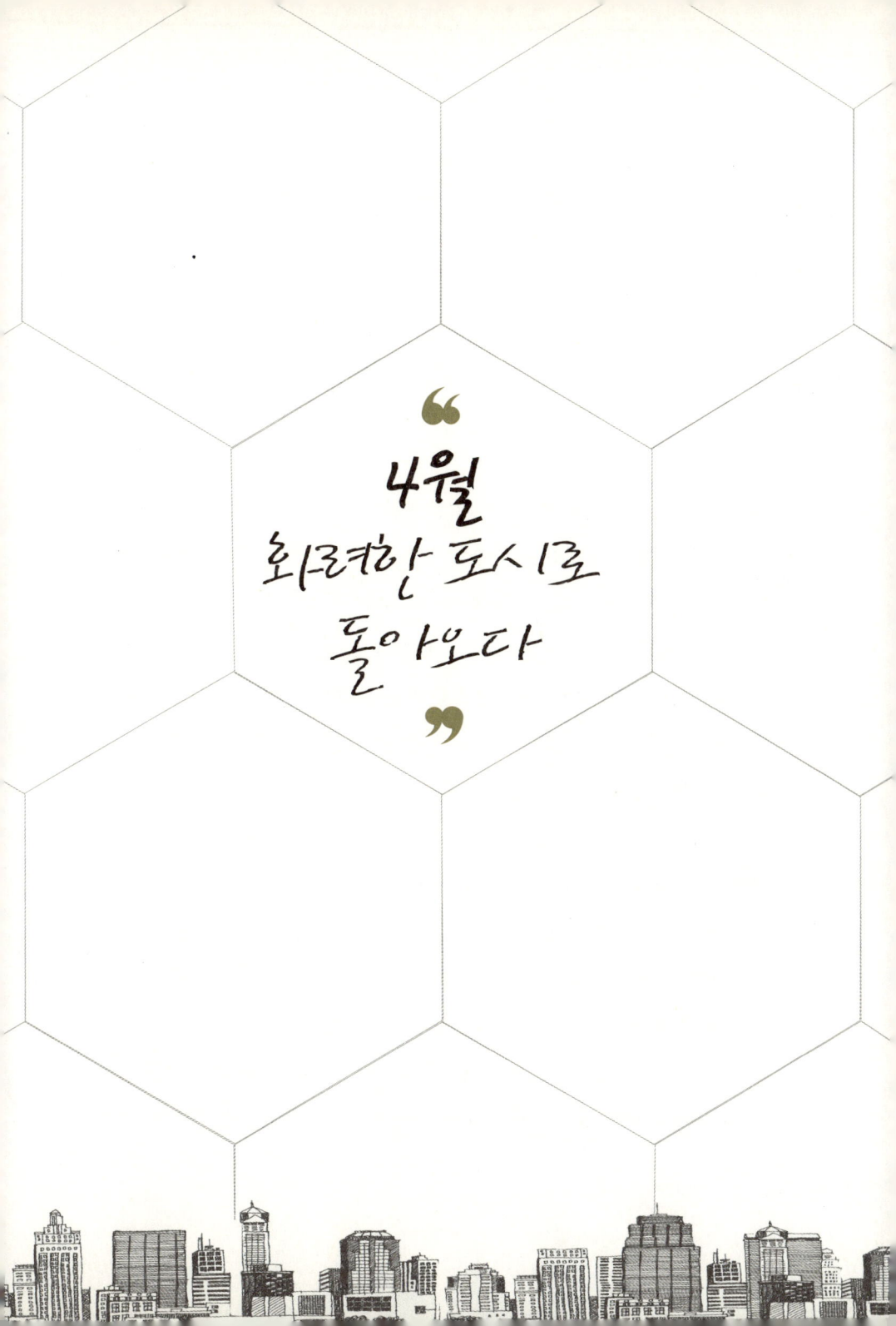

    새벽 2시에 나는 막 런던 북부의 양봉장에 도착했다. 그런데 실수로 트럭을 몰고 덤불로 돌진하는 바람에, 월계수나무 아래쪽 가지에 부딪혀서 트럭의 라디오 안테나를 부러뜨린 데다 여배우인 내 친구가 지붕 차양에 끈으로 묶어놓은 자전거까지 찌그러뜨렸다. 몰래 도착한 일은 이쯤에서 그만 이야기하기로 하자. 트럭 전조등이 길을 환하게 비추는 가운데 내가 작업복을 입고 돌아다니는 모습을 이웃사람들이 보았더라면 외계인이라도 착륙한 줄 알았을 것이다.
    천만다행으로 구경꾼은 그다지 많지 않았다. 어쨌든 이 새벽에는 구경꾼이 있을 리가 없다. 사방이 녹지와 공공건물들이라 실제 거주자는 많지 않다. 벌통을 옮겨 다니면서 양봉하거나 영국 곳곳의 색다른 장소에 양봉장이 있는 건 무척 고단하긴 하지만, 이런 식의 한밤중 미션은 모두 이동식 양봉의 한 부분일 수밖에 없다.
    이렇게 한밤중에 이동해서 작업하는 이유는 해가 져서 벌들이 벌통으로 다 돌아온 다음에 출발해야 하기 때문이다. 누구라도 최고의 일꾼들을 그냥 남겨둔 채 떠나고 싶지는 않을 것이다. 그래서 목적지에 도착할 때쯤이면 칠흑같이 어두울 수밖에 없다. 나는 어둠 속에서 더듬거리지 않으려고 헤드램프를 쓴다. 태엽을 감는 히피스타일 헤드램프는 환경을 고려할 때는 좋은 제품이지만, 빽빽한 덤불 사이로 벌통을 옮기느라고 힘이 다 빠졌을 때는 골칫거리다. 누구라도 절대로 암흑 속에서 발을 잘못 디디고 싶지 않을 것이다.

먼저 벌통 50개를 모두 새로운 곳에 갖다놓아야만, 트럭 뒤 침낭으로 파고들 수가 있다. 첫 번째 벌통을 간신히 들어 올리고, 워낙 무거워서 비틀거리며 걸어갔다. 1년 중 언제든 벌들을 옮기는 일은 뼈 빠지게 힘들다. 그나마 4월에는 벌통에 꿀 저장량이 적어서 더 가벼우므로 다른 때보다 벌통 옮기기가 더 쉬운 것은 틀림없다. 그러나 내 몸은 아직 그럴 만큼 훈련이 되지 않아서, 겨우 몇 상자밖에 옮기지 않았는데도 한계에 이른 느낌이었다. 그런데 데이비드는 늘 이 일을 아주 쉽다고 말한다. 침대에서 잘 생각을 하면서 옮기면 무겁게 느껴지지 않는단다. 솔직히 말하자면, 그는 몇 년 동안 벌통 몇천 개를 옮기면서 몸이 단련되었기 때문에 그렇게 느끼는 것이다.

몇 주 전에 여기 왔을 때 미리 벌통 받침대를 전부 제 위치에 설치해놓았는데도, 벌통을 차에서 내려 정돈하는 데 한 시간도 넘게 걸렸다. 울퉁불퉁한 땅에서 벌통을 운반할 때, 특히 제일 마지막 이동구간에 자동차가 들어갈 수 없을 때, 나는 개량한 외바퀴 손수레를 사용한다. 터무니없는 소리 같겠지만 그래도 쓰임새는 최고다. 수레 부분을 제거해서 바퀴와 틀만 있는데, 그 위에 벌통을 올려놓고 사용한다. 여기저기 솟아나온 나무뿌리나 오소리들이 파놓은 작은 구멍들을 넘어갈 때는 손으로 들고 나르는 것보다 외바퀴 손수레로 나르는 편이 더 안전하다. 쩔쩔매다가 벌통에 든 것을 땅바닥에 거꾸로 처박는 일만은 절대로 저지르고 싶지 않다.

마침내 한숨 자려고 트럭 뒤쪽에 쓰러지다시피 누웠다. 그렇지만 자리에 눕기 전에 졸린 벌들이 내 침낭 속으로 들어올지도 모르므로 바닥부터 쓸어내렸다. 잠자리에 벌이 한 마리만 있어도 불안하고, 윙윙거리는 소리는 자려고 할 때 더 크게 느껴져서 그 불청객을 쫓아낼 때까지는 누구라도 그냥 편안히 쉬지 못할 것이다. 바닥이 너무 딱딱하지 않도록 침낭 밑에 판지를 깔아놓았다. 그리고 약간 호사를 누리기 위해 항상 차 안 어딘가에는 숨겨놓은 베개가 있다. 서너 시간이라도 자려고 강아지처럼 몸을 웅크리고 자리를 잡았다. 등이 바닥에 닿게 돌아눕자 따끔하며 어깨가 화끈거렸다. 내가 잃어버린 줄 몰랐던 벌 한 마리가 거기 있었던 것이다. 벌침이 피부에 박힌 통증은 그리 오래가지 않았지만, 나는 끙끙거리며 침낭을 머리끝까지 끌어올려 덮은 채 잠들었다. 그리고 벌들의 천국에 있는 꿈을 꾸었다.

올 연말쯤 되면 나는 훨씬 더 튼튼해져서 이와 같은 일들을 하더라도 힘에 덜 부칠 것이다. 원래 휘핏(whippet)[86]처럼 날쌘한 체격이긴 하지만, 양봉을 함으로써 건강한 몸을 유지하고 있다. 게다가 1년에 몇 톤씩이나 하는 장비를 내 두 팔로 옮기므로 모든 근육이 양봉철 내내 매일 운동을 하는 셈이라, 굳이 헬스클럽 회원권 같은 것이 필요 없다. 복싱경기 당일에 몸무게를 쟀을 때처럼 최상의 상태를 유지할 것이다.

---

[86] 대단히 빨리 달리는 힘을 가진 날렵한 모습의 경주견.

벌통의 이동과 배치

벌통을 옮길 때의 불문율은 이동 거리가 3피트 이내이거나 3마일[87] 이상이어야 한다는 것이다. 벌들은 중력에 민감하다. 또한, 그들은 여러 가지 지표를 이용해서 자기 집의 위치를 정확히 찾아갈 능력이 있다. 겹눈을 사용하여 좋지 않은 날씨에도 구름을 관통해서 해를 볼 수 있고, 이것을 위치를 찾는 지점으로 사용한다. 만약 벌통을 3피트 이상에서 3마일 이내로 옮기면, 당황한 수천 마리의 벌들이 예전에 자기 벌통이 있던 곳 주변으로 모이는 결과를 초래할 것이다. 무작정 그곳에서 머물면서 죽을 때까지 기다리는 불상사가 생기게 된다.

예전에 벌통이 있던 장소에서 당황한 벌들이 기다리는 모습은 비극적이다. 벌들을 정원 한쪽 끝에서 다른 쪽 끝으로 옮기고 싶거나 옥상에서 정원으로 옮기고 싶다면, 새로운 위치에 배치하기 전에 먼저 최소한 3마일 이상 떨어진 곳으로 며칠 동안 옮겨놓아야 한다. 그래야 벌들의 뇌리에 박힌 자기들의 원래 위치를 잊게 할 수 있다.

이렇게 하려면 대단히 법석을 떨게 되므로, 애당초 벌통 위치를 극히 신중하게 선정하는 편이 더 현명하다. 계획을 잘 세우는 것이 제일 중요하다. 나는 가장 좋은 위치를 찾을 때 오래된 낡은 나침반을 사용한다. 겨울에는 태양이 높이 뜨지 않고 때로는 나무나 담벼락에 가려질 수 있다는 사실도 고려해야 한다.

믿기지 않겠지만, 햇볕이 조금만 들어도 벌들이 잘 자라는 데 상당히 도움이 된다. 벌통을 따뜻하게 할 뿐만 아니라, 벌통 내부의 습기를 말리

---

[87] 3피트는 약 0.9미터, 3마일은 약 4,828미터이다.

고 공기가 잘 통하게 한다. 성충 벌들의 창자를 공격하는 노세마(Nosema) 병[88] 같은 끔찍한 질병도 예방할 수 있어서 좋다. 태양은 벌들의 비행근육을 따뜻하게 해주고, 아침 일찍 벌들을 깨워서 밖으로 나가게 해서 우리를 위해 더 많은 꿀을 생산하도록 해준다. 인간에게 그런 것처럼, 햇빛은 벌들도 행복하게 해준다.

벌은 겨울이나 이른 봄에 옮기는 것이 바람직하다. 벌들이 잘 정착할 여유가 있어서 유밀기에 생산성이 높아질 뿐만 아니라 여행 중에 과열할 가능성도 적다. 그래도 여전히 주의할 필요는 있다. 11월부터 2월까지는 벌들이 무리지어 있고 연약한 상태이다. 만약 운전을 거칠게 해서 도로에 웅덩이가 패인 곳을 덜컹거리며 지나면, 벌들이 벌집에서 떨어질 수 있다. 결국에는 벌들이 모두 벌통의 철망 바닥에 떨어져서 환기하는 작은 구멍들을 막아버릴 것이다.

여름에는 열기가 가장 큰 문제이며, 더 비극적인 결과를 초래하기 쉽다. 벌들이 의식을 잃고 순식간에 과열할 수 있으므로 사람이 기진맥진해지는 한이 있더라도 기온이 오르기 전인 이른 시간에 이동해야 한다. 나는 벌들에게 좋은 위치를 찾기 위해 항상 온갖 노력을 하는 편이지만, 때때로 너무 피곤할 때는 가장 무난해 보이는 장소에 벌통을 거의 팽개치듯이 내려놓고는 그곳이 습하고 그늘진 지점이 아니기를 두 손 모아 빌기도 한다. 대개는 그래도 괜찮았지만, 날이 밝은 뒤에 확인해보면 완벽하게 좋은 지점이 있는데도 어두워서 엉뚱한 곳에 둔 것을 알고 자책하기도 한다.

요즈음에는 대부분 벌통 바닥에 철망이 깔렸다. 손질하는 동안 벌에서

---

[88] 바깥 온도가 한랭한 이른 봄철 또는 가을철에 볼 수 있는 질병. 먹이와 함께 위에 들어간 병원체가 위벽에 기생하며 번식하는데, 심하면 집단 사망한다.

떨어지는 기생충들을 걸러내는 데 도움이 되고, 벌을 운반하기도 더 쉽다. 과거에 나는, 육아실이라고 더 많이 알려진 산란실 위에 나사로 고정할 수 있는 회전망 여과기를 사용하곤 했다. 이것은 운송 중에 벌들 사이로 많은 공기가 들어가게 해준다. 그러나 이것을 설치하면 벌들이 매우 흥분할 염려가 있다. 그리고 만약 덮개가 없는 트레일러나 평상형 트럭으로 벌통을 옮기면 악천후일 때 벌들을 제대로 보호하지 못한다는 문제가 있다.

회전망 여과기를 사용하든지 아니면 철망 바닥이 있는 벌통이 있든지에 상관없이, 모든 벌이 집으로 돌아왔다고 웬만큼 확신이 들면 정교하게 만들어진 발포고무 한 조각으로 벌통 입구를 막아야 한다. 게다가 나는 무슨 틈이든지 막아서 벌들이 빠져나가지 못하게 하려고 청테이프를 수십 개나 가지고 다닌다. 하지만 벌통 아래에는 늘 벌들이 조금씩은 모여있기 때문에 그것도 별 소용이 없다. 그래서 벌통을 옮길 때 항상 장갑 위에 두툼한 장갑을 하나 더 낀다. 손에 아무리 많은 벌침을 쏘여도 벌통을 떨어뜨리지 않으려면 고통을 무조건 참고 견뎌야 함을 경험을 통해 어렵게 터득했다.

내 벌통들은 이동하기 전 놋쇠로 만든 핀으로 고정해서 안전한데, 이런 핀들은 양봉재료 상점에서 살 수 있다. 나는 모든 양봉가들에게 이런 핀을 사용하라고 권하고 싶다. 벌통 디자인이 육아상자에 철망 바닥을 이미 부착한 형태가 아닌 한, 그것을 고정하려면 어차피 끈 같은 것이 필요하다.

그리고 벌통의 지붕을 몸체에 단단히 고정하지 않으면, 자칫 지붕이 열려서 벌 5만 마리가 얼굴로 달려들어 벌통을 통째로 떨어뜨릴 수도 있다. 벌통을 옮길 때는 항상 이런 점을 유념하여 방충복을 착용하는 것이 상책이다.

벌통 옮기는 기술을 숙달하지 못했다면 섣불리 혼자 옮기지 말고 다른 사람에게 도움을 청하는 편이 낫다. 도움받을 사람을 고를 때는 이왕이면 팔이 긴 사람들을 찾도록 하라.

양봉 일을 하다 보면 벌통 위로 몸을 구부리는 일이 다반사여서 부실한 내 척추에 큰 무리가 갔다(담당 정골요법사인 브렌트는 괜찮다는 진단을 내릴 때까지는 무거운 것을 들지 말라고 권했다). 하지만 대부분 양봉가는 이동식 양봉을 하지 않기 때문에, 벌통을 들어서 옮기는 일을 정기적으로 꼭 해야 하는 건 아니다.

벌들에게 먹이 주기

누구나 벌통을 들어 올려야 할 때가 딱 한 번 있는데, 벌통의 무게를 측정할 때이다. 벌통을 들어봄으로써 벌들이 꿀을 충분하게 비축했는지 평가할 수 있다. 이것은 손으로 무게 달기라고 부르는 작업이다. 초보자는 구분하기 어렵지만, 경험을 쌓다 보면 알기 마련이다. 벌통에 저장한 꿀이 많아서 무겁다면 들어 올리는 데 꽤 노력을 기울여야 한다. 두 다리를 벌리고 벌통 위에 선 다음 벌통을 조금도 흔들리지 않게 하면서 다리 사이로 들어 올리는 것이 안전하다. 예상보다 훨씬 무거울 수도 있다. 만약 벌통이 너무 쉽게 들리면, 그 안에 사는 벌들이 극도로 배가 고프다는 징표다. 그래서 이 시기에 벌통을 들어봐야 하며, 정기적인 점검이 아주 중요하다. 순수주의자들이 뭐라고 말하든 간에 벌들이 배가 고픈 상태라고 판단되면, 나는 벌들에게 먹이를 줘야 한다고 생각한다. 내 귀염둥이들이 굶어 죽게 내버려두는 것보다는 더 낫다.

벌통이 가벼우면 옮기기는 쉽겠지만, 그 대신 설탕시럽을 담은 엄청나게 크고 무거운 병들을 질질 끌고 오는 수고를 해야 한다. 만약 협회에 가입했다면, 설탕시럽을 만드는 일은 이미 3월에 끝마쳤어야 한다. 그러나 만약 급하게 시럽이 조금만 필요하다면 영국산 그래뉴당을 따뜻한 물에 녹여 금방 만들 수 있다. 이건 1리터짜리 플라스틱 우유병에 보관하면 된다.

나처럼 대량의 설탕시럽을 운반한다면, 용기 뚜껑이 제자리에 잘 있는지 확인해야 한다. 나는 병을 완전히 밀봉하려고 심지어 청테이프를 사용하기도 한다. 안 그랬다간 도로에서 한 번만 덜컹거려도 트럭 안이 온통 끈적거리는 불상사가 생길 수도 있다. 시골 한복판에서야 괜찮지만 도시 지역에서 이런 일이 생겼다간 큰일 난다. 따뜻한 봄날에 당신이 당한 사고를 마음껏 이용하려고 미친 듯이 달려드는 벌들로 순식간에 트럭을 장식할 것이다.

때때로 양봉가로서 극단적인 상황에 닥쳤을 때 기발한 해결책이 떠오르는 경험을 할 것이다. 몇 년 전 나는 거대한 물탱크를 트럭에서 내려 옮기려고 도르래가 달린 승강장치를 뚝딱뚝딱 만들어내기도 했다. 시럽을 옮길 때는 출렁거리면서 많이 흘리는 것을 방지하려고 양동이에 시럽을 가득 담지 않는다. 이렇게 하면 허리가 덜 아프고, 양동이 반을 채운 정도는 벌통 위로 들어 올려서 붓기도 편하다. 반면에 나처럼 작업복에 시럽이 묻어 끈적끈적하거나 설탕이 말라붙지 않도록, 가능하면 시럽을 벌통에 부을 때 튀지 않도록 조심하라. 시럽을 조금만 흘려도 다른 벌들을 불러모아 봉군에서 꿀을 훔쳐가게 할 것이다.

벌들에게 시럽을 줄 때 나는 각각의 벌통에 육아상자와 벌집틀 바로 위에 설치하는 밀러 사양기를 사용한다. 칸이 두 개여서 벌들이 중앙에 있는 틈에서 양쪽 칸으로 올라갈 수 있다. 칸마다 파라핀 왁스로 코팅해서 방수가 되므로 시럽이 새지 않는다. 칸마다 벌들이 오를 수 있는 미니 뗏목도 들어있다. 섬유질이 많은 목모 형태인 이 뗏목이 없으면, 벌들이 익사하기 쉽다. 뗏목 덕분에 벌들은 첨벙거리며 돌아다니면서 설탕시럽을 빨리 핥아 먹을 수가 있다.[89]

벌통 안을 엉망진창으로 끈적끈적하게 만들고 싶지 않다면, 제대로 된 사양기를 사는 데 투자하는 것도 가치 있다. 사양기를 설치하자마자 가장자리가 새지 않는지 확인해야 한다. 시럽이 새어나오면 벌들이 모두 미친 듯이 흥분해서 달려들어 뒤죽박죽될 수가 있다.

날씨가 너무 쌀쌀할 때는 설탕시럽을 주더라도 벌들이 감당할 수가 없다. 벌들이 추워서 사양기로 올라가고 싶어하지도 않거니와, 시럽 자체가 굳어서 먹기도 어렵고, 먹는다고 하더라도 뱃속에서 얼어버리기 때문에, 벌들이 죽거나 설사병에 걸릴 수 있다. 그래서 나는 몇 달 동안 추운 날씨가 계속될 때에는 벌들에게 빵집에서 사용하는 퐁당(fondant)[90], 즉 당의(糖衣)를 입힌 둥근 빵(iced bread bun)에서 볼 수 있는 구식 당의를 먹인다. 퐁당은 벌집 위에 직접 놓을 수도 있고, 벌들이 비닐봉지 안에서 기어 다니며 먹게 할 수도 있다. 친절한 빵집과 거래를 트기만 한다면, 매우 저렴한 가격에 구할 수 있을 것이다. 게다가 부드러우면서도 시럽보다 다

---
89 우리나라에서는 목모 대신에 익사방지용 철망을 넣어주거나 솔잎을 띄우기도 한다.
90 설탕과 물을 섞어 일정 온도까지 끓여서 반복해서 치대어 만든 것.

루기도 더 쉽다.

그러나 일단 봄이 되어 날씨가 따뜻해져서 벌들이 바삐 날아다닌다면, 시럽을 주는 것이 가장 좋다. 시럽은 농도가 화밀에 더 가깝고 벌들이 다루기도 더 쉬워서, 몸속에 빨리 비축할 수 있다.

내 벌들의 실적은?

처음으로 양봉에 도전하는 사람에게는 손해 볼 각오부터 단단히 하라는 충고를 해줄 수밖에 없다. 겨울을 지내면서 몇 달에 걸쳐 생기는 자연적인 손실만으로도 벌통에 큰 타격일 수 있는데, 이 정도로 낙심해서는 안 된다. 화학약품의 남용, 관리를 잘못한 벌의 증가로 질병도 늘어난다. 사람과 마찬가지로 벌들도 이 작은 섬나라에서 오밀조밀 살고 있다. 봉군이 제대로 유지되지 않은 상태에서 전염병에 걸렸는데 깨끗한 벌들이 방문하게 되면, 질병이 쉽게 퍼질 것이다.

일반적인 생각과 달리, 겨울 날씨가 모질다고 해서 벌들의 숫자가 반드시 감소하는 것은 아니다. 오히려 질병에 걸리는 벌들이 줄어들기도 하는데, 혹독한 추위가 질병을 전멸시켜서라고 여긴다. 만약 추위에 벌들이 약간 죽는다고 해도, 전체 봉군이 굶어 죽을 가능성은 낮다. 왜냐하면, 생존자들에게 돌아갈 비축량이 더 많아지기 때문이다.

나는 매년 손실되는 벌의 숫자가 많지 않기를 빈다. 생존한 벌의 규모가 늘거나 새 벌통으로 봉군을 나누면, 유충과 어린 벌 양육으로 꿀 생산을 중단하므로 꿀 산출량은 더 줄 것이다. 벌을 증식하기 위해 유충이 들은 벌집을 몇 개 꺼내면, 벌들을 갈라놓는 것이라 일시적으로 벌들이 약해진다. 장기적으로는 더 많은 벌통을 갖게 되지만 단기적으로는 꿀이 덜 생산된다. 봉군을 새로 사더라도 그들이 제대로 봉군을 형성하는 데 1년이 걸리기 때문에, 충분한 꿀을 생산할 준비가 되려면 어차피 1년을 더 기다려야 한다.

월동한 여왕벌

양봉철을 대비해 새로운 벌들을 주문했다면, 게다가 양봉을 처음 시작해서 전부 새 봉군을 구했다면, 그 벌들은 아마도 6월까지는 꿀을 채취할 준비가 되지 않을 것이다. 하지만 노련한 양봉가는 월동한 여왕벌들을 구한다. 새로운 젊은 여왕벌보다 봉군을 더 잘 형성해서 당장 이번 철부터 꿀을 생산할 가능성이 크다. 만약 종봉가를 알고 있다면, 대개 전화 통화만으로도 구할 수 있을 것이다.

나는 종봉가를 직접 가서 만나는 것이 늘 즐겁다(피터도 처음에 그렇게 해서 알게 되었다). 그러나 벌들을 택배로 보내는 것도 가능하다. 당연히 벌이 담긴 상자들은 환기가 잘되어야 하는데, 포장에 알기 쉽게 꼬리표를 붙여서 운송 중에 적절한 공간과 공기가 확보되도록 해야 한다. 벌들이 과열하지 않도록 하는 것은 대단히 중요하다. 젊은 핵군은 늦은 봄에 보내준다. 마찬가지로 여왕벌들은 왕롱에 넣어서 택배로 받을 수 있다. 이것은 전혀 새로운 일이 아니며, 꿀벌 수요가 더 많아지면서 다시 증가하는 추세다.

내 여왕벌 중 일부는 펨브로크셔(Pembrokeshire)[91]의 내로라하는 종봉가에게 구한다. 그가 올해에는 왕대(王臺, queen cell)[92]를 택배로 배송하는 방법을 검토 중이라고 한다. 왕대는 민감하므로 특별히 조심해서 다루어야 한다. 덜컹거리거나 부딪히기라도 하면 여왕벌의 발달에 지장이 생길 수도 있다. 특히 마지막 며칠 동안 여왕벌의 날개가 나쁘게 발달할 수 있다. 날개가 제대로 자라지 않은 처녀 여왕벌은 짝짓기하기 위해 벌통을 떠날 수 없으며, 결국 다른 벌들이 죽일 것이다. 닉은 자기가 여왕벌들을 몇 개의 벌집과 함께 믿을 만한 택배회사를 이용해 보낸다면 안전하게 도착할 것으로 생각한다. 택배로 배송하면 내가 벌들을 데려오기 위해 굳이 런던에서 펨브로크셔까지 왕복여행을 하지 않아도 된다. 하지만 그들은 그럴 만한 가치가 있는 기가 막히게 좋은 벌들이다.

아슬아슬한 고비

올해 내가 입은 손실 대부분은 화학약품을 더 적게 사용해서 발생한 일이다. 나는 기꺼운 마음으로 이렇게 유기농 처리를 했지만, 저항력이 낮은 약한 봉군들은 살아남지 못했다. 질병에 강한 저항력이 있는 벌들을 갖는 것이야말로 가장 좋은 일이니까, 이것이 꼭 나쁜 일만은 아니라고 주장하는 사람들도 있을 것이다. 하지만 무언가를 잃게 되면 어쩔 수 없이 우울해진다.

나는 벌들이 고통스러워하는 것은 정말 보고 싶지 않다. 벌들이 고통스

---

91 웨일스 남서부의 디버드(Dyfed)주의 일부.
92 여왕벌이 될 알을 받아 벌이 될 때까지 기르는 집. 왕집이라고도 한다. 일벌 집보다 5~6배 크다.

러우면 나도 고통스럽고 슬프다. 그런 걸 보면 벌들과 나의 관계에서 벌들은 내 생계수단을 넘어서는 존재임을 깨닫는다. 벌들이 그런 것까지 인식하지는 못하겠지만, 나 자신이 단지 그들을 기르는 사람에 불과하다고는 생각하지 않는다. 나는 벌들과 아주 친밀한 관계를 맺었으므로, 아무리 약한 벌이라도 더 큰 이익을 위해서 희생하는 일은 받아들이기 어렵다.

그러나 1년 중 이 시기는 강해져야만 한다. 4월은 벌들에게 무척 위험한 달이 될 수도 있다. 이 무렵에는 벌들이 절묘한 줄타기를 하듯 살아나간다. 일주일에 한 번씩 벌들을 살펴보는데도, 그 주에는 괜찮았는데 그다음 주에는 거의 굶어 죽어가는 모습을 발견하게 될지도 모른다.

꽃이 피기 시작하면서 꽃가루를 채취할 수 있어 화밀이 곳곳에 널려있음에도, 벌들은 여전히 취약한 상태다. 악천후가 시작되면 단 며칠 만에도 굶어 죽을 수 있다. 만약 기온이 떨어지고 비 오는 날씨가 이어지면, 벌들은 웅크리고 있을 것이다. 벌통 밖으로 날아나가는 것들도 더러 있긴 하겠지만, 대부분 그냥 낙담하여 안에 앉아있는 것이다. 벌들이 유지해야 할 간격보다 더 가까이에서 서로 스치며 지내다 보면 질병도 더 쉽게 번질 수밖에 없다.

벌통도 빠른 속도로 규모가 커지는 상태다. 벌들의 활동이 더 많아졌기 때문에, 저장한 꿀이나 시럽을 매일 어마어마하게 먹어치운다. 젊은 일벌들은 먹이를 찾으러 나가고, 여왕벌은 알을 낳느라고 바쁜데, 그동안 육아봉[93]들은 애벌레를 먹이고 번데기를 따뜻하게 유지해주면서 육아활동을 한다. 규모가 큰 봉군일수록 더 많은 먹이가 필요하므로 훨씬 더 큰 위험

---

[93] 어린 유충을 키우는 벌. 소방에서 나온 지 3일째 되는 어린 벌은 알에서 부화한 지 4~6일 되는 유충에게 꿀과 화분을 반죽해 먹이고, 6~10일 된 벌은 부화한 지 1~3일 된 유충에게 왕유(王乳, 로열젤리)를 분비하여 먹인다.

에 처했다고 볼 수 있다.

  날씨가 따뜻해지면 수천 마리의 젊은 벌들이 환경에 익숙해지면서 벌통 안팎의 활동이 상당히 많아질 수 있다. 꿀 양을 계속 관찰하는 것이 중요하다. 그렇게 하지 않으면 방마다 머리를 처박고 엉덩이를 쑥 내민 채 마지막 남은 꿀 한 방울이라도 핥아 먹으려고 안간힘을 쓰는 벌들의 모습을 발견할지도 모른다. 슬픈 광경이다. 저장한 꿀이 바닥나면 종종 벌통 통로와 입구에 상당히 많은 수의 주검이 버려진다. 이것을 계속 관찰하려고 굳이 벌통을 매번 활짝 열어볼 필요는 없다. 살금살금 다가가 지붕을 아주 조금 들어 올리고 옆쪽에서 살짝 엿보면 된다.

  나는 1년 중 이 시기에, 벌들의 왕래에 방해되는 쥐막이와 소문(巢門) 마개[94]를 제거한다. 이렇게 하면 벌들이 옥수수 낟알 같은 꽃가루 덩어리를 다리에 붙이고 우르르 몰려올 때 착륙할 공간도 넓어진다. 벌통 밖에 교통체증이 생기기를 바라지는 않을 것이다.

꽃가루는 슈퍼푸드

  올해는 꽃가루를 모으고 싶다. 영국에서는 꽃가루 수집을 폭넓게 하지 않기 때문에, 주로 스페인, 프랑스, 이탈리아에서 생산한 것을 수입한다. 하지만 나는 알레르기 환자들에게는 신토불이 제품인 영국산 꽃가루가 인기 있을 것으로 생각한다. 그리고 지난 몇 년 동안 꽃가루알레르기 치

---

[94] 벌들이 드나드는 벌통에 난 문을 소문이라고 한다. 소문 마개는 이 문을 때에 따라 좁히거나 넓혀 환기를 조절하는 도구이다. 예전에는 신문지나 박스를 사용하기도 했으며, 시판하는 제품을 구입하지 않고 나무막대기나 함석, 철판 등으로 사용하기도 한다.

료를 위해 꽃가루를 찾는 사람들이 점점 많아지는 추세다. 꿀이나 꽃가루가 사회생활을 힘들게 하는 이 질병을 치료할 수 있다고 단언하기는 어렵다. 나도 꽃가루알레르기에 시달려서 매일 꿀을 먹는데도, 여름에 복면포를 쓰고 일할 때 흐르는 콧물 양에 별다른 차도가 보이지 않는다.

꽃가루알레르기가 심한 사람이 양봉하는 것은 결코 이상적인 상황이 아니다. 복면포를 쓴 상태에서 눈물이 찔끔찔끔, 콧물이 줄줄 나오면 어떻게 할 수가 없어서 상당히 괴롭다. 그런데 벌이 한 마리라도 복면포 안으로 침입해서 코라도 쏘면 정말 엎친 데 덮친 격이 된다.

음식으로서의 꽃가루가 건강에 아무리 이롭다고 할지라도 여기에서는 다루지 않을 것이므로, 관심이 있다면 인터넷이나 건강식품점에서 찾아보기 바란다. 꽃가루는 온갖 비타민을 골고루 함유하며, 기운이 나게 하고 지능발달과 정력에도 좋다고 알려져서, 소수의 마니아에게 슈퍼푸드라고 여겨진다. 게다가 뮤즐리(muesli)[95]나 요구르트 위에 뿌려 먹으면 맛이 끝내준다.

특별히 디자인한 화분채집기[96]를 벌통 입구에 설치해 벌들이 가져온 꽃가루를 떨어뜨리고 벌통으로 들어가도록 한다. 내가 사용하는 화분채집기는 동유럽 이베이에서 산 것으로, 아주 작은 현관처럼 생겼고 벌통의 앞쪽에서 빗장을 지르게 되어있다. 내부에는 기다란 구멍이 난 칸막이가 있어서, 벌들이 그 칸막이를 통과해야만 벌통으로 들어갈 수 있다. 칸막이가 먹이를 찾으러 나갔다가 돌아오는 벌들의 다리에 있는 꽃가루를 아래에 있는 작은 접시로 밀어서 내리면, 양봉가는 모인 것을 가져가

---

[95] 곡식, 견과류, 말린 과일 등을 섞은 것으로, 아침식사로 우유에 타서 먹는 시리얼의 일종.
[96] 일벌이 모아온 꽃가루를 받는 기구.

기만 하면 된다.

일단 꽃가루가 모이면, 아직 신선하고 촉촉한 꽃가루에 곰팡이가 피지 않도록 신속하게 말려야 한다. 나는 오래된 꿀 데우는 기구를 사용해 꽃가루를 말리지만, 화분건조기를 따로 사서 사용할 수도 있다.

이런 이유로 화분채집기는 좋은 날씨에만 쓸 수 있다. 하지만 더욱 중요한 것은 화분채집기는 아주 짧은 기간에만 가동해야 한다는 것이다. 딱 하루 정도가 적당하다. 1년 중 이 시기에는 봉군에 어마어마하게 많은 꽃가루가 유입되어야 유충이 생명을 유지할 수 있다. 꽃가루는 유충의 단백질 공급원이기 때문이다. 그래서 화분채집기로 조금씩 빼돌린 꽃가루를 회수하러 갈 때면, 마치 내가 노상강도가 된 것 같은 느낌이 든다.

꽃가루를 꿀, 이스트, 시럽과 섞어서 작고 동그란 반죽으로 만들어, 벌들에게 봄철 부양책으로 주려고 벌집 위에 올려놓는 양봉가들도 있다. 하지만 조심해야 한다. 예전에 우리도 이런 것들을 만들었다가, 질병 포자를 제거하기 위해 몽땅 없애버렸던 적이 있다. 요즘에는 퐁당과 꽃가루가 들은 1킬로그램짜리 봉지 제품을 시중에서 살 수 있다. 이런 제품은 핵군에게 줄 때는 벌집 꼭대기에 올려놓을 수 있어서 편리하고, 봉지에 들어서 잘 마르지 않는다. 벌들은 봉지 안으로 기어 들어가서 차려놓은 것을 야금야금 갉아 먹는다.

프로폴리스

프로폴리스(propolis)[97] 또한 경탄할 만한 물질이다. 이것은 벌들이 나무

---

[97] 또는 봉교(蜂膠). 꿀벌이 식물의 진액을 수집하여 씹은 끈적끈적한 수지 모양의 물질로, 소량을 밀랍과 섞어 벌집을 만들거나 보수할 때 사용한다. 민간의 소염제로도 사용해왔다.

새싹의 끈적끈적한 물질을 모아서 만들며, 벌통의 현관 깔개와 틈을 막는 재료로 사용한다. 게다가 살균효과와 항균작용도 탁월하다. 감기 기운이 느껴지면 프로폴리스를 씹는데, 얼마나 찐득거리는지 이에서 떼어내려면 몇 주는 걸리는 것 같다.

고급 꿀

요리사들은 언제나 좀 더 색다르면서 신선한 계절 산물을 찾는 데 혈안이다. 꿀은 계절에 따라 종류가 상당히 다양해서 요리 재료로 안성맞춤인데, 벌집을 덩어리째 내놓으면 굉장히 멋져 보인다. 나는 버클리 호텔의 마커스 웨어링 레스토랑 수석 주방장인 제임스 크내핏의 요청으로 꿀 시식회에 필요한 샘플을 전달하러 갔다.

요리사들은 치즈보드[98]에 공들여 요리해서 내놓을 만한 소밀을 찾던 중이었다. 내가 수도 런던을 비롯해 영국 전역에서 생산한 각종 꿀로 그들이 무언가를 만들어내는 것을 보니 무척 흥분되었다. 우리는 대략 여덟 종류의 꿀을 시식해보았는데, 그들은 런던에서 생산한 꿀맛이 아주 색다르고 특별하다며 무척 좋아했다. 결국 런던 동부에서 생산한 소밀을 메뉴로 채택했다.

나는 꿀을 사용하는 새로운 요리법이 나올 때마다 늘 궁금해서 제임스에게 레시피를 묻곤 한다. 그는 젊지만 상당히 원대한 포부가 있는 훌륭한 주방장이다. 요리 자체가 무척 근사해 보이지만, 휘핑기만 구할 수 있

---

[98] 식사 마지막에 내놓는 치즈 모듬.

다면 시도해볼 만하다. 친구들에게 직접 만들어서 대접한다면 무척 감동할 것이다. 그 사람은 가히 천재적이다. 그래서 나는 그가 계속 멋진 요리를 만들어낼 수 있도록 1년 내내 그에게 소밀을 충분히 공급할 수 있기만을 바랄 뿐이다.

이것은 그가 나에게 메일로 보내준 조리법이다.

 먼스터 치즈 거품을 곁들인 소밀

안녕하십니까? 스티브씨.
제 레시피입니다.
소밀, 먼스터 치즈(munster cheese)[99], 햇감자, 샌드위치용 크레스(cress)[100]

저는 지난번 시식회를 마친 후로는 줄곧 이 레시피에 런던 꿀을 사용하고 있습니다. 당신도 시식회가 얼마나 복잡한 과정을 거치는지 잘 아셨겠지만, 저는 품질이 떨어지는 다른 꿀들과 런던 꿀을 나란히 시식해보고서 맛이 더욱 비교되는 것을 느꼈습니다. 런던 꿀은 감미로우면서도 향이 과하지 않아서 이 요리에 제격입니다. 부드러운 꽃향기와 감귤류의 색채가 치즈와 아주 잘 어울립니다.

6명을 위한 전채요리입니다.

먼스터 치즈 거품 재료:
먼스터 치즈 500그램, 우유 ¼파인트[101], 크림 1¼파인트, 소금과 흰 후추 적당량

---

[99] 치즈 표면을 소금물이나 브랜디로 씻어서, 치즈를 세균에서 지킬 뿐만 아니라 독특한 맛과 향이 난다. 숙성할 때 생기는 자극적인 흙냄새가 특징이며, 겉껍질은 주황색, 안쪽은 숙성함에 따라 크림 같은 짙은 황금색을 띤다. 냄새는 강하지만 맛이 깊고 순하다.
[100] 흔히 샐러드나 샌드위치에 넣어 먹는 갓류 식물.
[101] 참고로 1파인트는 영국에서 0.568리터, 즉 ¼파인트는 약 150밀리리터(⅔컵)이다.

1인당:
소밀 4티스푼, 햇감자 작은 것 6개, 샌드위치용 크레스 두 줌

먼저 치즈 거품을 만드세요.
우유와 크림을 함께 따뜻하게 데운 다음 치즈를 넣으세요. 치즈가 녹으면, 소금과 후추로 간을 합니다. 푸드프로세서(food processor)[102]로 치즈혼합물을 순식간에 섞은 다음에 고운체로 거르세요. 휘핑기에 넣고 가스 2개를 주입하고 잘 흔들어주시면 됩니다. 이런 값비싼 기계가 없으면, 거품이 죽처럼 되긴 하겠지만 기계로 한 것 못지 않게 맛은 있답니다.
햇감자가 무를 때까지 익히고, 식지 않게 보관하세요. 우묵한 그릇에 잘게 자른 소밀 4티스푼을 담고, 따뜻한 감자를 넣으세요. 이제 휘핑기로 치즈 거품을 짜서 꿀과 감자를 덮어주세요. 마지막으로 샌드위치용 크레스 위에도 뿌려주세요.

드셔보시고 어떠셨는지 나중에 알려주세요.

건투를 빕니다. 제임스.

준비완료?

벌들을 안전하게 실내에 들여놓고 휴식을 취한 지 몇 달이 지나자, 나는 그들의 생존이 걱정되었다. 4월은 새로이 애정을 쏟는 시기로, 잠 못 이루는 밤도 바로 이때 시작한다. 양봉철에 대비해 계획을 충분히 잘 세웠는지, 몇 달 뒤에도 쓸 수 있을 만큼 장비를 충분히 만들고 주문했는지 잘

---

102 식재료를 자르거나 섞을 때 쓰는 전동기구. 식품을 고속으로 절단, 분쇄한다.

모르겠다. 몇 달 쉬는 동안 좀 더 신경 쓰지 못한 나 자신에게 화가 났다.

런던은 기막히게 좋은 미기후(微氣候, microclimate)[103]라서 계절이 다른 곳보다 일찍 무르익었다. 런던에서 벌써 갈색으로 다 시들은 수선화는, 슈롭셔에서는 여전히 요정 같은 모습이다. 만약 봄철 내내 화창한 날씨가 이어진다면 약간 이르게 꿀을 생산하겠지만, 대부분 양봉가는 이것을 수확하기보다는 벌들이 소비하도록 내버려둔다.

매년 남동부에 계절이 더 일찍 오는 것 같다. 런던 남부, 트럭을 주차하는 곳에 있는 마로니에 나무는 내게 계절을 알려주는 지표가 되곤 했다. 그 나무가 분홍색 꽃망울을 터뜨릴 무렵이 되면 최초의 밀원 식물이 생긴다는 뜻이므로 분주하게 뛰어다니며 계상을 모두 벌통 위에 얹었다.

전지전능하던 이 나무는 유감스럽게도 그 후 버몬지 재개발 과정에서 지방의회가 베어버렸다. 그래서 나는 신호로 삼을 만한 것을 다른 곳에서 찾아야만 했다. 요즘에는 내가 매일 지나는 지역 공원들을 보고 판단한다. 공원에는 대개 여러 나무가 골고루 있어서 좋다. 버드나무, 체리, 밤나무, 라임나무 모두 계절적 지표로 적격이다.

일찍 찾아온 계절은 양봉가와 벌들 모두 준비를 마치고 체력을 갖췄을 때야 좋은 것이지, 그렇지 않으면 자칫 가장 좋은 유밀기를 놓칠 수도 있다. 올해는 전례 없이 따뜻한 날씨가 이어지는데 여름에도 그럴 거라고 한다. 4월이 시작할 때에는 그것이 기쁜 소식이었지만, 건조한 주간이 계속됨에 따라 벌통으로 돌아오는 화밀이 줄어서 걱정이다. 꽃이란 꽃은 다 피는 것 같은데, 그러면 개화기가 너무 빨리 끝나서 결과적으로는 화밀이 거

---

[103] 주변 기후와는 현저하게 다른 기후. 특정 좁은 지역의 기후를 말한다.

의 없어진다. 고온현상이 이어지면 여러 꽃의 개화시기에 차이가 없어져서, 꿀 생산량이 줄어들 수밖에 없다. 내가 이런 말까지 하게 될 줄은 정말 몰랐다… 신이시여 비를 내려주소서…….

꿀 채집 준비

계상

대개 이번 달 말까지는 계상을 얹어놓을 정도로 좋은 날씨가 자리 잡는다. 간혹 몇 주 동안 꿀이 유입되는 것을 보지 못할지도 모른다. 그렇더라도 날씨가 완전히 풀리기 전에 벌통에 냉기가 들어가게 하지만 않는다면, 계상을 올려놓으면서 잘되기를 바란다고 문제 될 것은 아무것도 없다. 벌통을 점검한답시고 냉기가 들어가게 했다간, 도움이 되기는커녕 해만 끼칠 수 있다. 장기간 좋은 날씨가 이어지기를 기다려라. 나는 매일 일기예보에 집착하는 편이다. 항상 하루에 한 번 이상은 일기예보를 본다.

격왕판

격왕판(隔王板)[104]은 작지만 중요한 장비다. 플라스틱이나 쇠로 만든 그물망으로, 통통해진 여왕벌이 꿀 저장고에 들어가서 알을 낳는 것을 방지한다. 여왕벌이 산란구역을 벗어나지 않도록 해야 한다.

---

[104] 여왕벌의 산란을 제한하기 위해 여왕벌이 오고 감을 막는, 망으로 된 판. 일벌들은 몸집이 작아 수평격왕판이나 수직격왕판 사이로 드나들 수 있다.

🐝 유충 점검

이 시기에는 반드시 유충을 정기적으로 점검해야 한다. 1년 중 이 시기에는 모든 것이 괜찮은지 극히 철두철미하게 점검할 필요가 있지만, 나는 일단 일을 시작했다 하면 아주 신속하게 뚝딱 해치운다.

육아용 벌통 안의 벌집 하나하나를 주의 깊게 살펴본다. 벌들이 모인 곳에서는 벌의 등에 입김을 살짝 불어서 흩어지게 해서 벌들이 왕대를 가렸던 건 아닌지 확인하곤 한다. 대체로 벌들은 왕대를 벌집틀의 끝이나 가장자리에 짓는 경향이 있다.

만약 어떤 이유로든 평소와 달리 걱정되는 것이 있다면, 나는 벌집을 제거하기 전에 부드럽고도 재빨리 벌들을 벌통 안으로 털어 넣는다. 이렇게 하면 어린 벌들만 남아 틀에 매달려있다. 때로는 유달리 발로 붙잡는 힘이 센 여왕벌까지 매달릴 때도 있다. 이 기술은 주로 검역관들이 질병이 있는지 확인하려고 거의 모든 방을 일일이 예리한 눈으로 살펴볼 때 사용하는 방법으로, 초보자들에게는 권할 만한 방법이 아니다. 여왕벌을 벌집에서 털어내는 것은 연습 삼아 할 만한 일도 아니거니와, 벌들도 이런 소란을 고마워하지는 않을 것이다.

5가지 기/본/점/검/항/목

◆ 여왕벌이 있는가? 있다면 알을 제대로 낳고 있는가?

벌방마다 바닥에 알들이 세워져 있는지 찾아봐야 한다. 여왕벌은 지금쯤 상당히 많은 알을 낳을 것이다. 알이 하얗고 갸름한 쌀알같이 생긴 데다가 처음에는 눈에 익지 않아서 찾기 어려울 수 있다. 벌집을 빛이 있는 쪽으로 기울이면 조금 도움이 된다. 만약 벌집이 오래되어서 색이 짙어졌다면, 손전등을 사용해 벌방 바닥을 비춰보는 것이 가장 좋다. 하지만 그러려면 손이 세 개가 필요하므로 조심하라. 알들을 찾았을 때, 갓 낳은 알들이라면 하나하나 똑바로 세워져 있어야 한다. 벌들은 분봉하기 전에 며칠 동안은 여왕벌이 알을 낳는 것을 멈추게 한다. 그러므로 혹시 알을 발견하지 못해도 그것이 꼭 여왕벌이 없다는 뜻은 아니다. 그러나 알을 발견하는 것이야말로 확실히 안심되는 좋은 징표임은 틀림없다. 신선한 알들이 있다는 것은 여왕벌이 알을 낳고 있다는 의미이기 때문이다.

◆봉군은 건강한가?

불쌍한 벌들을 괴롭히는 각종 바이러스, 기생충, 유충병이 상당히 많으므로, 벌들이 건강해 보이는지 점검할 필요가 있다. 이것은 초보자들에게는 더 어려운 작업이지만, 그래도 질병을 찾아내는 데 도움이 될 만한 걱정스러운 징표가 몇 가지 있다. 벌들이 바닥을 기어 다니는가, 몸이 뒤집어져 있는가, 혹은 병든 것처럼 보이는가? 몸을 흔들고 있는가, 혹은 단지 지쳐 보이기만 하는가? 여러 해 전 아무래도 내 벌통이 유충병에 걸린 것 같아서 지역의 검역관에게 전화를 걸었다. 그러자 그는 벌집 끝에 갈색 침전물이 엄청나게 많이 있다면, 해로운 물질이라기보다는 벌들이 나무에서 수집한 프로폴리스일 가능성이 크다고 조언했다. 무척 민망했지만, 그는 내가 자기에게 연락해서 확인하려고 했음에 기뻐했다.

◆ 방은 충분한가?

바보 같은 소리로 들릴지 모르지만 공간은 매우 중요하다. 벌집에 방이 너무 적으면 벌들은 빨리 분봉하고 싶어할 것이다. 여왕벌이 알을 낳을 방이 아직 충분한가, 아니면 전부 꿀과 어린 벌들로 가득 차 있는가? 만약 가득 차 있다면 여왕벌을 위해 공간을 더 만들어줄 필요가 있다. 소초광[105]을 더 많이 넣고 꿀이 저장된 벌집은 꺼내든지, 아니면 벌통 위에 벌통을 더 얹어서 육아공간과 꿀을 저장할 공간을 늘리도록 하라. 만약 공간이 너무 비좁아진다면, 벌통의 벌집을 두 군데로 나누어서 새로운 봉군을 형성하는 방법이 가장 좋다.

◆ 꿀 저장량은 충분한가?

벌통에 꿀이 너무 많아도 탈이지만, 너무 적어도 탈이다. 벌집을 일일이 점검하다 보면, 벌들이 먹을 수 있는 꿀을 얼마나 저장했는지 볼 수 있다. 이 시기에 나는 유충이 들은 벌집 구석에만 꿀이 눈곱만큼 남은 봉군을 종종 발견한다. 그들은 어서 화밀이 대량 생겨나기만을 기다리며 칼날 위에 서 있는 형국으로 만약 아무것도 구하지 못하면 순식간에 굶어 죽을 수 있다. 이런 상황에서 악천후가 이어진다면, 벌들에게 즉각 먹이를 주어야 한다. 이것이 점검을 하는 또 다른 주된 이유이다.

◆ 왕대가 생기지 않았는가?

이 점검은 복잡하지만, 필수적인 일이기도 하다. 만약 벌통을 아예 점검

---

[105] 소광(벌집틀)에 벌집의 기초가 되는 소초(밀랍을 녹여 벌집 모양으로 만든 것)를 붙인 것.

하지 않는다거나 벌통에 이상하게 보이는 방들이 있는데도 제대로 못 보고 지나친다면, 결국 분봉은 양봉가 책임일 것이다. 왕대를 찾아내서 처리하는 방법은 바로 아래쪽 '왕대'라는 항목에서 따로 논하겠다. 유충 점검을 마쳤다면, 벌통을 닫기 전에 다음번에 점검하러 올 때 가져와야 할 것은 무엇인지 확인한다. 먹이를 비롯해서, 더 많은 벌집들이나 계상 등 아주 많은 품목이 있으므로 메모를 해두도록 한다. 지금부터 한여름까지 정기적으로 벌들에게 주의를 기울여야 하는데, 필요한 품목을 깜박해서 양봉장에 또다시 오는 일은 절대 없어야 한다. 물론 나는 메모를 한다. 내 머리는 온통 벌 걱정과 트라우마로 꽉 막혔으므로.

여왕벌 돌보기

왕대

이 시기에는 벌통에 생긴 왕대를 볼 수 있다. 간혹 날씨가 예년과 달리 따뜻하거나 런던의 미기후 덕분에 3월 말에도 왕대가 생긴 모습을 본 적도 있다. 그러나 4월이야말로 정말로 불침번을 서야 할 정도로 긴장할 때다. 왕대는 언뜻 보기에 주름지고 휜 할머니 손가락처럼 생겨서 유난히 섬뜩하다. 그래서 경험이 없는 양봉가들은 완전히 기겁할 것이다. 벌통 한 개에서 왕대를 한 다스나 발견할 수도 있다(나는 한 번에 스무 개를 본 적도 있다). 대개 온도를 유지하려고 둘레에는 벌들이 운집해 둘러싸고 있다. 벌들이 벌집 위에 무리지어 모이는 습성 때문에, 양봉가가 왕대를 발견하지 못하는 경우가 많다. 벌통을 꼼꼼하게 점검해야 하는 또 다른 이유다.

만약 벌집에서 왕대를 발견하면, 우선은 하이브툴을 써서 틀에 조그만 십자 표시를 해둔다. 평평한 쇳 조각으로 만들어진 이 장비는 가장 기본적이면서도 중대한 역할을 하는 도구이다. 그러나 공황상태에 빠지기 전에, 잠시 시간을 내도록. 일단 벌통 뚜껑을 닫고 실내로 들어가서 차 한 잔을 마신다. 그런 다음 양봉 멘토나 지역양봉협회에 전화를 걸어서 이 상황에서 어떤 행동을 취해야 할지 조언을 구하도록 한다.

왕대가 있다는 것은 여러 가지를 의미한다. 그렇다. 이는 키우는 벌들이 식구가 늘어나서 살림을 내려는 것을 뜻한다. 하지만 동시에 벌들이 왕위 찬탈을 노리며 새로 옹립할 여왕벌을 키우는 중일 수도 있다. 이는 여왕벌의 활동이 저조해 알 낳는 기계 역할을 제대로 못 한다고 벌들이 느낄 때 일어난다. 만약 왕대의 숫자가 적다면, 경험으로 미루어 막 살림을 내려는 벌통과 왕가를 무너뜨리려는 벌통의 차이를 구분할 수 있을 것이다.

벌통 내부에서 무슨 일이 일어나는지 충분히 이해할 때까지는 개입하고 싶은 유혹에 넘어가지 마라. 어차피 왕대가 발달하는 데 16일이 걸리므로 어떤 선택을 할지 숙고할 시간은 있다. 일반적으로 벌들은 왕대에 봉개(蜂蓋)[106]를 덮은 지 9일 후에야 분봉을 고려할 것이다.

벌들에게 즉각 공간을 마련해줄 수 있다. 육아용 벌통을 더 얹거나, 계상을 올리고 격왕판을 그 위에 설치해 여왕벌이 알을 낳을 방을 더 만들면 된다. 만약 왕대가 성장한다면 두 벌집 사이에 있을 확률이 높으므로 발견하기가 아주 쉽다. 그래도 벌들은 분봉할 수도 있다. 최선의 방책은 인공적으로 분봉을 장려하는 것이겠지만, 이 방법을 초보자에게는 권하고 싶지

---

[106] 성숙한 유충의 벌방을 밀랍과 프로폴리스로 덮은 것.

않다. 이에 대해서는 분봉의 계절 〈5월〉, 173쪽에서 더 자세히 다루겠다.

여왕벌 기르기

보통 4월에 발생하는 또 다른 현상은 여왕벌들의 능력이 감퇴하는 것이다. 여왕벌은 산란능력이 절정일 때 하루에 1,500개의 알을 낳지만, 때때로 녹초가 되기도 한다. 만약 벌통을 열었을 때 여왕벌이 벌방 하나에 알을 다섯 개씩 낳았다면, 이는 '후추 뿌리기'라고 불리는 무작위 산란패턴으로 여왕벌이 정력을 잃었다는 뜻이다. 또한 (무정란에서 태어난) 수벌이 될 유충이 증가하는 것은 여왕벌이 짝짓기 비행에서 축적한 정자가 다 고갈되었음을 보여준다. 만약 여왕벌이 제대로 알을 낳지 못한다면 봉군이 휘청거릴 것이다. 벌 숫자가 심각하게 감소할 수 있는데, 그것 때문에 나는 런던 꿀 시장에서 우위를 차지하려던 계획에 차질을 빚을 뻔했다.

상업적 양봉을 한다면 일반적으로 봉군을 강건하게 유지하기 위해 여왕벌을 몇 년마다 교체한다. 내가 아는 양봉가 중에는 심지어 여왕벌을 계절마다 부지런히 바꾸는 사람도 있다.

만약 여왕벌이 쇠잔하여 제구실을 못한다면, 유감스럽게도 안락사를 시킬 수밖에 없다. 당연히 슬픈 일이긴 하지만, 노쇠하여 은퇴한 여왕벌을 위한 요양소는 없다. 만약 여왕벌이 산란하지 못하면, 봉군의 장기생존을 위해 여왕벌을 교체해야 한다. 그러나 새로운 여왕벌을 넣기 전에, 봉군에 젊은 일벌들이 아직도 많이 있는지, 게으른 수벌들이 압도적으로 많아지지는 않았는지 반드시 확인해야 한다.

나는 한 개의 벌통에서 여왕벌을 두 마리 이상 보게 되는 일은 결코 없을 거로 생각했다. 그러나 작년에 두 마리가 상당히 행복하게 공존하는 장면을 보았다. 아마도 하나는 본래 있던 여왕벌이고 다른 하나는 새로 생긴 처녀왕이었을 것이다. 늙은 여왕벌의 주된 관심사는 정력적인 새 여왕벌의 존재를 참아내는 것이었다. 아마도 새 여왕벌이 짝짓기를 시작할 때쯤 분비하는 페로몬이 워낙 강력해서 결국 일벌들이 늙은 여왕벌을 제거한 것 같다. 정말 이례적인 경우였는데, 짧은 기간이지만 벌들이 구 왕가를 존중하는 것처럼 보였다.

때로는 벌통을 열었을 때 여왕벌이 아예 없을 수도 있다. 여왕벌이 없으면, 벌들은 기분이 언짢아진다. 그래서 지붕을 들어 올리자마자 대번에 이런 상황을 알 것이다. 아무리 침착하게 대처해도 벌들의 못마땅한 심정을 가라앉히지는 못한다. 올해 내 벌통에서도 마찬가지 상황이 벌어졌다. 벌들이 서로 으르렁거리는 것이 느껴졌다. 내 봉군의 세력이 약해서 비롯된 일이지만, 여왕벌이 나이가 많으면 이런 일이 일어날 확률이 더 높아질 것이다.

벌통에 여왕벌이 없을 때, 새로운 여왕벌을 만드는 가장 쉬운 방법은 다른 벌통에서 꺼낸 알이 들은 벌집을 넣어주고 벌들이 기존 유충을 여왕벌로 모시도록 두는 것이다.[107] 이것은 비상왕대 혹은 급조왕대라고도 불린다. 이렇게 태어난 여왕벌은 제대로 양육한 여왕벌보다 크기도 조금 작고 약간 열등할지 모르지만, 그래도 또 다른 여왕벌을 구할 수 있을 때까지 임무를 잘 해내며, 철 내내 만나게 될 것이다.

상당히 걸리적거리고 동작이 둔한 여왕벌은 벌집을 뒤집으면 틀에서 쉽

---

[107] 여왕벌이 없어지면, 일벌들은 후계 여왕벌을 옹립하기 위해 알에서 부화한 지 3일 이내의 유충방을 개조해 왕대를 만든다.

게 떨어질 수 있으므로 벌집을 움직일 때 주의를 기울여야 한다. 글로 묘사하기는 어렵지만, 벌집을 벌통에서 수직으로 들어올려서, 먼저 한쪽 면을 점검하고 한쪽 끝(대개 왼쪽 끝)을 내려서 모서리를 대고 천천히 회전시켜서 틀을 완전히 돌린다. 이렇게 하면 바닥이 새로운 꼭대기가 되고 뒷면이 앞을 향한다. 이것은 틀이 수평이 되는 것을 방지하면서 점검하는 적절한 방법이다.

작년에 나는 280밀리미터나 되는 내 발로 여왕벌을 으깨버리고 말았다. 망연자실했다. 그 여왕벌은 기막히게 좋은 기질을 가졌을 뿐만 아니라 수만 마리의 엄마였다. 엄청난 헌신의 삶을 살았던 것에 비해 너무나 품위 없는 종말을 맞았다. 점검하던 벌집에서 여왕벌이 떨어진 사실을 모르고 우연히 밟았던 것이다. 그러자마자 여왕벌의 페로몬에 매료된 벌들이 여왕벌을 만나기 위해 내 발에 구름처럼 모여들었지만, 애석하게도 이미 촘촘한 잔디밭에 짓밟아 뭉개진 상태였다.

여러 종류의 벌들

여왕벌이 없다는 사실을 알았을 때 과거의 해결책은 유럽이나 오스트랄라시아(Australasia)[108]에서 여왕벌을 수입하는 것뿐이었다. 아무래도 이런 벌들은 형편없는 영국 날씨에는 적당하지 않다고 생각한다. 대개 영국보다 더 더운 지방에서 수입한 이 벌들은 황금색이고 비슷한 빛깔의 새끼를 낳는다. 그런데 영국의 토종벌들은 어두운색이다. 햇빛을 조금이라도

---

[108] 오스트레일리아, 뉴질랜드, 서남 태평양 제도를 아우르는 지역.

더 흡수하고 습한 여건에서도 잘 지내도록 만들어졌다.

이런 사실을 어떻게 알게 되었을까? 나는 여러 품종의 벌을 키워보았다. 습도가 높은 날이 이어져도 어두운 색깔의 영국 토종벌은 일하러 나온다. 반면에 황금색 벌들은 벌통 안에 머무르면서 저장해놓은 것을 먹기만 하고, 무밀기(無蜜期)[109]에는 더 약한 봉군에서 꿀을 훔치기까지 한다. 다시 말하자면 그들은 게으른 품종이어서, 내가 보기에는 열심히 일하기를 기대할 수도 없거니와 비가 자주 오는 영국 기후에 대응할 자세가 안 된 것 같다. 그들에게 있는 긍정적인 특성 딱 한 가지는 기질적으로 온순하다는 것뿐이다. 언젠가 양봉의 대가라고 할 만한 분이 나에게 해주었던 말처럼, '당신은 당신을 안아줄 아들이 아니라, 일할 벌들이 필요하다.'

알아둬야 할 문제가 하나 더 있다. 영국 토종벌이 실제로는 존재하지 않는다는 것이다. 아니, 오직 아우터 헤브리디스 제도(Outer Hebrides)[110]처럼 외진 곳에만 남았다. 유감스럽게도 우리의 야생 토종벌은 모두 약 30년 전쯤에 질병으로 멸종했다. 여기에 있는 것은 흔히 튼튼한 잡종벌로 알려진 것이다. 나는 주로 웨스트 웨일스에 있는 절친 데이비드가 습도가 높고 쌀쌀한 계곡에서 1년 혹은 그 이상 동안 육종프로그램을 통해 기른 품종을 사용한다. 그의 벌들은 풍부한 식량 공급원을 잘 활용해서 기후가 더 따뜻한 남쪽 지방으로 옮겼을 때 잘 자란다. 게다가 튼튼해서 도시의 높은 옥상에 적합하다. 피터가 기른 좀 더 온순한 벌들은 사람들을 마주칠 가능성이 많은 장소에 좋다. 성격이 정말로 거칠면서 질병과 영국 날씨에 저항력이 있는 품종도 있다. 튼튼한 벌들은 일도 부지런하게 하므로 아주

---

[109] 식물에 꽃이 없어 꿀을 못 내는 시기.
[110] 스코틀랜드 서쪽의 열도.

좋다. 그에 비해, 내가 데리고 일했던 게으르고 온순한 벌 중에는 따뜻한 기후에서 온 황금색 벌처럼 안아주고 싶을 정도로 아주 나긋나긋한 벌들도 있었다. 복면포나 보호복을 착용할 필요가 없을 정도였다. 나는 다루기는 어렵더라도 좀 더 혈기왕성한 벌이 더 좋다.

처음으로 벌을 살 때는 이런 특성들을 모두 고려해야 한다. 내가 할 수 있는 최선의 충고는 봉군을 딱 한 개만 구하지 말라는 것이다. 물론 베란다나 발코니 또는 옥상에 벌통을 놓을 공간이 충분하지 않을지도 모르지만, 초보 양봉가는 가능한 한 벌통을 두 개 갖추길 권한다. 이렇게 하면 좋은 점은 한 벌통이 어떤 문제를 겪을 때 여분의 벌통을 활용할 수 있다는 것이다.

🐝 벌들에게 연기 쏘기

런던 북부의 새 양봉장으로 돌아와서 벌통을 적당한 장소에 배치했다. 새로 옮긴 곳이 따뜻해 벌들이 좋아하는 것처럼 보여서, 안심하고 밀린 잠을 보충했다. 피터의 낡고 허름한 양봉창고를 어떤 용도로 쓸까 생각 중이다. 아무래도 장비를 대충 보관하는 저장고로 만드는 게 좋을 것 같다. 하지만 다행히 보통 사람은 겨우 벌통 몇 개와 양봉장비를 약간 보관하는 데 그만큼 넓은 공간이 필요하지는 않을 것이다. 설령 나처럼 진짜 뭐든지 모아두는 사람이어서 온갖 것들을 간직한다고 하더라도, 아주 작은 창고만 있으면 어떻게든 지낼 수 있다. 그래도 겨울에 계상 몇 개와 좋은 훈연기, 연료를 보관해둘 공간 정도는 필요하다.

훈연기는 양봉가의 무기고에 꼭 있어야 할 중대한 연장이다. 훈연기를 제대로 사용하면 벌들을 부드럽게 진정시켜서 벌에 쏘일 가능성이 적어진다. 또한, 벌들이 저장해놓은 꿀을 잔뜩 먹게 해서 결국 식곤증이 오도록 한다. 게다가 벌들은 배가 부른 나머지 벌침을 쏘려고 배를 웅크릴 수도 없게 된다. 하지만 만약 벌들에게 연기를 지나치게 많이 뿜으면, 벌들은 공황상태에 빠질 것이다. 기분이 언짢아진 벌들은 정신없이 돌아다녀서 대개는 양봉가가 더 일하기 어려워진다.

훈연기의 연기를 만들 때 사용하는 연료가 중요하다. 불 끄는 데 시간이 걸리고 다루기는 쉬운 것을 태울 필요가 있다. 여기 있는 피터의 벌들은 그의 파이프담배 냄새를 좋아했다. 요즘 나는 사냥터 관리인인 내 친구 킹이 꿩 사료 가방을 메고 내 트럭을 타고 다니며 슈롭셔에서 모아준 썩은 나뭇가지를 태운다.

데이비드는 레일란디(leylandii)[111] 울타리 다듬어낸 것을 사용한다. 이 상록수를 커다란 쟁반에 담아서 아주 큰 꿀 데우는 기구로 말리는데, 그럴 때면 참 기분 좋은 냄새가 난다. 이것은 그가 과거에 시험 삼아 태워본 것 중 그 어떤 것보다도 공격적이지 않다. 데이비드는 노끈을 비롯해 두루마리 화장지, 말린 말똥과 소똥, 먼지버섯, 심지어 자기가 입던 오래된 옷들까지 별의별 것들을 다 태워봤다. 이 모든 것들이 다 타기는 하지만 그 냄새란……. 과연, 누구나 가히 짐작할 수 있을 것이다. 미안해, 데이비드. 나는 솔방울과 말린 나무껍질이 더 좋다. 그리스에서는 말린 백리향과 로즈메리 잔가지들을 사용한다고 한다. 꽤 낭만적이고 향기롭긴 하지만, 허

---

[111] 향나무와 측백나무의 중간정도의 특성을 가진 나무로, 기후만 맞으면 1년에 1미터 이상 자란다. 영국에서 울타리용으로 많이 사용하며, 미로공원 조성에도 쓰인다.

브가 엄청나게 많지 않은 한 여기에서는 실현할 수 없다.

훈연기는 모양과 디자인과 크기가 아주 다양하다. 작년에 나는 훈연기 세 개를 새로 사서 가까스로 일을 해냈다. 훈연기는 종종 차에 깔리기도 하고, 두고 가기도 하고, 트럭 뒤에서 튕겨 나가거나 부서지기도 한다. 상당수는 동유럽에서 수입하는데, 좋은 품질의 훈연기를 구하려면 디자인을 잘 살펴볼 필요가 있다. 나는 연료를 태우는 부분이 상당히 커서 한참 동안 태울 수 있는 것을 좋아한다. 대개 풀무가 가장 먼저 망가지지만 교체할 수 있다. 내부에 두껍게 낀 타르를 제거해주면 더 잘 타기 때문에, 풀무를 매주 청소해준다. 몸통 둘레에 철망이 있는 것은 화상을 방지하는데, 특히 나처럼 두 손을 자유롭게 사용하려고 무릎 사이에 고정할 때도 안전하다.

반드시 여분의 연료를 갖춰놓도록 하라. 중요한 점검을 하다가 연기가 다 떨어지면, 5분 동안이나 벌통을 열어둔 채 자리를 비우고 연료를 더 찾으려고 돌아다니게 될 수 있다. 벌들은 이것을 고마워할 줄도 모르고, 다시 돌아온 다음에는 헛수고했다는 것만 톡톡히 느끼게 할 것이다.

벌들에게 연기를 쏘는 것은 기술이다. 그래서 연습이 필요하다. 스쿠버 다이빙을 처음 하는 사람이 공기통을 착용하고 과도하게 숨을 들이쉬었을 때와 상당히 비슷하다. 초보자들은 연기 구름을 엄청나게 크게 만들면, 자신들이 벌에 쏘이지 않으리라고 생각한다. 사실은, 적게 뿌리는 것이 더 좋다. 거대한 연기 기둥은 벌들에게도 해로울 것이다. 그렇다고 너무 적게 사용하면 벌들이 벌집 위로 보글보글 끓어 넘치듯 기어 나와서, 어떤 조작도 불가능하다. 때때로 연기를 전혀 사용하지 않을 때도 있다. 차분하고 온순한 품종을 다뤄보면, 촉각이 뛰어난 이 생물체가 나란 존재 때문에 행복하지 않다는 게 느껴질 것이다.

그러니까 만약 초보 양봉가가 반짝거리는 새 훈연기와 그 안에 넣고 태울 것까지 다 갖췄다면, 사들인 벌이 도착하기 전에 먼저 연습부터 해보라고 제안한다. 더 중요한 것은, 꺼야 할 때 훈연기를 반드시 끌 수 있어야 한다. 특히 벌통이 옥상에 있다면, 야수 진압은 아주 중요하다. 나는 도시의 양봉부지에는 소방용 양동이에 모래를 한가득 담아서 금속뚜껑을 덮어놓았다. 또한, 훈연기의 연기 분출구를 코르크마개로 틀어막아서, 길거리로 내려온 다음에 화재경보기가 울리는 일을 미리 방지한다. 때때로 연통 속에 이끼나 풀무더기를 뭉쳐서 넣기도 한다.

대규모로 작업할 때는 종종 훈연기를 내 트럭 뒤에 매달아 놓고 종일 타도록 내버려둔다. 연료의 균형이 맞는다면 내버려둬도 너무 많은 연기가 나지 않는다. 풀무로 바람을 조금 불어넣으면 다시 불이 붙는다. 성냥을 그어서 불을 붙이기는 까다로운데, 특히 궂은 날씨에 더하다. 나는 보통 비바람이 들이치지 않는 장소를 찾아서 마른 두루마리 휴지나 화장지 한 장으로 불을 붙인다. 불이 잘 피워지면 바람을 살살 불어넣으면서 연료를 넣는다. 화염방사기가 아니라, 단지 부드럽게 피어오르는 연기가 필요할 뿐이라는 것을 기억하라.

봄부터 여름까지

초보 양봉가들은 지금쯤 자기 벌들을 데려오기를 고대할 터, 여름 내

내 벌들을 알아가면서 행복한 시간을 보낼 것이다. 나의 할아버지는 양봉은 첫해가 상대적으로 쉽다고 말씀하시곤 했다. 젊은 벌들이라서 분봉할 가능성이 거의 없어서다. 하지만 나는 분봉의 전성기인 5월이 다가올수록 전전긍긍하게 된다.

물론, 분봉이 벌들에게 좋은 일이라고 믿는 사람들도 있다. 분봉할 때는 잠시 육아활동을 멈춰서, 꿀벌응애의 자연적인 순환을 깨뜨리기 때문이다. 자연양봉신뢰협회(The Natural Beekeeping Trust)는 분봉이 벌들의 생존을 보장하는 자연적인 현상이라는 데 견해를 함께한다. 이것이 분명한 사실이긴 하지만, 런던에서 벌들을 건사하는 사람은 다른 측면에서 고려할 사항이 있다. 분봉 광경을 보면 많은 사람이 공황상태에 이를 정도로 사람들에게 미치는 파장이 클 수 있기 때문이다. 그런 일이 혼잡한 도시지역에서 일어나도록 내버려둘 수도 없거니와 최소한, 미리 방지하려는 시도는 해야 한다. 아마도 나의 무능함에서 비롯한 일을 모두 뒷감당하게 될 동료 도시양봉가들 사이에서, 끔찍한 평판을 빠르게 얻을 수 있다. 이 책의 뒷부분을 좀 더 읽다 보면 알겠지만, 나는 벌들이 분봉하지 않도록 항상 온갖 노력을 한다. 하지만 그렇다고 분봉이 절대 일어나지 않는다는 보장은 못 한다.

4월이 끝나갈 무렵까지 춤을 추듯 뛰어다니며 작업했는데, 드디어 비가 내리기 시작했다. 긴 기다림 끝에 단비였다. 런던 북부 양봉장의 땅은 가뭄으로 심하게 갈라졌지만, 벌들을 위해서 만들어놓은 급수시설은 내가 도착해서 보니 여전히 물이 넘쳐났으며, 당연히 웨일스의 벌들도 잘 날아다녔다. 그들은 튼튼한 타입이며 아주 착한 소녀들이다. 골치 아픈 5월이 다가오면 나는 트라우마와 탈진, 인간관계 단절 등 발생 가능한 모든 일에 만반의 대비를 한다. 그러나 조화로운 양봉작업을 위해 나의 헌신은 계속 될 것이다.

4월 Tip

양봉을 시작하려는 사람이 해야 할 일
* 지금쯤은 새로운 봉군을 언제 갖출 수 있는지 종봉가들과 접촉해야 한다. 대개 6월경이 될 것이다.
* 이미 그렇게 했다면, 지역양봉협회에 가입한다. 그들이 여러 가지 지원과 조언을 해줄 뿐만 아니라, 더 높은 차원의 보호를 해줄 것이다.

더 많은 양봉 팁
* 벌통에서 쥐막이와 소문 마개를 제거하라.
* 정기적으로 유충을 점검하고, 일찍 왕대가 생기지 않았는지 눈여겨본다.
* 만약 월동한 여왕벌들을 구해야 한다면 종봉가에게 전화하라.
* 벌들에게 에너지 부양책이 필요한지 파악하고, 그렇다면 약간의 시럽을 먹인다.
* 벌들에게서 꽃가루를 얻고 싶다면(이것은 복잡한 작업이다) 지금이 수집할 시기이다.
* 날씨가 따뜻해지기를 기다리며 일기예보를 집요할 정도로 계속 살펴보라. 날씨가 풀리면, 격왕판을 설치한 뒤 계상을 올려놓는다.

거의 대부분 사람에게 5월은 통상적으로 즐겁고 명랑하게 환호하며 지내는 달이다. 마침내 여름이 다가오는 것이다. 하지만 나에게 5월은 지옥의 형벌이나 다름이 없으며, 밤잠조차 제대로 못 이루는 가혹한 시기이다. 분봉의 달이기 때문이다. 내가 수도 런던을 누비고 다니는 것은 모두 벌의 행동에 좌지우지된다. 벌들이 달아날 기미가 보이지는 않는지 점검하기 위해 이 양봉장에서 저 양봉장으로 정신없이 왔다 갔다 한다.

늦게까지 일하며 밥 먹을 시간도 없다. 심지어 삶은 달걀을 까먹는 일조차도 시간을 너무 많이 잡아먹는다고 여길 정도다. 트럭에서 잠이 들거나, 혹은 런던 북부의 양봉장 숲 속에서 방수포를 덮고 자거나, 심하게는 옥상에서 잠드는 일이 비일비재하다. 그래야만 일을 다 끝마칠 수 있다. 그러나 이런 떠돌이 생활을 유지한다 해도 충분히 잘 수 있는 건 아니다. 잠이야말로 이렇게 정신없이 분주한 5월에 정말로 필요한데 말이다.

5월에 따뜻한 날씨가 꾸준히 이어지면, 기가 막힌 런던 꿀이 모인다는 뜻이다. 조건만 맞는다면, 벌들은 밤나무와 플라타너스뿐만 아니라 산사

나무와 좀 더 늦게 꽃피는 야생자두나무에서 짙은 꿀을 생산한다. 가장 성공적인 벌통들은 첫 주에 꿀을 반 상자나 만들어낼 수 있다.

꿀이 일찍 모일 조짐이 보였던 벌통을 일주일 후에 들여다보고 나서, 어떤 악마 같은 존재가 꿀을 훔쳐갔다며 의아해할지도 모른다. 나는 이런 일이 일어나도 걱정하지 않는다. 벌 규모가 엄청나게 늘어나고, 먹이를 먹어야 하는 배고픈 입들이 많아서 빚어진 결과이므로. 게다가 꿀은 원래 벌들의 소유다. 만약 일주일간 맑았다가 일주일 동안 악천후가 이어지면, 꿀이 순식간에 바닥날 가능성이 있다. 틀림없이 벌들은 꿀을 더 가지고 들어오려고 하지 않고, 저장된 꿀을 오물오물 먹으면서 벌통 안에 머무를 것이다.

올해 4월은 유난히 따뜻해서 벌들이 자라기 좋은 환경이 빨리 조성된 덕에, 평년보다 이르게 정신없이 바빠졌다. 주기가 몇 주 앞당겨지면서, 온갖 꽃들이 동시에 피기 시작했다. 유밀기가 빨라지는 게 좋은 일처럼 들릴지 모르지만, 따뜻한 날씨는 화밀을 제공하는 개화기가 짧다는 것을 의미한다. 때때로 벌들이 접근하기도 전에 화밀이 햇볕에 바싹 말라버리기도 한다. 때마침 4월 말 비가 내렸다.

유밀기가 오래 이어지려면 습기가 필요하다. 그리고 벌들이 괜찮은 벌꿀을 들여놓을 기회의 창문은 대단히 좁다. 그 사이 대풍작에 대비해 벌들을 준비하는 것은 양봉가의 중요한 역할이다. 인내심이 있어야 하고 계획도 잘 세워야 할 뿐만 아니라 약간의 행운까지 필요한 섬세한 작업이다.

벌들이 좋은 날씨를 활용할 수 있으려면 조건이 알맞아야 한다. 벌통 지붕을 들어 올렸을 때 벌들이 우르르 쏟아져 나온다면야 더할 나위 없이 좋겠지만, 꽃이 평년보다 일찍 피고 벌통이 겨울에 손실을 입어 회복 중이라 벌들의 숫자가 여전히 적은 경우가 종종 있다. 유밀기에 벌통을 열었는데 벌들이 보글보글 넘쳐 나오지 않는다면, 아무래도 좋은 벌꿀을 얻기는 어렵다.

미묘한 균형이 맞아야만 한다. 꿀을 충분하게 많이 가져올 수 있을 정도로 봉군이 커지기를 바라지만, 벌이 벌통 지붕 꼭대기까지 잔뜩 들어있으면 분봉하기 더 쉽다. 분봉하려는 본능을 촉발시키지 않으면서, 가장 크고 생산적인 봉군을 만드는 일에 도전해야 한다.

작년에는 내 벌들이 젊고 강건했기 때문에 꿀을 굉장히 많이 수확했다. 재작년에 많은 공을 들인 덕분에 많은 꿀로 보답을 받았다. 문제는 작년에 내가 꿀을 수확하느라고 너무 바빠서, 올해 생산의 기틀이 될 새로운 봉군을 만드는 일을 할 겨를이 없었다는 것이다.

그래서 규모가 대폭 감소한 봉군에서 그 결과를 인정하는데, 내년 꿀 수확이 더 나아지도록 하려면 반드시 봉군을 증강해야 한다. 한 해의 수확이 좋으면 그다음 해 수확이 부실한 것은 대단히 정상적인 상황이며, 특히 양봉가가 통제할 수 없는 환경적 요인들이 주어질 때는 더욱 그럴 수밖에 없다. 경험으로 비추어봤을 때, 꿀 수확이 좋으려면 이상적인 기후 조건과 주도면밀한 계획수립, 세심한 관리가 어우러져야 한다. 봄, 여름, 가을, 세 계절 내내 한결같이 꿀 수확이 좋기는 어렵다. 나는 기껏해야 두 계절을 그럭저럭 해나가는 편이다.

그래서 나는 날씨에 집착한다. 데이비드는 날씨를 검토하는 데 도움이 되는 근사한 도구가 있다. 나도 런던에 있는 양봉협회 본부로 소속이 바꾀자마자 하나 구할 것이다. 데이비드의 기상관측장치는 지붕 위 거대한 장대 끝에 설치해서, 무허가 방송국의 안테나 기둥처럼 보인다. 그것은 일기예보를 시시각각 원격으로 책상에 있는 컴퓨터 화면으로 전달한다. 예전에 거기에 갔다가 일기예보를 세심히 살펴보고 완전히 매료되고 말았다. 지역 일기예보는 대부분 양봉가에게 똑같은 내용이 가지만, 실제 날씨는 양봉장마다 상당한 차이가 있다. 그래서 나도 올해는 좀 더 정확한 방법에 투자하기로 했다.

지금껏 일기예보 확인에 그토록 매달려왔는데도, 1년 중 가장 더운 날에 대비조차 전혀 안 했다는 사실을 깨달았다. 로더히드 터널(Rotherhithe Tunnel)[112]을 통과하려는데 일시적으로 폐쇄했다는 네온사인과 마주친 채 교통체증으로 꼼짝 못했다. 런던 라디오방송에서 스모그가 짙게 깔린 터널 내부에서 차량 화재가 발생했다는 보도가 나왔다. 승합차의 온도계가 터지기 직전이어서 창문을 전부 내렸다.

나는 벌통을 런던 곳곳으로 운반하기 위해 베를링고(Berlingo)[113]를 샀다. 차체 바닥이 높아서 짐을 실을 때 허리가 더 편하고, 밀폐형이라서 사냥감을 찾아 돌아다니는 벌들에게서 내부의 꿀을 안전하게 지킬 수 있다. 심지어 안에서 잘 수도 있다. 차에 실은 것은 지난밤 런던 동부의 새 양봉장에서 모은 거대한 봉군이었다. 1년 중 이 시기에 성숙한 봉군은 5만 마리도 넘어서, 그냥 이렇게 운반했다간 자칫 벌들이 숨도 못 쉴 수 있다. 벌들이 녹아내리는 것을 방지하려면 벌통 상부와 하부에 가능한 많은 공기가 통하도록 해서 온도를 시원하게 유지해야 한다.

---

112 템스 강 아래를 지나는 터널.
113 프랑스 자동차 회사에서 생산하는 SUV 차량의 한 종.

아무리 경험이나 지식이 많다고 해도, 벌들을 운반할 때는 스트레스를 줄이기 위해 각별히 신경 써야 한다. 사람과 마찬가지로 벌들도 스트레스로 각종 질병과 불쾌감이 생길 수 있으므로, 언제나 벌들의 복지를 우선해야 한다. 냄새와 소음은 벌들에게 뭔가 문제가 생겼다는 징표이므로, 이 두 가지는 주의를 게을리 하지 않고 늘 확인해야 한다.

죽은 벌들이 있으면 썩은 동물 냄새가 나고, 상황이 나빠지고 있다면 윙윙거리는 소음이 한층 강렬해질 것이다. 모두 녹아내리는 대참사가 일어날까 봐, 벌들이 조그만 날개로 미친 듯이 부채질을 하며 자신과 벌집을 시원하게 하려고 안간힘을 쓰는 소리가 들릴 것이다.

벌들이 과열해 질식사한 흉한 장면을 보는 일이 생기지 않기를 바란다. 나는 두 번이나 목격했다. 최악은 웨일스에 있는 헤더 황야지대로 가는 길에 일어났다. 어떻게 해서 그런 일이 일어났는지 지금까지도 정확히 알지는 못하지만, 아무래도 울퉁불퉁한 길을 너무 빨리 지나간 바람에 벌들이 벌통 바닥으로 떨어지면서 공기 통풍구가 막혔던 것 같다. 벌통을 열자, 녹아내려 찐득찐득한 밀랍과 수천 마리의 조그만 시체들이 뒤범벅된 채 악취를 풍기고 있었다. 너무도 비극적인 광경이었다. 벌통이 과열하도록 내버려두었다면, 생존자가 있을 거라는 기대는 아예 하지도 말아야 한다.

오늘 트럭에 실은 벌들을 런던 동부에 있는 새 양봉장에서 해크니(Hackney)[114]에 있는 또 다른 양봉장으로 운반하는 중이다. 이 벌들은 런던 동부에서 분봉한 것으로 나는 항상 분봉한 벌들을 새로운 장소로 데려가는 것을 좋아한다. 분봉한 후에 장소를 옮기면 벌들이 더 빨리 정착

---

114 런던과 이스트 엔드의 남쪽에 있으며 리 강이 동쪽 경계를 이루고 있는 자치구.

하고, 벌들이 분봉했던 장소 둘레에 모이는 것도 막아주기 때문이다. 이렇게 분봉군(分蜂群)을 옮길 때는, 이동 중에 벌들이 먹이를 저장하는 곳이 뱃속밖에 없으므로 벌들이 잘 정착할 수 있도록 시럽을 충분히 먹이는 것이 중요하다. 일종의 집들이 선물인 셈이다.

아침에 늦잠을 자면 일과가 시작부터 순조롭지 않다. 친구네 소파 겸용 침대에서 이틀 밤을 지냈는데 편안해서 무척 좋았다. 그러나 이렇게 중요한 시기에 내 몸의 긴장이 완전히 풀려버리면 위험하다는 것도 알고 있다.

관리하는 벌통의 숫자가 지금 수도 전역으로 확대되고 있다. 새로운 양봉장과 고객들이 매주 나타남에 따라, 나는 밤늦게까지 일할 수밖에 없다. 아침에 늦잠을 잤다는 것은 선호하는 시간보다 더 늦은 시간인 대낮에 런던을 돌아다님으로써, 내 승객들의 생명을 위태롭게 한다는 뜻이다.

나는 속이 부글부글 끓어오르기 시작했다. 승합차 안의 내 뒤쪽에서 웅웅거리는 소리가 얼마나 대단했던지 제1라디오 방송의 요란한 아침 쇼에도 압도되지 않았다. 이렇게 하다가 내가 런던에서 처음으로 벌들을 질식사로 잃는 것일까? 신이시여, 그렇지 않기를 바랍니다.

오늘 아침에 녹초가 되고 늦게 움직인 이유는 어제 너무 정신없이 바빴기 때문이다. 5월에 늘 그렇듯이 고단하고 험난한 하루였다. 무단이탈한 벌들을 끝까지 찾아다니며 잡느라고 분주했거니와, 다른 봉군들은 분봉할 조짐이 없는지 점검하느라 정신이 없었다.

스피탈필즈 마켓

날이 밝자마자 일찍 올드 스피탈필즈 마켓(Old Spitalfields Market)[115] 밖에서 새로운 자원봉사자 한 명을 모집했다. 지금까지 나의 자원봉사자들은 대부분 훈련이 잘 되어있고 전투태세를 갖춰서 언제 어떤 접전에도 만반의 대비를 했다. 그러나 공교롭게도 어제의 조수는 전혀 경험이 없는 사람이었다. 아녀는 해크니에서 온 아일랜드 출신 여배우인데, 일거리가 없어서 (나의 꿀을 판매하는) 우리 지역 커피숍에서 일했다. 그녀가 경험 부족을 대단한 열정으로 만회하는 것을 보고, 일을 빨리 익힐 거라고 확신했다.

나는 보통 아침을 너무 급하게 먹는 편인데, 이것은 나의 나쁜 습관이다. 이 시기에는 할 일이 너무 많아서, 때때로 아침 먹는 걸 깜박하기도 한다. 벌을 돌보려면 하루가 길기 때문에, 아침에 뭐라도 먹어둬야 한다. 예전에 아침을 먹지 않았을 때는 무척 곤란한 지경에 빠졌다. 화창한 3월 아침에 먹이를 구하러 나갔다가 자기 벌통으로 돌아갈 에너지조차 얻지 못한 벌처럼, 나는 열정적으로 일과를 시작했다가 아침나절에 탈진해버렸다. 양봉은 힘이 꽤 많이 필요한 작업으로, 내 예상보다 더 빨리 기력이 떨어져서 때로는 쓰러지기 일보 직전까지 가곤 했다.

이런 경험을 교훈 삼아 나는 무슨 일이 있어도 아침은 꼭 먹으려고 한다. 내가 좋아하는 것을 준비하는 데는 1분밖에 안 걸린다. 천연요구르트 큰 병에서 절반을 그릇에 부어서 냉장고에 가져다놓는다. 그런 다음 요구

---

115 런던의 가장 오래된 마켓 중 하나로 리버풀 스트리트 역 근처에 위치한다. 예전부터 과일과 채소 시장으로 명성을 쌓았지만, 최근 재건축으로 청과물 시장은 다른 지역으로 옮겨가서 뉴 스피탈필즈 마켓(New Spitalfields Market)이 되었고, 이곳은 리모델링해 현대적인 모습으로 바뀌었다.

르트 병에 뮤즐리와 바나나 반개를 넣고, 당연히 런던 꿀도 스푼으로 조금 떠 넣는다. 이 병은 트럭의 컵홀더에 딱 맞아서 교통체증으로 꼼짝달싹 못 할 때 먹으면 된다. 게다가 에너지를 천천히 발산해서 이렇게 모험적으로 생활해야 하는 날에 긴요하다.

어제는 아침식사 근처에도 가지 못한 채, 가드너스(Gardner's) 앞에서 아내를 만나기 위해 시내를 가로질러 서둘러 갔다. 가드너스는 유명한 시장 상인이 운영하는 상점인데, 환경친화적이지 않은 비닐봉지부터 커다란 노끈 뭉치에 이르기까지 별의별 물건들을 다 판매한다. 상인이라면 누구나 꿈꿀 만한 곳으로 심지어 특가를 적을 때 사용하는 그런 별모양 카드까지 있다.

스피탈필즈는 내가 2000년에 돌아와 꿀을 처음으로 팔았던 곳이다. 마켓 매니저 에릭은 금발을 등까지 길게 드리운 카리스마 있는 로커였다. 그는 나의 양봉 미션에 지원을 아끼지 않았으며, 나에게 임대료를 청구하는 것도 잊을 때가 많았다.

나는 숙취에 시달리는 사람들에게 딱 좋은 환상적인 스무디를 파는 짐 주스(Jim Juice) 옆 출입구 근처에 주차를 하곤 했다. 소형 오픈 트럭 뒤에 가판대를 만들고, 사람들의 관심을 끌기 위해 관람용 벌통을 트럭 뒷문에 묶어놓았다.

지역 납품업자에게 산 (그리고 고객들이 돌려준) 매우 아름다운 프렌치 킬너(Kilner)[116] 병은 우리 벌들이 버몬지와 (Plumpstead)[117]의 벌통에서 모은 액상 황금으로 가득 채워졌다. 이 무렵 나는 수하물 꼬리표와 라벨

---

116 식품보존용 밀폐식 유리용기 상표.
117 그리니치 자치구에 있는 런던 남동부 지역.

을 끈으로 묶어 사용하기로 했는데, 오늘날 내 회사 라벨을 붙이는 근간이 되었다. 이것은 간단하면서도 멋져보였다(지금도 여전히 그렇게 보인다).

처음으로 시장 생활을 말하자면, 상인이라는 직업을 넘나드는 것이 재미있다. 시장에서 열성적으로 꿀을 파는 오늘날 나의 모습과는 거리가 멀었다. 그 당시 우리는 꿀 대부분을 선물로 나눠주었으며, 런던에서 양봉하면 어떤 장점이 있는지 수백 명의 사람들과 이야기를 나누었다. 되돌아 보니, 그 당시 우리는 런던 허니 컴퍼니의 씨앗을 뿌리는 중이었다고 깨달았다.

스피탈필즈는 재개발한 후 매우 달라졌다. 고급상점과 레스토랑이 들어서면서 세련된 면모를 뽐낸다. 아주 오래된 건물 중 반은 사무실을 짓기 위해 철거되었다. 새로운 제품으로 첫 발을 내딛는 소규모 상인들은 이제 더는 찾아보기 어렵다. 본래 있던 재래시장의 정신과 색깔을 대부분 잃었다고 볼 수밖에 없다.

아녀와 에스더

아녀와 나는 시장에서 곧장 런던 북부의 양봉장으로 향했다. 캠핑용 난로로 차를 끓여 재빨리 한 잔 마시고 나서 벌들을 점검하기 시작했다. 방충복을 입은 채로 땀을 몇 바가지씩 흘리며 일을 하다가 마침내 기온이 내려가 시원해지자, 벌통 몇 개를 트럭에 싣고 포트넘 백화점의 벌들을 보충하려고 떠났다.

백화점 옥상의 벌들의 숫자가 줄어서 새 벌통 몇 개를 들여놓으려고 한다. 겨울을 보내며 아주 많은 벌을 잃었다. 이곳에서도 가져온 벌통처럼 수익성 좋은 벌통을 형성하기를 열망한다. 우리는 새로운 벌들을 특수 그물망 가방에 담아서 옥상으로 조심스럽게 운반했다. 이 그물망 가방은 나의 시럽 제조용 앞치마와 마찬가지로 타폴린 마이크가 디자인한 것으로, 환기가 잘되면서도 탈주범은 막을 수 있다.

이 일을 마치면 이스트 엔드의 상점 앞으로 가서 길을 잃고 헤매고 있는 내 벌 무리를 찾아올 것이다. 그리고 마지막으로 해 질 무렵에, 근처에 있는 새로운 양봉장에서 벌통 위에 계상을 더 올려놓으면 일과가 끝난다. 이렇게 힘든 일을 하고 난 후에도 아녀가 다시 이 일에 자원할지 궁금했다. 인정머리 없게 들릴지 모르지만, 자원봉사를 시작할 때 양봉작업을 얼마나 헌신적으로 하는지 테스트하기에는 매우 힘들게 작업하는 날이 가장 좋다. 만약 그들이 다시 도와주겠다고 한다면, 그들이 정말로 열심히 하고 싶어한다는 것을 알 수 있다.

여러 가지 면에서 아녀는 양봉 입문과정을 가뿐히 통과했다. 그녀는 훌륭한 꿀 케이크를 가져왔을 뿐만 아니라(그렇다고 케이크를 들고 나타나는 것이 자원봉사자가 되기 위한 요구 조건은 아니지만, 그렇게 할까 싶은 생각도 있다), 믿기지 않을 정도로 평정을 유지하는 능력이 있다. 작업복과 복면포, 얇은 양말만 착용하고서 그렇게 오랜 시간 일했음에도 한 번도 벌침에 쏘이지 않은 것을 보면 알 수 있다. 그런 성품을 천성적으로 타고난 사람들이 있는데, 내가 가르쳐줄 수 있는 것이 아니다.

작년 봄에 또 다른 여배우가 자원봉사자로 왔었다. 그녀는 내가 겨울에 강의했던 양봉강좌도 들었고, 봄에 후속 과정인 실습수업에도 참여했음에도, 내가 벌통을 처음 열자마자 완전히 기겁했다. 아무리 초보자라고 하더라도 나의 수업을 들은 사람이라면 어떤 광경이 펼쳐질지 대충은 알기 마련인데, 뜻밖의 반응을 보여서 다소 놀라웠다.

에스더는 사투리가 심한 북부 출신 아가씨인데, 벌들이 우리 주위를 맴돌자 "내 거시기를 쏘였어요"라며 비명을 지르기 시작했다. 우리 중 누구도 그녀가 무슨 말을 하는지 못 알아들었다. 그녀는 작업복을 벗어 던지며 양봉창고를 향해 어기적거리며 돌아갔다. 벌 한 마리가 그녀의 바지 속으로 기어들어서 다리 사이를 쏘았던 것이다. 그때서야 우리는 그녀가 차마 입에 담지 못할 욕을 마구 하고 있다는 사실을 깨달았다. 그래서 다음에는 더 헐렁한 바지를 입는 게 좋겠다고 조언해주었다. 그런데 더 좋은 팁은 바지를 두꺼운 양말 속으로 집어넣는 것이다.

분봉의 해로운 점

이번 달 내내 내 머릿속은 온통 분봉과 그것을 막는 방법에 관한 생각으로 가득 찼다. 그 생각은 질투심에 불타 한을 품은 여자처럼 내 여가까지 지배했다. 벌통 하나당 벌 5만 마리를 번화가나 근처 학교로 보내버릴 가능성이 있기 때문에, 굉장한 책임이 뒤따르는 일이다. 왕대를 발견하지 못하면 임박한 분봉을 간과했다는 증거이며, 나의 명성에 금이 갈 수밖에 없다. 나는 필사적으로 문제를 일으키는 특별한 여왕벌들을 생각하느라고 밤잠을 설치곤 한다. 알다시피, 몇몇 무능력한 폐하들은 퇴위당하기 일보 직전이다.

도시에서 양봉하는 사람으로서, 나는 고객들을 위해 벌통을 관리하고 보수를 받는다. 이렇게 전문적인 서비스는, 벌들이 줄행랑쳐서 부적절한 어딘가에 정착할 가능성을 줄이는 데 내가 있는 힘을 다해야 한다는 뜻이다. 내 책임이 막중하다.

벌과 마주치는 사람 대다수는 벌에 쏘이거나 괴롭힘을 당할까 봐 지레 겁을 먹기 마련이다. 그러므로 관리하는 벌통 인근 사람들에게 양봉이 얼마나 경이로운 일인지 이야기를 퍼뜨리며, 그들의 새 이웃들이 지닌 대단한 장점을 설명할 필요가 있다. 만약 그들이 벌 무리를 보면 어떻게 해야 할지 알려줄 수도 있고, 벌들이 무리지어 있더라도 그냥 분봉하는 것뿐이라 아무도 공격하지 않는다고 안심시키는 데도 도움이 된다. 일반적으로 벌들은 분봉할 때 매우 차분하다. 즉 공격적이지 않다. 물론 벌로부터 안전한 거리에 있어야 하고, 플래시를 터뜨리며 사진을 찍어서 벌들을 소스라치게 놀라게 하는 일은 당연히 피해야 한다. 그런 점에만 유의한다면 벌들이 분봉하는 장면을 목격할 기회를 놓쳐서는 안 된다. 그것은 믿기지 않을 정도로 장관이며 아름다운 자연현상이다.

지금까지 가장 다루기 까다로웠던 벌 무리 중 하나는 버몬지에 있는 나의 옛 아파트에서 키웠던 벌들이다. 옥상정원을 확장한 후에, 예기치 않게 〈자산의 사다리(Property Ladder)〉[118] 쇼를 진행하는 새라 비니가 그 아파트 내부에 새롭게 개조한 부엌을 촬영하는 중이었다. 처음으로 나에게 여왕벌의 퇴위를 알려준 사람은 침실 창문 밖에서 무례하게도 궐련을 피우던 카메라맨이었다. 그는 하늘이 벌들로 까맣게 뒤덮이고 있다고 비명을

---

[118] 개발업자가 낡은 집을 사서 수리한 뒤 그것을 팔아 수익을 올리는 내용의 TV 프로그램이다. MBC의 〈러브 하우스〉는 저소득층의 열악한 주거환경을 개선하는 자선사업 성격이 강했지만, 〈자산의 사다리〉는 자산가치 향상이 주목적이다.

지르며 부엌으로 뛰어 들어왔다.

벌들은 결국 타워 브리지 초등학교 울타리에 정착하기로 결정했다. 이것은 진짜 불벼락이 떨어진 거나 다름없는 상황이었다. 격자 구조물 안팎으로 누비며 타고 올라가는 말라빠진 외대으아리[119] 사이에 있는 벌들의 모습이 그림처럼 보였을지는 몰라도, 그들은 땅에서 약 20피트[120]나 되는 높이에 있어서 되찾아오기가 상당히 까다로울 것 같았다. 그래서 독헤드(Dockhead) 소방서에 연락할까도 생각해보았다.

나는 결국 그 학교 경비원에게서 힘들게 구한 발판사다리로 올라가서, 빈 벌통을 뒤집어 들이대고, 귀염둥이들을 살살 달래서 그 안으로 들어가게끔 했다. 촬영 팀을 비롯한 수많은 행인과 학교 아이들이 계속 지켜보고 있어서 작업하는 내내 진땀이 났다. 그날 이후로 나는 벌 무리를 더 꼼꼼하게 점검해야겠다고 다짐했다.

🐝 벌들은 왜 분봉을 할까?

분봉이란 정확히 무엇이며, 벌들은 왜 분봉해서 양봉가에게 말로 다할 수 없는 비애와 트라우마를 일으키는가? 분봉을 부르는 이유는 다양하지만, 분봉하는 벌들은 오직 새로운 집을 찾으려는 미션 하나밖에 없다는 것을 기억하라.

분봉의 목적은 간단하다. 봉군을 번식하려는 것이다. 늙은 여왕벌은 더 큰 무리의 일벌, 대개 봉군의 약 60퍼센트에 해당하는 일벌들을 데리고

---

[119] 미나리아재빗과의 낙엽 활엽 덩굴풀. 흰색, 분홍색, 자주색의 큰 꽃이 핀다.
[120] 6,096미터

나간다. 새로운 여왕벌이나 최근에 태어난 여왕벌과 나머지 일벌들을 원래의 벌통에 남겨두고서, 집을 만들 새로운 장소를 찾기 위해 날아가 버린다. 벌통에 이상한 모양의 왕대들이 생겼다는 것은 분봉이 임박했다는 확실한 증거다.

분봉하는 벌들은 여행을 떠나려고 꿀을 잔뜩 먹어 배가 불러서, 대개 자기들이 원래 있던 벌통에서 불과 몇 미터 떨어지지 않은 곳에 일단 무리지어 있다. 그런 다음 약간 멀 수도 있는 새롭고 안전한 거주지를 찾기 위해 정찰병을 내보낸다. 만약 운이 좋다면, 벌들은 원래 장소에서 몇 시간가량 머무를 것이다. 소음이나 사람들에게 방해받지 않거나, 특히 날씨가 나빠지면 근처에 좀 더 머문다. 때때로 모두 튀어 나가고 싶어서 정원이나 건물 둘레를 몇 바퀴 돌고 난 다음 결국 떠나왔던 벌통으로 돌아오기도 한다. 휴!

벌들이 분봉하는 몇 가지 이유가 있는데, 그 중 하나가 봉군의 규모가 커서이다. 나는 꿀을 엄청나게 많이 수확할 정도로 봉군을 거대하게 유지하려고 노력한다. 그러나 여왕벌이 더 이상 알 낳을 공간이 없이 과밀한 봉군은 분봉할 가능성이 더 크다. 대개 모험을 하면 성과를 올릴 수가 있는데, 나는 분봉의 징후를 보여주는 벌들을 조심스럽게 머무르도록 설득한다.

🐝 집 나간 벌 모으기

이따금 그 모든 노력이 허사가 되기도 한다. 그래서 올해 나는 등산용 안전벨트를 차고 불붙인 훈연기와 가지치기용 톱, 밧줄 여러 개와 테이프를 매달고 런던 남부 양봉장의 라일락 나무 위에 올라가게 되었다. 어렸을 때는 나무에 올라가는 데 능했지만, 마음 한구석 어딘가에는 어린 시절의 사고에 대한 기억이 도사린다. 케임브리지의 팸 고모 댁 뒷마당에 있는 마가목에 올라갔다가 떨어진 적이 있다.

이렇게 엄청나게 큰 벌 무리를 데려오려면 아주 가까운 거리에서 작업해야 하므로, 오래된 전지가위를 사용해서 작은 잔가지들을 다듬어 없앴다. 게다가 어떤 각도에서 볼 때는 다소 방치된 것처럼 보일 정도로 나무에 잔가지가 많아서 신속하게 잘라냈다. 그다음에 벌들이 모인 나뭇가지로 재빨리 입김을 불면서 탕 쳐서 직원 사무실에 있던 뚜껑 달린 통으로 들어가게 했다. 빙고! 기술과 자신감이 이뤄낸 쾌거였다.

여왕벌의 나이와 벌의 품종도 분봉에 영향을 미치는 또 다른 요인이다. 다른 품종보다 분봉을 쉽게 하는 경향이 있는 벌 품종도 있다. 카니올란종(Carniolan)을 주로 키우는데, 이것은 서양 꿀벌의 변종으로, 슬로베니아가 원산지이며, 거의 매년 5월 3일경에 분봉을 한다. 이 벌들은 '유괴'를 방지하기 위해 대단한 주의가 필요하다.

날씨도 한몫하는데, 찌는 듯이 무더운 날이 계속되면 벌들이 믿을 수 없을 만큼 흥분하는 모습을 종종 볼 것이다. 비 오는 날에는 벌들이 분봉할 가능성이 거의 없으리라는 사실을 알고는 경험이 별로 없던 시절에는 비가 내리기를 기도하곤 했다. 그때와는 완벽히 대조적으로 오늘날에는 그렇게 찌는 듯이 더운 날이 어마어마한 화밀을 촉발한다는 것을 알기 때문에 오히려 날씨가 무덥기를 간절히 바란다.

내 벌통 중에는 다른 벌통보다 대규모 탈출을 더 감시하기 쉬운 것들이 있다. 포트넘 백화점에 있는 원격조정 웹캠 두 대가 내 컴퓨터로 상황을 생중계해서, 독재자처럼 시각적 힌트를 받을 수 있다. 빛 공해가 워낙 큰 야간에는 가득 찬 벌통 입구에 벌들이 무리지어 매달린 것도 보인다. 벌들이 더 이상 들어갈 수 없는 벌통에 맹렬히 부채질하며 시원하게 하려고 필사적으로 노력하는 것이다. 웹캠을 설치했을 때, 포트넘 백화점의 보안 담당 직원이 자기네 매장의 감시용 카메라보다 품질이 더 좋다고 농담하기도 했다. 벌들이 날아 들어올 때 벌 다리에 있는 꽃가루까지 세밀하게 보이면 좋을 텐데, 유감스럽게도 화질이 그 정도까지 좋지는 않다. 꽃가루는 벌들의 생명유지에 필수적인 지표다. 더 많은 꽃가루를 가져올수록 벌들의 개체 수가 증가한다는 것을 기억하라.

나는 지난 10년 동안 상점 앞, 쓰레기통, 나무, 울타리 그리고 내가 개인적으로 좋아하는 가로등 기둥을 주거지로 정한 꿀벌들에 관해 심심치 않게 들어왔다. 벌들이 가로등 주위에 믿기 어려울 정도로 몰린 것이 보이면, 그것은 나무나 울타리와는 다른 방법으로 옮겨야 할 악몽이다. 이렇게 융통성 없는 일을 벌들이 쉽게 그만두도록 못 하므로 벌들을 그냥 두 손으로 그러모으거나 부드러운 솔이나 깃털을 사용해 모아야 한다.

그럴 때 나는 '나의 제세동기'[121]라고 부르는, 진공청소기와 발전기 그리고 충분한 양의 플라스틱 튜브와 파이프를 대충 꿰맞춘 장치를 애용한다.

---

121 심장박동을 정상화시키기 위해 전기충격을 가하는 데 쓰는 의료장비.

흡사 영화 〈고스트버스터즈(Ghostbusters)〉 세트장에서 가져온 것처럼 보이지만, 이것은 진공 벌 수집기로 까다로운 도시환경에서 벌 무리를 옮기는 데 효과적이다. 문자 그대로 벌들을 진공청소기로 빨아들인다. 그러면 벌들은 분리된 분봉상자로 들어가서, 저녁에 새 벌통 속으로 털어 넣을 때까지 거기에 앉아있는다. 요즘에는 이 기계를 시중에서 살 수 있지만, 나는 구닥다리더라도 직접 만든 이 장치가 더 좋다. 10년 전 서리(Surrey)[122]에 있는 어떤 고령의 양봉가가 나에게 이 기계 만드는 방법을 가르쳐주었다. 그런데 이런 식의 초기 장비들은 지나치게 강력한 진공청소기를 원형 모형으로 사용하는 바람에 슬프게도 사상자가 꽤 많이 나왔다.

언젠가 분봉한 벌 무리를 모아야 할 일이 생긴다면, 적당히 환기되는 상자와 약간의 새 벌집뿐만 아니라 그것들을 쌀 하얀 침대보, 앞에서 말했던 부드러운 솔이나 깃털, 벌통 묶는 끈이 필요하다. 아, 그리고 틈이 생겼을 때를 대비해 많은 양의 청테이프도 필요하므로(언제든지 틈은 생기게 마련이다!), 만약 관리하는 벌통이 많다면 재빨리 손이 닿는 곳에 이 장비도 함께 보관하는 것이 좋다.

지금까지 이야기한 것처럼 5월이 온통 스트레스 받는 일로만 가득하지는 않으므로 안심해도 된다. 그렇지만 이달에는 아직 예측하지 못한 일들이 순식간에 벌어질 수 있으므로, 벌통을 두 개 갖고 있든지 아니면 200개를 갖고 있든지, 벌통 개수와 상관없이 부지런해야 한다. 내가 초보자에게 할 수 있는 최선의 충고는 설령 벌들이 이미 분봉했다고 하더라도 언제나 침착성을 유지하며 가능한 자문을 많이 구하고, 5월에는 아무리 연

---

[122] 잉글랜드 남동부의 주.

휴가 길어도 휴가지에 예약하지 말라는 것이다.

내 말을 믿어도 좋다. 아무리 바쁘더라도 매주 시간을 내서 점검하는 것이, 옥스퍼드 거리 한복판에서 사진을 찍히거나 벌에 쏘이지는 않는지 물어보는 사람들에게 둘러싸인 채 벌들을 달래서 판지상자 안으로 돌려보내려고 애쓰는 것보다는 스트레스를 훨씬 덜 받는다.

분봉의 징후가 있는지 벌통 점검하기

매주 벌통 하나하나를 신중하게 검사할 필요가 있다. 시간이 오래 걸리는 일이긴 하지만, 꼼꼼하게 해야 한다. 모든 벌집을 마치 범죄 현장의 증거라도 되는 것처럼 철저하게 조사한다. 구체적인 조사 방법은 〈4월〉 '유충 점검'에 기록했는데(137쪽 참조), 그중에서도 반드시 기억해두어야 할 요점은 다음과 같다.

- 여왕벌이 있는지, 그리고 알을 제대로 낳고 있는지?
- 봉군은 건강한가?
- 방은 충분한가?
- 꿀 저장량은 충분한가?
- 왕대가 생기지 않았는가?

큰 벌통

벌통이 너무 붐비는 건 분봉의 원인이 될 수 있으므로, 여왕벌에게 더 많은 공간을 마련해주면 분봉을 최소화하는 데 도움이 된다. 표준적인 영국 벌통은 매우 작아서 쉽게 비좁아진다고 여겨왔다. 그래서 커다란 벌통을 선택했다. 봉군이 확대될 때 벌집 몇 개를 더 넣어서 여왕벌에게 더 많은 공간을 준다. 런던에 있는 내 벌통들은 워낙 큰 덕분에 분봉으로 곤경에 처하는 일이 적다고 믿는다.

처음 도시에서 벌들을 키우려고 결심했을 때, 작은 집 모양 벌통인 WBC(제작자인 윌리엄 브로튼 카[123]의 이름을 딴 명칭)를 샀다. 나는 이 벌통의 전원풍 디자인이 마음에 들었으며, 런던에서 시골의 정취를 느끼게 해주려는 나의 비전과도 잘 맞았다.

하지만 이것은 이동할 때 실용적이지 못하다는 사실이 드러났다. 지나치게 장식이 많은 디자인과 이중벽 구조로 너무 정교하게 만들어서, 벌들이 안으로 들어가기도 번거로운 상황이 벌어졌다. 그래서 곧 다른 벌통으로 교체했다. 어느 정도 심미적인 이유가 있어서라고 예상했지만, WBC의 디자인이 도시에서 계속 인기 있는 현실은 뜻밖이었다. 최근에 어떤 언론사가 리젠트 공원(Regent's Park)[124]이 내려다보이고, 유스톤(Euston)에 위치한 그들의 신사옥에 벌통 여섯 개를 설치할 수 있는지 문의해왔다. 그곳이라면 겨울에 벌통 지붕이 날아가지 않도록 끈으로 묶어놓아야 할 것이다. 런던의 고층 빌딩 숲 사이 계곡에서는 세찬 칼바람이 윙윙 소리를 내며 불기 때문이다.

---

[123] William Broughton Carr(1837~1909). 작가이자 양봉가로 이중벽 형태의 벌통을 고안한 사람이다. 그가 고안한 벌통은 점검할 때마다 겉의 외벽을 들어내야 하는 번거로움 때문에 양봉가들의 사랑을 받지 못했다.
[124] 영국 왕실공원 중 하나로 런던에서 가장 큰 공원이다.

🐝 인공 분봉

만약 벌들이 막 분봉하려는 것처럼 보인다면, 인공 분봉이라는 대단한 조작을 해볼 수 있다. 다양한 방법이 있는데, 어떤 방법을 사용하는가는 어떤 성과를 바라는지에 달려있다. 예컨대 벌들이 새로운 여왕을 생산하도록 조작하는 방법이 있다. 혹은 벌통의 수를 늘리기 위해 벌들을 나누어서 새로운 핵군을 만드는 방법도 있는데, 이 방법은 초보자에게는 권하고 싶지 않다.

분주한 도시에서 벌들을 관리하면서 내 나름대로 작업하는 방식을 개발해왔다. 내가 보통 하고 싶은 일은 상실한 봉군을 대체하는 새로운 핵군을 만들어서 젊고 강한 세력을 유지하는 것이다. 기존 봉군의 힘에 의존, 모태가 되는 봉군에서 신선한 핵군을 분가시킨다. 본래의 여왕벌에게 많은 공간을 내어줘 여왕벌과 일벌들이 안심하게끔 하고, 자기들이 이미 분봉했으므로 왕국을 재건할 필요가 있다고 생각하게끔 하는 작업이다. 본래의 봉군은 분가하고 난 후에도 여전히 꿀을 계속 생산해야 한다. 새로 분가한 핵군은 다음 계절까지는 꿀을 생산할 가능성이 거의 없기 때문이다.

인공 분봉 작업을 시작하기 전에 여분의 장비를 준비해놓고 여왕벌과 왕대를 능숙하게 찾아내는 것이 중요하다. 여왕벌을 보지 못해 새로 분가한 벌통에 남겨두면 모든 게 원점으로 돌아간다. 본래의 벌집에서 왕대를 찾아내지 못해도 마찬가지다. 점검할 때는 체계적으로 해야 한다. 그리고 이런 작업을 처음 하는 것이라면, 몹시 놀라더라도 몸을 급작스럽게 움직이거나 기겁해서 소리를 지르지 않도록 조심해야 한다.

맨 먼저 나는 봉군을 살펴보며 현재 상황을 파악한다. 왕대를 발견하면, 일단 하이브툴을 사용해서 벌집 꼭대기에 십자가 표시를 해둔다. 광범위하게 검토해서 벌통 안에 무슨 일이 일어나고 있는지 확인할 때까지는 어떤 왕대도 섣불리 해치우지 않는다. 단지 벌들은 오래된 여왕벌을 교체하려는 중일 수 있다. 혹은 벌통 안에 벌이 거의 없다면 그들이 이미 분봉한 것일 수도 있는데, 그렇다면 새로운 여왕벌이 될 왕대가 필요할 것이다.

(운이 좋아서) 우연히 기존 여왕벌을 찾아내면, 여왕벌이 붙은 벌집을 입구가 막힌 빈 벌통에 넣어서 고립시킨다. 그런 다음 네 개에서 여섯 개의 우량 봉개봉판[125]을 고르고 그 외에 눈에 띄는 왕대는 없애버린다. 이 작업을 할 때는 부지런해야 한다. 갓 낳은 알 없이 대부분 봉개가 덮인 것을 넣어주어야 벌들이 긴급 왕대를 세우려고 하지 않는다. 이 봉개봉판들을 벌통 두 개에 나누어 담고, 각각 새 소초광이나 잘 소독한 소비[126]도 몇 개씩 넣어준다. 그리고 마지막으로 본래 봉군에서 어린 벌들을 잘 털어 넣으면 된다.

새로 나눈 각각의 벌통을 위해, 짝짓기를 마친 젊은 여왕벌과 시중벌 몇 마리를 담은 왕롱이나, 출방을 약 48시간 가량 앞둔 봉개된 왕대, 즉 처녀 여왕벌이 담긴 인큐베이터를 마련할 것이다.

이들을 새 벌통마다 각각 다른 일벌들과 함께 넣어준다. 짝짓기를 마친 여왕벌을 사용한다면, 그 여왕벌이 담긴 왕롱과 퐁당 한 조각을 넣고 곧바로 벌통 입구를 막는다. 이렇게 해서 여왕벌이 벌집에 도달하는 것을 지연함으로써, 벌들이 그 여왕벌의 페로몬에 익숙해질 시간을 번다. 가능

---

125 유충이 성숙해 밀랍과 봉교로 애벌레를 덮은 벌집.
126 소초광에 벌들이 밀랍을 분비해 완성한 벌집.

한 한 성숙한 왕대는 육아소비들 사이 윗부분에 향하도록 배치해야 한다.

그다음 이 벌통들을 틈을 막은 상태로 가벼운 바람이 부는 시원한 곳에 둔다. 벌들이 원래 있던 곳으로 돌아오는 것을 방지하기 위해, 해질 무렵 3마일 이상 떨어진 새 위치로 옮겨서 그곳에서 먹이를 먹이고 벌통을 열어준다.

모든 것이 계획대로 된다면 이 새로운 벌통들은 번성하고, 처녀 여왕벌은 몇 주 내에 짝짓기할 것이다. 겨울을 대비해 봉군은 강해지고 때때로 꿀을 조금 생산하겠지만, 본격적인 생산은 다음 해에나 이루어질 것이다.

그동안 나는 모체가 되었던 봉군으로 돌아와서 남은 모든 왕대를 손으로 집어내서 제거한다. (이 왕대들의 시기가 적당하다면, 즉 봉개한 뒤 출방하기 직전이라면 새로운 봉군을 만드는 데 사용할 수도 있다. 이 왕대는 벌통마다 두 개씩 넣는다. 내가 위에서 사용했던 튼튼하게 잘 배양한 왕대와 달리, 한 개 더 여유분으로 갖고 있어야 하기 때문이다. 만약 두 개 다 성공적으로 부화하면, 서로 필사적으로 싸워서 자기들끼리 승부를 가릴 것이다.)

그다음에 본래의 여왕벌이 들어있는 벌집을 벌통에 돌려준다. 가능하면 중심에 배치해서 육아소비 한두 개에 둘러싸이게 하고, 새 소초광을 약간 더 넣어서 숫자를 채워 아무 데나 벌집을 만들지 않도록 한다. 새 소초광은 오래된 벌집에서 유충병이 옮지 않도록 하는 데도 도움이 되고 모든 것을 신선하고 깨끗하게 유지해준다. 이 모든 일이 잘되면, 남은 벌들은 늙은 여왕벌이 알을 낳는 새로운 벌통을 떠날 것이며, 감소한 봉군은 예전처럼 지낼 것이다.

이 좋은 계절에 이런 작업을 여러 차례 수행해야 할지도 모른다. 특히 여왕벌이 젊고 정력적이면 더욱 그렇다. 이것은 결국 젊고 신선한 봉군을 많이 갖게 될 것을 의미한다. 나 같은 사람에게는 멋진 일이지만, 아주 좁은 발코니에서 벌들을 키우는 사람이라면 안 된다. 그런 형편이라면 나누었던 봉군들을 결국 좀 더 복잡한 버전으로 재결합할 수 있다. 그러나 후일에 따로 다룰 이야기다.

꼼꼼하게 기록하기

분봉 문제를 잘 해결하는 또 다른 중요한 방법은 꼼꼼한 기록이다. 분봉을 방지하기 위해서 어떤 전략이나 조작법을 시도해왔다면, 어떤 벌통에 무엇을 어떻게 했는지를 정확하게 기억하고 싶을 것이다. 이런 식으로 추적할 수 있도록 계속 정보를 기록해둬야만, 했던 일이 어떤 효과를 봤는지 산출해낼 수 있다. 자신이 한 일을 늘 기억할 수 있을 거로 생각하겠지만, 워낙 많은 일을 하다 보면 보나 마나 일주일만 지나도 기억날 가능성은 거의 없다.

나는 대체로 같은 양봉장에 있는 벌통은 모두 같은 방법으로 작업한다. 이렇게 하면 일이 훨씬 더 간단하다. 바빠서 시간이 부족하면 벌통 몇 개를 샘플로 골라서 점검해 무슨 일이 일어나는지 추정하기도 하지만, 원칙적으로는 모든 벌통을 각각 점검해야 한다. 그렇게 하지 못할 때는 며칠 후에 돌아와서 나머지 벌통들을 점검하면 된다.

나는 벌통마다 각각 오른쪽 아래쪽에 스티커와 메모를 붙일 수 있는 작은 철판을 설치했다(이것은 데이비드의 아이디어다). 대개 색깔 스티커(해마다 다른 색을 쓴다)에 여왕벌의 나이를 기록하고 맨 위에는 여왕벌의 품종을 적는다.

그리고 나는 양봉장마다 따로 업무일지를 계속 기록한다. 구체적인 작업항목을 기록할 뿐만 아니라, 내가 각각의 벌통을 마지막으로 조사했을 때를 추적해서 다음번 방문할 때 가져와야 할 것을 떠올리기도 한다. 아마도 뻗어 나온 나뭇가지를 자르기 위한 전지가위나 계상을 더 가져와야 할 것이다. 업무일지 보관은 벌통 아래에 밀어 넣어두거나 혹은 양봉창고에 보관하는 등 편한 대로 하면 된다. 나는 여름에는 양봉트럭의 계기판 위에 올려놓고, 데이터는 컴퓨터 파일로 저장해둔다.

교통체증

다시 로더히드 터널의 후덥지근한 교통체증 이야기로 돌아가자. 나는 여전히 꼼짝달싹 못 하고 있다. 차내의 벌들을 어떻게 해서든 빨리 구해낼 방도를 생각해야 한다. 언제든 벌통을 내리고, 밴을 버리고, 적당한 정원을 찾을 수 있다. 예전에 낡은 폴크스바겐 골프(VW Golf)[127]가 고장 났을 때, 나는 M1고속도로 옆 들판에 벌들을 내려놓았다. 거기에서 도움을 기다리는 동안 벌들은 매우 행복해했다. 하지만 뎃포드(Deptford)에서는 나의 선택권이 훨씬 더 적다.

조수석 발밑을 뒤져서 찾은 물 한 병을 환기구 철망으로 살살 끼얹어서 벌통 안으로 물을 흘려보냈다. 그러고 나서 잽싸게 유턴을 하고는(죄송합

---

[127] 폭스바겐의 대표적인 해치백 소형차.

니다, 경관님) 멀지 않은 곳에 있는 친구네 정원으로 향했다.

그 집에는 아무도 없었다. 하지만 뒤뜰 울타리를 거의 건드리지 않고도 벌통을 옮겨서 퇴비통 근처에 둘 수 있을 것 같았다. 그다음 소문 마개를 열어서 가련한 벌들이 나가도록 해주면 된다. 나 혼자서 벌통을 울타리 너머로 옮기기에는 너무 벅차서 울타리를 약간 쓰러뜨리긴 했지만, 결국 그 모든 작업을 다 해냈다. 메모를 적어서 더그와 제인 부부의 현관문 틈에 꽂아놓았다. '안녕, 벌들이 응급상황이라서. 미안. 너희 정원에 새로운 집 한 채가 불법 점거하게 되었구나… 죽느냐 사느냐 하는 절박한 상황이었어……. 이따가 저녁에 돌아와서 가져갈게! 키스를 보내며, 스티브.' 우선 위기는 겨우 모면했다.

그 벌들은 새로운 가정에서 두 달이나 머무르며 거기에서 맛있는 꿀까지 생산해냈다. 나는 벌들이 그 집에 아주 입양되기를 은근히 바랐다. 그러나 결국 더그의 요청을 받고 다른 곳으로 옮겼다. 벌통을 가지러 가서 보니 봉군은 대단히 성장해 있었다. 런던 도로 위에서 하마터면 비참한 최후를 맞이할 뻔했던 벌통이 그렇게 돌아온 모습에 짜릿한 희열을 느꼈다.

첫 꿀

밝고 질 좋은 봄 꿀 채취를 고려할 시간이다. 올해는 봄 꿀 주문이 평년보다 훨씬 많다. 나는 사람들이 각기 다른 지역에서 채취한 꿀의 진가를 알아본다고 생각하기 때문에, 벌통들을 각각 따로 관리하려고 노력한다. 고객들에게 지역 특유의 꿀을 살 기회를 주는 것이다. 그에 맞춰 우리는 올해 꿀단지마다 뚜껑에 우편번호 앞부분 도장을 찍은 라벨을 붙인다. 예를 들면 버몬지는 SE1으로 표시한다.

다음에 실린 박하와 완두콩을 가미한 꿀 조리법은 간단한데, 여기서 가장 중요한 요소는 신선한 봄 꿀이다. 한번 먹어 보라. 진짜 근사하다.

조리법에 걸맞은 이름을 지닌 톰 빈이라는 사람이 나에게 준 것으로, 그의 별난 식성에서 탄생한 것이다. 나는 10년 전 웨일스에 있는 데이비드를 통해서 톰을 처음 알게 되었다. 별미를 추구하는 그는, 우리가 가을에 벌을 옮기는 것을 도와주려고 틈을 내서 왔다. 그와 함께하면서 이동 중에 좀 더 특이한 음식을 찾아다닐 기회를 누려서 정말 즐거웠다. 게다가 그는 함께 차를 타고 이동할 때 정감 어린 농담으로 잠이 달아나게 하곤 했다. 작년에 나는 헤더밭에서 돌아오는 동안 '유명한 사람 중에서 이름이 '바바라'인 사람 다섯 명 대기' 같은 문제로 퀴즈를 만들었다. 슈롭셔에 있는 거대한 공장을 지날 때는 그 공장 제품인 '뮐러 후르츠 코너 요구르트의 다섯 가지 맛 대기'를 생각해냈다. 이런 식으로 정신을 집중하는 문제들을 풀다 보면 어느새 벌들이 기다리는 집에 가까워졌다.

나는 완두콩에 꿀을 곁들여 먹는다네[128]

나는 완두콩에 꿀을 곁들여 먹는다네.
일평생 그렇게 먹어왔다네.
그렇게 먹으면 완두콩 맛이 재미있어진다네,
하지만 늘 나이프 위에 얹어 먹어야 제맛이라네.

---

[128] 작자 미상의 짤막한 노래.

톰 빈의 박하와 완두콩을 곁들인 꿀

재료:
신선한 박하잎, 1년 중 처음 채취한 봄 꿀, 콩깍지를 까지 않은 완두콩(익히지 않은, 작고 달콤한 완두콩)

꿀을 박하잎 끄트머리부터 잎맥을 따라 조심스럽게 한 줄로 붓는다. 완두콩 콩깍지를 까서 박하잎 위에 완두콩을 올리되, 꿀이 묻은 대로 한 줄로 붙여놓는다. 놀라울 정도로 원기를 북돋아 주고 군침 도는 이 카나페를 한 접시 만들어 내놓자마자 손님들은 눈 깜짝할 사이에 먹어치울 것이다.

우리는 **살아남았다**

5월이 끝나갈 무렵에도 대다수 벌들은 본래의 보금자리에서 여전히 잘 지내고 있다. 내가 이리 뛰고 저리 뛰고 했던 보람이 일찍 성과를 얻은 것이다. 런던 동부에 빅토리아풍 담벼락에 붙은 벌 무리와 씨름하는 일만 남았다. 마치 벌들을 담벼락에 확 뿌려놓은 것처럼 보였는데, 그런 건 내 평생 처음 보았다. 그 벌 무리는 모으기 가장 쉬운 형태라 재빨리 솔질만 하면 몇 초 만에 안전한 곳에 수용할 수 있었다. 그런데 이웃 발코니에서 어떤 주민이 세상에서 본 것 중에 가장 놀라운 장면이라며 소리를 질러댔다……. 어이쿠. 벌들이 순식간에 통으로 들어가자 그는 만면에 웃음을 띠며 나타났다. 그래서 나는 스쿠터를 타고 벌들을 런던 북부로 재빨리 옮겼다.

5월 Tip

양봉을 시작하려는 사람이 해야 할 일
* 6월이 다가옴에 따라 새 벌들이 도착할 날을 손꼽아 기다렸을 것이다. 벌을 맞이할 모든 준비를 철저하게 했는지 두 번, 세 번 점검하라.

기존 양봉가를 위한 더 많은 양봉 팁
* 벌통을 정기적으로 점검하라. 경계태세를 늦추지 않는 것이 좋다. 분봉의 징후가 있는지 부지런히 살펴라.
* 분봉이 일어날 때를 대비해서 몇 주 동안은 휴가를 내지 말고, 휴대전화에 걸려오는 전화는 모두 받는 것이 가장 좋다.
* 말썽부리는 벌들을 처리해달라고 연락이 올 때를 대비해서 흰색 면 침대보와 환기가 잘되는 그물망 상자 같은 중요한 몇몇 장비를 현관 옆에 두도록 하라.
* 새 소초를 붙인 벌집을 추가로 마련해놓고, 여분의 벌통을 한두 개 준비해서 벌통을 두 개로 나누어 분봉할 때에 대비하라. 장비를 한꺼번에 허겁지겁 만드느라 우당탕통탕 거리고 싶지는 않을 것이다.
* 만약 여건이 괜찮고 숙련되었다면, 분봉을 통제하는 방법으로 인공 분봉이 있다.
* 시행한 작업을 모두 꼼꼼하게 기록하라.
* 준비되었다면, 사랑스러운 첫 봄 꿀을 채취한다.

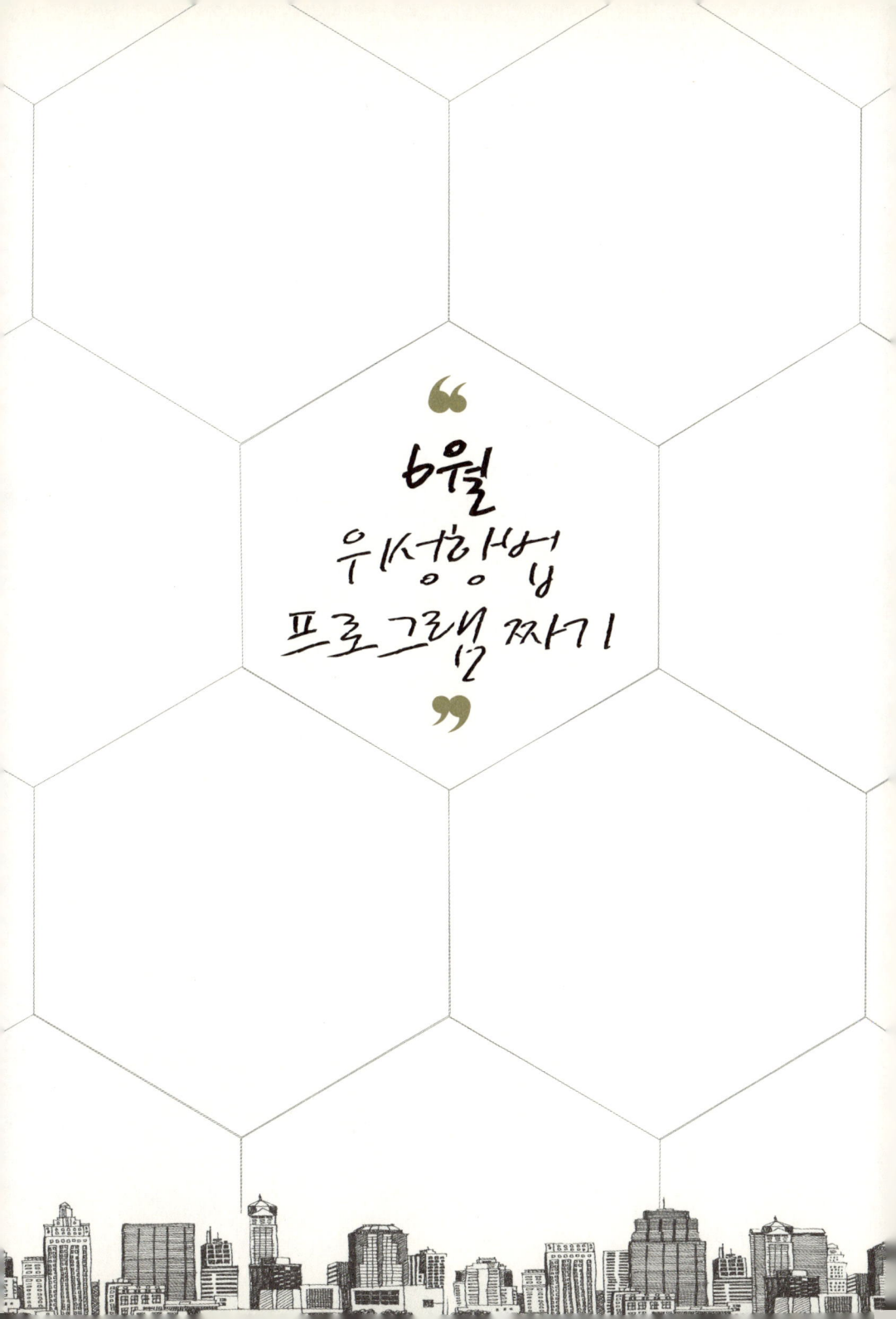
"6월
우선협법
프로그램 짜기"

 따사롭고 맑은 날들이 이어지면, 양봉가들은 벌통 앞쪽에 움직임이 증가한 것을 알아차릴 것이다. 벌들의 교통량이 늘어난 것은 개체 수가 폭발적으로 증가한 결과다. 여왕벌은 분주하게 알을 낳고, 봉군은 날로 번창한다. 산란율은 대개 1년 중 낮이 가장 긴 날인 6월 21일에 절정에 달하지만, 알이 부화하는 데 3주가 걸리기 때문에, 벌통의 개체 수가 가장 많아지는 때는 7월 중반일 것이다.

 벌통 밖에서 그런 벌 무리를 보면 두려운 마음이 들 수도 있다. 초보 양봉가에게는 그것이 마치 벌들이 분봉하려는 것처럼 보일 것이다. 그러나 걱정 마라. 완전히 정상이다. 단지 새로이 출현한 벌들이 자기 벌통 입구의 위치를 익히며 주위 환경을 알아가는 중일 뿐이다. 이것은 벌들이 소위 '한낮의 비행'을 수행하는 것으로, 벌통 밖으로 첫 번째 여행을 나서서 자기 집으로 돌아가는 위성항법 프로그램을 짜는 과정이다. 곧 먹이를 찾아 나서는 탐험에 착수한 내 벌들은 런던을 일주할 것이다.

 시골에서는 벌들이 먹이를 찾아 나설 때 최대 5킬로미터까지 날아갈 수 있으며, 하루에 대여섯 번 전리품을 가지고 벌통으로 돌아온다고 알려졌다. 벌들은 연료를 보충한 다음, 곧장 다른 벌들을 가장 좋은 밀원으로 안내하고 다시 억척스럽게 수확한다.

도심에서는 이 거리가 줄어드는 것 같은데, 주로 건축물이 진로를 방해하기 때문이다. 고층건물, 기중기, 무선안테나, 교회 첨탑 등을 피해 다녀야 하므로 아주 작은 생명체에게는 훨씬 더 힘난한 여정일 것이다. 벌들이 지상으로 내려와 버스노선과 자전거도로를 따라서 윙윙거리며 다니는 일은 극히 드물다. 그 대신 지붕 위로 다니다가, 마음에 드는 달콤한 것이 있으면 나선형을 그리며 찾으러 내려온다. 그러면서 그들은 통행문제로 곤란을 겪는다.

벌들이 길을 찾는 방법?

버몬지에서 도시양봉가로 생활한 지 2년째 되는 해, 나는 벌들의 길 찾기 행동을 쓰라린 경험(벌들이 학교 담장에 분봉했을 때)을 통해 배웠다. 이 일을 겪고 나서 내 아파트 안에 관찰용 벌통을 마련하는 것이 양봉에 도움이 될 것 같았다. 도시에서 벌떼를 수집하는 드라마를 방해하는 게 아무것도 없다면, 벌통 내부에서 일어나는 일도 더 많이 알고 싶었다.

벌통 관찰은 굉장해서 지켜보는 일에 중독될 정도다. 평소에 깜깜한 육아소비 안에서 무슨 일이 일어나는지 관찰자가 실제로 들여다볼 수 있도록, 벌통 벽 대신 유리를 설치했다. 거대한 유리상자 덕분에 벌들이 매일 열심히 일하는 모습을 지켜볼 수 있게 된 것이다. 벌들을 자세히 살펴본다고 하더라도 짧은 기간이라 벌들이 많이 괴로워하지는 않겠지만, 본래

어두운 곳을 더 좋아하는 습성을 고려하면 똑같은 벌들을 몇 달 이상 이런 상태로 두지 말아야 한다. 또, 벌들이 그 안에서 겨울을 지내게 해서는 절대로 안 된다.

날씨가 따뜻해지면, 관찰용 벌통에서 벌들이 가져온 꽃가루가 보일 것이다. 곧이어 벌들이 정신없이 엉덩이를 흔드는 '8자 춤'을 추며 먹이를 찾아 나서야 할 방향을 태양 위치와 연결해서 알려준다. 대개 정찰 나갔던 벌들이 벌통으로 들어가자마자, 몇 마리씩 교대로 돌아가며 그 춤을 춘다. 벌통이 지극히 어둡다는 점을 참작하면, 벌들이 다른 벌들에게 가야 할 방향을 알려주는 방법은 실제로 방향을 가리키는 것보다는 진동을 통해서다.

나는 벌통을 내 아파트 뒤쪽 침실에 두고, 허물어지는 창문 선반 위로 이어진 호스를 통해 벌들이 드나들도록 해놓았다. 창문 선반은 지상부터의 높이가 50피트[129]였기 때문에, 때로 매서운 옆바람이 벌들의 현관 앞을 가로지르며 상황을 위태롭게 만들었다. 가련한 벌들은 안전하게 보호받던 관찰용 벌통에서 호스를 지나 밖으로 나가자마자, 강한 돌풍에 휩싸여 날아가 버릴 수도 있다.

나의 첫 실수는 잠자러 가기 전 하룻밤 동안 이 망할 것을 집 앞쪽으로, 즉 부엌 식탁 위로 옮긴 것이었다. 침실 창문으로 들어오는 따뜻한 햇볕 때문에 관찰용 벌통의 유리벽 아래에 있는 벌들이 과열될지도 모른다는 생각이 들어서 불안했다. 어리석게도 내가 깨닫지 못한 사실은 날아간 벌들은 이미 프로그램이 되어서 자기 벌통의 입구가 어디에 있는지 정

---

[129] 15.24미터

확히 안다는 것이었다. 19세기 대저택 건물의 흰색 도기타일과 난간에 걸린 바싹 마른 부들레아는 그들이 긴 수확여행을 마치고 집에 거의 다 왔다는 징표였다.

먹이를 찾으러 나갔던 벌들은 모두 줄지어 늘어서서 아침까지 계속 뒤쪽 침실 창문에 몸을 부딪치며, 어떤 멍청이가 자기네 현관을 옮겨버렸는지 의아해하고 있었다. 알다시피, 벌들을 옮기는 것은 지극히 짧은 거리일지라도 상당히 까다로운 작업이다. 나는 거주자들을 안심시키기 위해서 즉시 벌통을 원래 있던 자리로 다시 옮겼다. 이번 경험을 통해 벌의 항법 시스템이 얼마나 정교한지 알게 되었다.

사람들이 벌을 좋아하게 하려면

6월 중순이 되자, 런던의 꿀 자급률을 높이려는 나의 미션은 마침내 가속도를 냈다. 위성 양봉장 숫자가 점점 늘어남에 따라 런던 북부의 초대형 양봉장에서 벌들을 내올 수 있었다. 런던 동부에 있는 환상적인 장소뿐만 아니라, 해크니와 스피탈필즈 마켓 근처의 낡은 건물에도 벌통을 설치해 달라는 제안을 받았다.

벌들은 차근차근 런던 전역으로 퍼져 나가는 중이다. 늘 그렇듯이, 벌을 옮기는 것은 대부분 이른 시간에 해야만 한다. 이는 단지 한낮의 열기를 피하기 위해서만이 아니라, 내가 흰색 작업복을 입고 복면포를 쓴 채로 도착해서 벌 상자를 옮기는 모습을 보고 거주자들이 놀라는 것을 방지하기 위해서다. 군인들의 기습 작전처럼 계획된 비밀공작인 셈이다.

경험을 통해 모두가 벌을 환영하지 않는다는 것을 배웠다. 몇 년 전, 그리니치에 벌통들을 갖고 있을 때, 이웃에 사는 노부부를 만났다. 그들은 나의 벌들이 자기네 정원 연못을 방문하는 데에 불평을 토로했다. 그 녀석들이 알레르기를 일으키고, 물 한 모금을 마시려고 장사진을 이루는 벌 수백 마리를 보면 몹시 불안하다고 했다. 보상을 해주기 위해 조사를 해보니, 그들의 우려가 바로 이해되었다. 그들의 연못은 벌들의 히스로(Heathrow)[130] 같았다. 벌 수백 마리가 물가에 모여 물을 마시고 있었을 뿐만 아니라, 그 뒤편에도 최소한 500마리 정도가 자기 차례를 기다리고 있었다.

이 부부는 쉽게 이해시킬 수 있었다. 어떤 사명감으로 벌을 키우는지 허심탄회하게 이야기하며, 수분을 위해 도시에서 양봉이 얼마나 중요한지 설명하자, 그들은 금세 공감하며 목마른 불청객들을 관대하게 용인해주었다. 그들은 〈복된 삶(The Good Life)〉[131]의 톰과 바바라처럼, 닭과 염소를 키우며 요리하려고 토끼를 잡고, 가능한 모든 채소를 키우면서 사실상 먹는 걸 자급자족하는 존경스러운 부부였다.

그들을 처음 방문한 바로 그날, 그들이 손수 키운 나무에서 수확한 사과로 만든 사과링 튀김을 한 아름 받아서 그 집을 나섰다. 그 후 답례로 맛있는 케이크를 만들 때 넣으라고 꿀을 가져다주곤 했으며, 저녁거리로 아티초크(artichoke)[132]를 곁들인 토끼요리를 잔뜩 받아서 집으로 돌아오곤 했다.

---

130 런던 서쪽의 국제공항.
131 톰 굿(Tom Good)과 바바라 굿(Barbara Good) 부부가 주인공인 BBC방송국의 인기 시트콤.
132 국화과에 속하는 식물로 꽃이 피기 전의 어린 꽃봉오리를 잘라 식용으로 사용한다. 엉겅퀴와 비슷하다.

이런 만남은 모든 것을 가치 있게 한다. 심지어 사람들은 처음에 벌통 가까이에 사는 것을 경계하다가도 일단 벌들이 삶에 얼마나 필요한 존재인지 깨달으면, 대개는 금방 지지해준다. 또한, 보통 꿀벌은 사람들을 괴롭히지 않는다고 설명하면 도움이 될 것이다. 말벌과 달리 꿀벌들은 별로 공격적이지 않다. 그들은 1년 중 시기에 따라 자신이 맡은 임무를 성취하느라고 너무 바빠서, 일반적으로 지나가는 사람에게는 거의 관심조차 없을 것이다.

오래된 취수펌프장

맨 처음 새 양봉장을 만든 데다, 가장 흥미를 느낀 장소는 템스 강 가까이에 있는 기가 막히게 초목이 무성한 지역이다. 환상적으로 맛있는 케이크를 찾아다니다가 우연히 발견했다. 시원한 6월의 어느 일요일 그곳의 한 카페에서, 쩝쩝거리며 예쁘게 장식한 소형 타르트를 먹으면서 신문을 읽었다. 아주 오랜만에 얻은 휴식의 순간이었다. 카페를 나가려다가 카페 주인과 이야기를 나누었는데, 나도 몰랐던 장소를 그녀가 양봉장으로 제공하겠다고 했다.

지금 이곳은 최신 유행의 카페 겸 레스토랑이자 갤러리지만, 원래는 오래된 빅토리아 취수펌프장이었다. 지붕 위에 있는 꽤 멋진 물탱크 여덟 대를 포함해 예전의 여러 가지 산업적 요소가 여전히 남아있다. 이 거대한 컨테이너들은 한 개 빼고는 모두 비었는데, 내 벌들의 보금자리가 될 예정이었다. 물이 담긴 한 컨테이너에는 수련 잎들이 떠있어서, 벌들이 목마를 때 착륙하는 플랫폼으로 사용하기 딱 좋아 보였다.

여름에는 아트갤러리에서 야외에 거대한 캔버스를 놓고 일련의 영화를 상영할 계획이라는 이야기를 들었다. 그래서 나는 얼른 과거의 양봉이야기부터 파리, 뉴욕, 리오까지 이르는 내가 소장한 오래된 양봉 관련 영화들을 보여주자고 제안했다. 그리고 약간의 꿀 팝콘이나 아이스크림을 제공하여 흥을 돋우기로 했는데 이 모든 것은 환상적인 꿀벌을 홍보하는 데 도움이 될 것이다.

그곳은 다 자란 라임나무들로 둘러싸인 데다가, 버몬지만큼 초목이 우거져서 벌들이 먹이를 구하기에 기막히게 좋을 것이다. 옥상이라 안전하면서도 비바람으로부터 보호받지만, 모든 물건을 오래된 물탱크로 가지고 올라가는 일이 좀 번거로울 것 같았다. 지상에서 5층 높이일 뿐만 아니라 탱크 자체 깊이도 10미터나 돼서, 벌통을 들여놓을 때와 장차 벌꿀을 생산하는 작업을 하느라 오르내리는 것 자체가 엄청난 도전이 될 것이다.

하지만 걱정할 필요가 없었다. 이곳의 공동소유주이며 호탕한 기질의 호주인 조쉬가 기꺼이 도와준 덕택에 벌통들을 쉽게 설치했다. 그는 이 모든 일을 식은 죽 먹기로 여겼다. 조쉬는 칼라바시(calabash)[133]를 이고 가는 아프리카 여인처럼, 벌통을 머리에 인 채 균형을 참 잘 잡고 걸어 다녔다. 게다가 달랑 반바지에 티셔츠만 입고, 슬리퍼를 신고도 흔들거리는 사다리를 타고서 까마득히 깊은 곳을 잘도 내려갔다. 엄청나게 큰 탱크 안으로 들고 내려간 벌통을 낡은 화물운반대로 만든 받침대 위에 내려놓았는데, 받침대들도 모두 이 대단한 사람이 들여놓았다.

---

[133] 호롱박(칼라바쉬) 모양의 아프리카 전통 항아리.

내 일은 조쉬 같은 인물에게 심하게 기대게 된다. 무슨 일을 맡기든지 마다치 않고 성실하게 헌신해서 정말 감동했다. 나는 이달 말 자원봉사의 날을 조직하려는 계획을 세웠다. 벌에게 우호적인 사람들을 가능한 한 많이 모아서 작업을 도울 기회를 마련하려고 한다. 도우미들은 주로 벌집들을 만들고 벌통을 조립하는 일을 맡을 것이다. 이 모든 일을 나 혼자 하기에는 시간이나 에너지가 부족하다.

벌통 안에 꽃에서 갓 따온 꿀이 있을 때 벌들을 옮기는 일은 매우 위험하다. 벌들은 꿀에서 습기를 증발시키기 위해 날개로 정신없이 부채질하느라고 이미 에너지를 잔뜩 썼는데, 벌통을 시원하게 유지하려고 또다시 애써야 하기 때문이다. 습도가 높은 밤에는 훨씬 더 많은 주의를 기울여야 한다.

취수펌프장에서 내가 유일하게 걱정하는 것은 쇠로 만든 물탱크 내부의 공기이다. 특히 날씨가 더울 때는 강한 열기 때문에 벌들과 벌집이 고통받을까 봐 걱정이다. 또한, 물탱크 옆면이 겨울에 햇볕을 차단하지 않을까 염려스럽다.

예전에 나는 밀랍이 벌집 바닥으로 녹아내리는 것을 방지하기 위해, 친환경 건설회사의 그물 모양 제재로 벌통에 그늘을 만들어주었다. 건축 현장에서 나오는 폐기물운반용 대형용기에서 찾아내곤 했는데 도시의 양봉가에게는 대단히 쓸모 있는 자원이다. 그것을 쇠로 된 지붕 위에 펼쳐놓아서 공기순환이 가능하도록 하면서, 열기가 띄엄띄엄 도달해 벌통이 햇볕에 통째로 구워지지 않도록 했다.

일반적으로 햇볕이 벌들에게 좋긴 하지만, 한여름에 햇볕이 쨍쨍 내리쬐는 가운데 산들바람조차 불지 않는다면 5, 6층 건물의 아스팔트 지붕 위는 길거리보다 상당히 더 기온이 높을 것이다. 뜨거워서 부드러워진 아스팔트에 벌통 다리가 빠질 수도 있으므로 벌통을 배치할 때 조심해야 한다. 나중에 꿀이 모여서 계상을 올릴 때를 고려하는 것은 더 말할 나위 없다. 옥상에 놓은 벌통들의 무게는 500~600킬로그램까지도 나갈 수 있다. 그렇다고 벌통이 서까래 틈으로 떨어지는 일은 흔치 않다. 녹아내린 꿀이 천장 구멍에서 뚝뚝 떨어졌다는 말을 들은 적이 있는데, 끈적거리긴 해도 그렇게 나쁜 상황은 아닐 것이다.

취수펌프장에 있는 벌통들이 이른 아침의 햇볕을 최대한 받을 수 있도록 배치했다. 이렇게 하면 대체로 벌들이 번성하는 데 도움이 된다. 따사로운 기운은 벌들을 일찍 잠자리에서 끌어내서 먹이를 찾아 나서게 한다. 경험으로 미루어 보면, 벌통을 남향으로 배치하는 것은 벌들의 건강을 최상의 상태로 유지하는 필수적인 방법이다.

일과를 마치고 벌통으로 돌아오는 마지막 몇 마리 벌을 지켜보노라면 늘 흐뭇하다. 금융가와 강과 런던의 공원들이 내려다보이는 지지탑 위에서는, 열심히 일한 일벌들이 해가 진 후 돌아오는 모습을 지켜볼 수 있다. 이곳이 아주 훌륭한 위성 양봉장이 될 거라는 생각이 들었다.

3일 후, 벌들이 잘 정착했는지 보기 위해 카페에 들렸다. 벌들은 번성했을 뿐만 아니라, (숙련된 눈으로 보면) 연기가 피어오르듯 나선형을 그리며 물탱크에서 나가는 장면이 지상에서 보여서 안심했다. 양봉하기에 환상적으로 좋은 장소여서, 그 조그만 생물들이 번성하는 모습이 장관일 거라는 내 예감이 적중했다. 마음 한구석에 벌꿀을 채취하려면 어마어마하게 많은 도구와 꿀을 들고 오르내려야 한다는 부담감이 도사리긴 하지만, 조쉬가 곁에 있으니 걱정하지 않으려고 한다. 그는 대형 슈퍼마켓에서 새로 산 윈치(winch)[134]를 사용할 대단한 계획이 있으니 걱정하지 말라고 나에게 호언장담했다.

온갖 꿀 맛보기

배터시(Battersea) 발전소[135]에서 유기농 꾸러미 회사인 아벨 앤 콜(Abel & Cole)[136]이 주최하는 꿀 페스티벌이 열렸다. 나는 양봉가들과 꿀 애호가 300명 이상이 참석한 가운데 특별한 시식회를 했다. 영국에서 가장 맛있는 꿀 네 가지를 접시 가장자리에 빙 둘러 담아서 선보였는데, 바로 웨일스의 데이비드와 내가 생산한 꿀이다.

이런 접시를 상상해보라. 12시 방향에는 서양지치(borage) 꿀을 내놓았다. 이것은 주로 이스트 앵글리아(East Anglia)[137]에서 자라는 꽃으로, 오일은 약제산업에서 사용하며 꽃은 칵테일 핌스의 잔을 장식하는 용도로 많이 쓰인다. 예전에는 독특한 이 꿀을 수확하려고 봉군을 몇백 개씩 데리고 전국을 누비고 다녔다. 벌들은 이 밝은 보라색 혹은 파란색 꽃에 열광한다. 서양지치는 밝은 꿀을 생산하는데, 갓 채취해 신선할 때는 거의 반

---

134 원통형 드럼에 와이어로프를 감아, 도르래를 이용해서 무거운 물건을 높은 곳으로 들어 올리거나 끌어당기는 기계. 권양기라고도 한다.
135 1930년대에 세워진 템스 강 근처에 있는 화력발전소. 현재는 가동하지 않지만, 벽돌로 이루어진 성당 모양으로 런던의 랜드마크이다.
136 유기농 식품을 생산자에게 직접 사들여서 소비자에게 일주일에 한 번 배달해주는 온라인 상점. 되도록 가까운 지역에서 나는 제철 과일과 채소를 취급하고, 가격은 일반 슈퍼마켓보다 저렴하다. 비닐포장 없이 종이상자에 담아서 배달하는데, 다음 배달 때 상자를 돌려주면 여러 번 재사용한다.
137 노퍽(Norfolk)과 서퍽(Suffolk), 두 주로 이루어진 잉글랜드 동부 지방.

투명하다가 굳어지면 새하얗게 변한다. 서양지치 꿀을 좋아하는 소비자는 많지만, 유감스럽게도 생산은 대부분 중국으로 옮겨가서 영국산 꿀을 구하기가 쉽지 않다.

3시 방면에 내놓은 접시에는 솔즈베리 평원(Salisbury Plain)[138] 꿀을 담았는데, 이것은 살짝 약 냄새가 난다. 맛있으면서도 형언하기 어려운 오묘한 맛이다. 시골에 유채꽃이 들어와서 대부분 벌의 먹잇감으로 군림하기 전까지 이런 맛의 꿀이, 아마도 맛 때문에 영국에서 사랑받았을 것이다.

6시에는 내 런던 꿀 중 하나이자 복고풍을 내놓았다. 8년 전에 버몬지의 옥상에서 채취한 마지막 꿀이다. 사탕 같아서 큰 인기를 끌었다.

마지막으로 9시에는 모든 꿀 중에서 가장 강력해서 가장 나중에 시음해야 하는 꿀을 내놓았다. 단백질이 풍부한 영국산 헤더 꿀인데, 내 생각으로는 과대평가된 마누카 꿀(manuka honey)[139]보다 이 꿀이 훨씬 더 좋다. 헤더 꿀을 모으려면 대단히 힘든 탐험을 해야 해서, 우리 꿀 중에서 가장 귀하게 여긴다. 이 꿀을 모으려면 아무리 고단해도 헤더꽃이 피는 아주 짧은 기간을 놓치지 않도록 매처럼 날씨를 지켜보면서, 척박한 고지대의 꼭대기를 샅샅이 훑고 다녀야 한다.

꿀 시식회는 와인 시음회와 놀랄 만큼 비슷하다. 은은한 맛에서 시작하고 가장 강한 맛에서 끝내서 미각을 파괴하지 않도록 한다. 꿀 냄새를 천천히 들이마신다. 먼저 냄새를 충분히 맡지 않고 다짜고짜 먹기부터 하면 절대 안 된다. 꿀마다 놀라울 정도로 미묘하고 섬세하며 극적인 차이

---

138 신석기 시대의 거석 기념물인 스톤헨지(Stonehenge)로 유명하다.
139 뉴질랜드에 자생하는 야생관목인 마누카나무의 꽃에서 채집한 짙은 갈색에 독특한 향을 지닌 꿀. 항균작용이 뛰어나며 위장질환에 좋고, 면역체계 향상, 혈관계질환 예방, 숙취해소, 피로회복, 성장발육에 도움이 된다고 알려졌다.

가 있다. 그래서 꿀을 종류에 따라 아주 신중하게 배치했다. 손님들에게는 한 가지 꿀을 먹었을 때마다 물을 한 컵 마셔서 입가심하라고 조언했다.

여름철 직업

그 후에 해크니 마쉬스(Hackney Marshes)[140]의 관리자 중 한 명이 나에게 와서 자기네 땅에서 더 많은 벌을 키우고 싶다고 했다. 그것은 상당히 파격적인 제안으로 런던 북부처럼 또 다른 대규모 양봉장을 이번엔 동부에 가질 수 있다는 뜻이다. 내가 무척 고대하던 일이었다.

그러려면 신속하게 이동해야만 한다. 피터는 런던 북부에서는 대부분 꿀을 6월 말에 수확한다며 늘 주의를 시켰다. 내가 지금 직면한 문제는 벌들을 해크니의 새 양봉부지로 즉시 옮기느냐, 아니면 그 일에 지장을 받더라도 주요 유밀기가 끝날 때까지 기다리느냐 하는 것이다. 엄청난 궁지에 빠졌다. 계산이 틀린 대가가 어마어마할 수도 있다. 양봉가든 농부든 간에, 상업 생산자들이라면 누구나 이런 딜레마를 겪을 것이다.

한편, 분봉의 위험성은 지난달 같은 적색경보까지는 아닐지라도 여전히 높다. 현명한 양봉가는 분봉의 징후를 찾기 위해 벌통을 매주 점검한다.

납품도 몇 건 있는데, 그 중 하나가 포트넘 앤 메이슨 백화점이다. 그들은 거의 10년 동안 내 고객이었고, 나는 그들의 벌을 키우는 장인이 되는 특권을 부여받았다. 아무리 작은 배달 건이라도 가능한 한 내가 직접 주문받고 납품하려고 한다. 직원들도 반가워하며 친절하게 처리하고, 벌들

---

[140] 해크니의 리(Lea) 강 서쪽 기슭에 있는 초원지대.

이 자기네 옥상 위에서 어떻게 지내는지 늘 궁금해한다.

구매자들은 매우 아는 것이 많다. 식료품 담당 부서의 샘 로젠 내쉬도 최근에 자신의 벌을 키우기 시작했다. 그녀는 항상 웨스트 엔드에 분봉이 나타났다는 소식이 들리면, 벌들이 평소처럼 여전히 있는지 점검하기 위해 가장 먼저 옥상으로 달려 올라가는 사람이다.

샘의 레시피는 그의 꿀 특성을 잘 보여준다. 나는 딸기와 더블 크림(double cream)[141]을 곁들인 이 쇼트브레드[142]를 아주 좋아한다. 이튼 메스(Eton Mess)[143] 풍으로 재료를 함께 섞어 만들었다. 이것은 톰 빈이 언젠가 요크셔의 헤더 황야지대에서 걸쭉한 고형 크림 한 덩이를 위에 얹고, 산딸기 한 개와 젤리 같은 아주 작은 헤더 꿀 소밀 조각으로 만든 음식과도 비슷하다. 아주 맛있어서 차지하기 어렵다는 사실만 알아두라.

 **여름철 쇼트브레드**

재료:

포트넘 앤 메이슨 헤더 꿀이나 라벤더 꿀 4테이블스푼, 버터 225그램, 밀가루(베이킹파우더 무첨가) 350그램, 옥수수가루 150그램, 소금 약간, 곁들일 정제당과 싱싱한 딸기

꿀과 버터를 섞어서 크림처럼 만들고 여기에 밀가루와 옥수수가루, 소금을 가만가만 섞는다. 바닥에 밀가루를 뿌린 후 반죽이 부드러워질 때까지 3~4분 정도 반죽한다.

---

141 유지방 농도가 높아서 걸쭉한 크림.
142 밀가루와 설탕에 버터를 듬뿍 넣어 두툼하게 만든 쿠키.
143 19세기 이튼 대학에서 크리켓 게임을 할 때 간식으로 먹었다고 해서 이런 이름이 붙은 디저트. 머랭 부순 것과 딸기와 크림을 섞어서 만든다.

> 랩에 싸서 30분간 냉장고에서 차게 식힌다.
> 바닥에 밀가루를 뿌린 후 1센티미터 두께로 밀어서 편다. 커터로 작은 원반 모양으로 자르고 살짝 기름을 두른 오븐 팬 위에 올린다. 160도에서 노릇노릇해질 때까지 10~12분간 굽는다.
> 정제당과 신선한 딸기를 곁들여 내놓는다.

호박벌과 말벌

지금껏 나는 자기네 정원에서 호박벌의 벌집을 제거하고 싶다는 전화를 종종 받아왔다. 사람들이 왜 호박벌의 벌집을 발견하자마자 제거하려고 하는지 늘 의아했다. 몇몇은 그것을 말벌의 집이라고 생각해서였던 것 같다. 하지만 알고 보면 그 두 가지를 구분하기는 굉장히 쉽다. 말벌의 집은 종이 같은 물질로 만들었으며, 갈색과 회색이고 농구공 모양이 아래로 늘어져 있다. 반면에 호박벌의 집은 오히려 새의 둥지에 더 가깝다. 아주 작은 꿀단지 같은 집으로 일반적으로 땅 밑이나 덤불 속에 짓는다.

말벌은 공격적이라 사람들이 싫어하는 것을 이해하지만, 호박벌은 일반적으로 윙윙거리며 돌아다닐 뿐이다. 특히 호박벌의 집이 장작더미나 누군가를 괴롭히지 않을 어떤 곳에 있다면, 정원에 벌집이 한 개 정도 있는 것도 특권이라고 사람들을 이해시키려고 한다. 만약 벌집이 집에 너무 가까이 있다면 분명히 근처 숲으로 옮기고 싶을 것이다. 그러나 영국에서는 벌을 죽이는 것이 불법이기 때문에 대신 다른 보금자리를 마련해 주어야 한다.

새로운 벌 데려오기

 약한 봉군을 새로 구성하거나 초보자여서 처음 벌을 구한다면, 지금이 핵군을 모으기 가장 좋은 시기이다. 초보자가 관리하기 좋은 젊은 봉군은 지금쯤 짝짓기를 마치고 알을 낳을 준비가 된 젊은 여왕벌과 대여섯 개 정도의 벌집이 적당하다.

 한편, 자동차로 벌을 옮기려면 주변의 많은 위험요소에 잘 대처해야 한다. 핵군은 대략 구두상자 두 개를 합친 크기에 통기가 잘되는 상자에 담는다. 상자에는 공기구멍이 많아야 하며, 뚜껑은 잘 조여서 꽉 닫는다.

 이동 중에 상자가 절대 직사광선을 받지 않도록 배치하고, 또한 일반 벌통을 옮길 때와 마찬가지로 상자 둘레에 시원한 바람이 잘 통하는지도 점검한다. 요즈음 대부분 자동차는 에어컨이 작동돼서 다행이긴 하지만, 무더운 여름날에 장거리 운송을 하려면 철저하게 계획을 잘 세워야 한다.

 열정적인 종봉가는 벌을 구매하는 사람들에게 운송 중에 벌들을 어떻게 돌보아야 하는지 자세히 설명해야 한다고 생각한다. 책임감 있는 종봉가 대부분은 이 귀중한 화물을 새 보금자리까지 안전하게 배달하는 것이 중요하다고 강조할 것이다. 양봉가는 부서지기 쉬운 상자 안에 있는 5천 마리가 넘는 주민을 책임지는 것이다. 가까운 곳에서는 벌을 제대로 보살피지 못한다고 느껴서, 먼 길도 마다치 않고 가서 잘 키운 봉군을 판매자에게 직접 인수해 오는 양봉가들도 있다.

 초보자들은 수송하는 동안 꿀이 새서 소중한 좌석시트에 묻을까 봐, 벌통을 수건이나 낡은 커튼, 양탄자로 싸버리는 실수를 범하기도 한다. 여행 중에 연약한 벌이 들은 상자를 헝겊으로 덮어놓고는 그 뜨거운 차 속에서 어떻게 살아남기를 기대할 수 있는지, 도무지 이해가 안 된다.

핵군 모으기

핵군을 모을 때 유념해야 할 점

◆ 운반 상자는 반드시 환기가 잘되도록 한다.

바람이 잘 드나들도록, 대개 옆면이나 윗면에 철망을 붙인 창문을 만들어둔다. 규칙적으로 차를 멈춰서 문과 창문을 열고 차량 전체에 공기가 통하도록 하는 것이 상책이다. 상자를 어디에 놓으면 공기 흐름이 가장 좋을지 잘 생각해보라.

◆ 운반 시간을 신중하게 선택하라.

찌는 듯이 무더운 날에는 저녁에 새로운 거주자들을 모으는 것이 가능한지 본다. 저녁이 되면 벌들은 나는 것을 멈추고, 기온도 내려가 시원해진다.

◆ 분무기에 깨끗하고 화학성분이 전혀 없는 신선한 물을 채운다.

때때로 벌들에게 물을 살짝 뿌려주면 열기를 식히는 데 도움이 된다.

◆ 운반 중에 벌집이 자동차의 진행방향과 같은 쪽을 향하도록 벌집을 신중하게 배치한다.

이것은 피터가 나에게 벌을 인계하면서 가르쳐준 방법인데, 이렇게 하면 벌집이 흔들리다 벌들을 짓눌러 뭉개는 사고를 방지할 수 있다.

◆ 상자가 쉽게 제자리를 벗어날 수 없도록 안전하게 고정한다.

이것은 몇 년 전 내가 벌 한 상자를 조수석에 두었다가 갑자기 브레이크를 밟는 바람에 어렵사리 얻은 교훈이다. 상자가 조수석 바닥으로 떨어지면서 입구를 막아놓은 발포고무 조각이 튀어나와 벌들이 상자 밖으로 나와버렸다. 저녁이 되어, 혼란스러워하는 생물체들이 안정을 찾고 천장에 무리 지을 때까지 차를 포기하고 밖으로 나가 있어야만 했다.

◆ 끈으로 졸라매는 그물망 가방과 끈 몇 개, 청테이프를 반드시 갖고 다니도록 한다.

상자에 안전벨트를 채우는 사람들도 더러 있긴 하지만, 나는 차 안에서 상자가 움직이지 않게 바닥에 끼워놓고 벌통 묶는 끈으로 고정하는 편이 더 좋다고 생각한다. 요즘 사용하는 내 차들은 대부분 오픈카여서 새어나온 벌들이 벌통 바깥에 매달릴 수밖에 없다. 햇볕은 가리면서, 환기에는 지장이 가지 않도록 상자나 벌통에 그물망 가방을 씌우는 것이 좋다.

◆ 원정을 떠나기 전에 계획을 세운다.

주말을 즐겁게 보내며 필요한 것을 빠뜨리지 않도록 잘 챙긴다. 슈루즈베리에서 벌을 팔 때는, 돌아가는 길에 숙박할 곳을 미리 정하지 않았다가 혹시 벌에게 우호적인 좋은 여관을 아느냐고 물어보는 사람들이 꼭 몇 명씩은 있었다.

◆ 만일을 대비해 항상 방충복을 챙긴다.

   핵군을 가져올 때, 늦은 시간에 여행하는 또 다른 이유는 도중에 어떤 재난도 겪지 않기 위해 더 시원한 시간을 이용하는 것이다. 가장 기막힌 일은 많은 벌이 상자에서 새어나오는 것이다. 특히 벌들이 차 안에 함께 있다면 정말 심각한 문제다. 운전 중에 그런 일이 벌어지면 벌들이 미친 듯이 돌아다니는 것이 백미러로 보여서 운전에 집중할 수가 없어 특히 걱정스럽다.

   그냥 몇 마리만 보이는 건 지극히 정상이다. 상자 바깥 환기구에 매달린 것은 길을 잃은 벌일 수 있다. 그러면 간단하게 차를 멈추고 벌들을 차에서 내보내기만 하면 된다. 그 벌들을 상자 안으로 되돌려 보내는 일은 절대 불가능하므로, 그냥 이 벌들은 잃어버린 셈 쳐야 한다. 그러나 만약 한 다스 이상의 벌들이 보인다면 어딘가 새는 것이다. 이제 길 한쪽으로 차를 대고 방충복(벌들을 운반할 때는 늘 수중에 지니고 있어야 한다)을 입고, 이 상황에 어떻게 대처할지 고심할 시간이다.

   틈은 대개 상자가 부실해서 생길 때가 많다. 상자가 오래되어 낡아서 그럴 수도 있고, 혹은 지붕이 딱 맞지 않아서 흔들리다가 열려버렸을 수도 있다. 벌들은 탈출구를 기가 막히게 잘 찾아낸다. 이것이 내가 항상 청테이프를 가지고 다니는 이유다. 구멍이 생길 만한 곳을 미리 땜질해서 수습할 수 있다.

   마지막 목적지에 도착하면 즉시 다음 날 아침 벌을 이동시킬 새로운 벌통 옆에 핵군상자를 나란히(상자와 벌통의 앞쪽 문들이 같은 방향을 향하도록) 두고, 어둠이 내리기 전에 몇 마리라도 날아다니게 해주려고 문을 열어놓는다. 벌들을 이 조그만 상자 안에 너무 오랫동안 내버려두면 안 된다. 일반적으로 새로 구한 봉군들은 지극히 강하고 정력적이라 공간이 비좁으면, 특히 유밀기 때 분봉하려고 한다.

벌들은 자신의 환경에 놀라울 정도로 빨리 적응한다. 자신의 새로운 근거지를 신속하게 익히고 곧바로 먹이를 수확하는 작업에 착수한다. 벌들을 헤더 황야지대로 데려가면, 대개 도착한 지 20분도 채 안 되어서 벌들이 신선한 꽃가루를 가지고 벌통으로 되돌아오는 것을 볼 수 있다.

벌들의 아빠 되기

여름을 지내면서, 초보 양봉가는 자신의 새로운 꿀벌가족을 숙지하는 시간을 가져야 한다. 벌을 배울 수 있는 매력적인 자료들이 많이 있지만, 스스로 무엇을 하는지 안다고 느낄 때까지는 불안한 시간을 보낼 수도 있다. 내가 처음 양봉을 시작했을 때는 하루를 마치고 나서도 벌들의 건강이 걱정되어 한밤중까지 잠을 이루지 못했다. 그래서 다음 날 피곤해서 눈이 퀭한 상태로 일과를 다시 시작해야만 했다.

초기에 그토록 불안스럽게 지내던 날들도 결국엔 다 지나갔다. 부성 호르몬 효과가 나타나기 시작했다. 내가 보살필 것들을 보호하고 싶은 사랑에 깊이 빠졌다. 따뜻한 저녁에 벌통 앞에 앉아 차를 한 잔 마시면서 먹이를 찾으러 나갔던 벌들이 마지막 한 마리까지 돌아오기를… 마치 밤늦도록 10대 자녀가 집으로 오기를 기다리는 아버지처럼 기다리곤 했다.

벌침에 쏘이면 가장 괴로운 곳

양봉하면서 지금까지 장거리 이동 중에 아주 끔찍한 재앙을 몇 번 겪은 적이 있다. 개인적으로 가장 불쾌했던 일은 고환에 벌침을 쏘였던 때이다. 바보같이 반바지를 입고 있었는데, 상자에서 탈출한 벌 한 마리가 다리를 쏜살같이 올라와서 나를 쏘고 말았던 것이다. 아, 얼마나 아프던지(게다가 나중에 얼마나 심하게 부었던지)……. 이를 악물고 가까스로 운전했다. 정말로 다시는 반복하고 싶지 않은 경험이다.

그때, 믹 재거가 음경 크기를 키우려고 고의로 벌에 쏘였다는 이야기를 뉴스에서 들은 기억이 났다. 1982년 영화 〈피츠카랄도(Fitzcarraldo)〉를 촬영하면서 전해 들은 대로 고대 아마존의 결혼 의식을 시행했다고 한다. 생각만 해도 눈물이 찔끔 나고도 남을 만큼 아프겠지만, 실제로 벌에 쏘였을 때 가장 고통스러운 장소는 아니다. 가장 아픈 곳은 바로 귀 안쪽과 코끝이다. 특히 꽃가루알레르기를 심하게 앓는 중이라면 더욱 괴로울 것이다.

운송의 중요성

특별한 계절 화밀을 수확하기 위해 대규모로 벌통을 운송하는 작업은 일반적인 벌 수송과는 전적으로 다르다. 상당히 많은 벌통을 운반해야 하고, 더 많은 공간이 필요하므로 훨씬 더 주의해야 한다. 지난 10년 동안 모리스 마이너(Morris Minor) 픽업트럭부터 이제는 사용하지 않는 런던의 검정 택시에 이르기까지 각종 차량으로 실험을 해보았다. 트럭과 택시 모두 벌들을 운전자와 분리하는 것이 가장 큰 장점이다. 택시에는 유리 칸막이가 있다. (그리고 당연히 여자 손님들과 이야기를 나누기 위한 인터폰도 있다.) 한번은 내가 신호등에서 차를 멈췄을 때 어떤 사람이 택시인 줄 알고 뒷좌석에 타려고 했던 적이 있다. 하마터면 벌들이 끔찍한 충격을 받을 뻔했다.

미국에서는 방대한 아몬드와 멜론밭을 수분하기 위해 벌을 한꺼번에 몇천 상자씩 옮긴다. 대개 화물운반대에 얹어서 지게차로 대형트럭에 실어서 옮긴다. 벌들은 그 안에 갇힌 채로 며칠을 지내며, 결과적으로 엄청난 스트레스를 받는다. 그들은 벌을, 잃더라도 쉽게 대체할 수 있는 상업적 물품에 불과하다고 여긴다. 그래서 미국에서는 벌들이 질병에 많이 걸려 사정이 많이 나빠졌다. 결국, 지금은 붕괴한 봉군을 대체하기 위해 엄청나게 많은 벌을 마분지 통에 담아서 호주와 뉴질랜드에서 비행기로 수입하는 실정이다. 이 모든 정황은 벌을 옮길 때는 무척 조심스럽게 돌보는 것이 이치에 바르다고 일깨운다.

다양한 풍미의 꿀을 찾아서

데이비드와 함께 얼마 전부터 해오는 대규모 여행이 있다. 바로 매년 6월 말에 솔즈베리 평원으로 벌들을 옮기는 것이다. 황무지를 온통 뒤덮은 바이퍼스 버그로스(Viper's Bugloss)[144], 세인포인(sainfoin)[145]이라고 불리는 꽃이 피는 약초, 전동싸리[146] 같은 기막힌 야생화들을 벌들이 만끽하도록 해

---

[144] 푸른 꽃이 피는 두해살이풀로, 옛날부터 독사에게 물렸을 때 치료제로 쓰이기도 했고, 줄기와 꽃의 모양이 뱀을 연상시켜서 '독사(viper)'라는 이름이 붙었다고 한다.
[145] 콩과에 속하는 목초.
[146] 두해살이풀로 나비 모양의 연노랑색 꽃이 핀다.

주려는 것이다. 나에게도 특별한 시간이다. 그쪽에 사는 친구들을 만날 수 있는 데다 완벽한 황무지 체험을 통해 머리도 식히고 즐겁기까지 하다. 나는 야외활동을 좋아한다. 이때야말로 커다란 물고기도 잡고, 날씨가 허락한다면 별이 총총한 하늘 아래에서 캠프도 하며 환상적인 모험을 할 수 있는 절호의 기회다.

올해는 비도 내리고 군사훈련이 한창일 때 도착했다. 하늘에 온통 섬광이 수를 놓아서 새벽 1시에도 사실상 대낮같이 환한 상태에서 벌들을 내려놓았다. 이 광활한 땅은 상당히 대조적인 용도로 쓰인다. 전혀 개발하지 않은 평야여서 야생 동·식물이 번창하고, 특히 야생화가 만발한 자연 그대로의 상태가 잘 보존되고 있다. 과학적으로 대단한 관심을 받는 지역이라 무척 심한 규제로 보호한다. 또한, 영국군이 꾸준히 훈련장으로 사용해서 탱크와 군인들이 그 주위를 누비는 모습을 흔히 볼 수 있다.

벌들을 데리고 이런 원정을 다니는 것은 단지 소년들의 탐험심 발로가 아니다. 고객들에게 뭔가 색다름을 제공해서 다양한 미각을 만족하게 할 좀 더 특색 있는 꿀들을 생산하기 위해서다.

데이비드는 내가 영국 전역에서 좀 더 색다른 꿀의 공급원을 찾고자 하는 수많은 시도를 적극 지원했다. 그중 하나가 메르시(Mersea) 섬 동해안 습지의 꽃갯질경이(sea lavender)였다. 우리는 만발한 보라색 꽃 바로 한가운데에 벌통을 배치했기 때문에 당연히 우리 벌들이 맛좋은 꿀을 잔뜩 모을 거로 생각했다. 하지만 결과를 맛보자 흰 클로버 꿀이 모습을 드러냈다. 벌들은 맛좋은 꽃갯질경이는 무시하고 멀지 않은 곳에 무성하게 핀 클로버를 찾아갔다.

이사를 미루다

내 런던 벌들 소식을 전하자면, 아직은 해크니로 옮기지 않기로 결정했다. 적어도 날씨 때문에 나로서는 이렇게 결정할 수밖에 없었다. 6월 말까지는 날씨가 좋아서 거대한 유밀기가 올 거라던 일기예보가 맞지 않았다. 나는 벌들을 런던 동부의 새 양봉장으로 옮기지 않고, 북부에 계속 두고서 꿀 수확을 기다리기로 했다. 다른 곳은 몇 주 동안 황량한 상태지만, 수도에는 수많은 꿀을 산출할 수 있는 지역들이 있다. 좋은 날씨가 다가올 것이 틀림없고, 당연히 많은 꿀이 곧 쏟아져 들어올 텐데, 이럴 때 벌통을 옮기는 것은 미친 짓이나 다름없다.

그렇더라도 유밀기가 곧 도래하지 않으면, 내 수중의 벌들이 진짜로 굶어 죽을 위험성이 있다. 6월의 끝자락에 벌들에게 몇 갤런이나 되는 시럽을 주느라 분주하게 뛰어다니며 시간을 보냈다. 유충방 구석에 눈곱만큼 저장된 것 외에는 꿀이라곤 찾아볼 수 없는 상태에서 이달이 끝나갔다. 막 유밀기가 되려는 찰나에 벌들에게 시럽을 먹이면 결국 유밀기가 왔을 때 꿀이 오염될 수 있기 때문에 매우 걱정스러운 시기이다. 설탕시럽은 꿀맛에 차이를 만들 수 있기 때문에, 내 꿀 상자에는 절대 이런 일이 벌어지지 않길 바란다.

초보 양봉가가 해야 할 일

* 핵군은 종봉가에게, 새로 짝짓기한 여왕벌과 함께 사들인다. 벌들이 도착할 것에 대비해 새 거주지에 신선한 벌집과 비상식량을 갖춰놓는다.
* 키울 벌들을 받아서 집으로 돌아가는 여정 계획을 매우 조심스럽게 세워야 한다. 다음 날 아침에는 벌들을 상자에서 꺼내서 벌통으로 옮긴다.
* 이제는 양봉하려는 사람이 아니라 정말 양봉가가 되었다! 새로운 생활에 빠져들어라. 즐겨라!

기존 양봉가를 위한 더 많은 양봉 팁

* 벌들이 벌통을 드나드는 흐름을 거의 매일 점검하면, 무슨 일이 일어나는지 금방 알 수 있다. 유충 점검은 여전히 매주 철저하게 해야 한다.
* 한낮에 움직임이 느는 현상에 주목하라. 이것은 젊은 벌들이 적응 겸 정위비행(定位飛行)[147]을 나가는 것이다. 마치 벌들이 분봉하기 위해 운집하는 것처럼 보일 수 있지만, 곧 정상적인 왕래를 재개할 것이다.
* 벌통 속 둥지가 거대해지면, 봉군을 나누는 것을 고려해야 한다. 유명한 종봉가들에게 이번 양봉철에 짝짓기를 마친 영국 여왕벌을 구할 수 있는 조처를 해놓는다. 그래야 오래된 여왕들을 대체하거나 벌통을 나누어야 할 때 편하다.

---

[147] orientation flight. 완전히 미지의 장소로 벌통을 이동시키면, 젊은 일벌들은 즉시 먼 곳까지는 비행하지 않으면서 단체로 머리를 둥지 쪽으로 향한 채 위아래로 비행한다. 이 과정을 여러 번 거치면 먼 곳에서도 돌아오는 능력을 얻는다. 이와 같이 비행 방향을 정하기 위한 비행을 말한다.

"7월
본격적인
육아기"

특별한 기상이변이 없는 한, 7월은 꿀을 모으기 가장 좋은 시기다. 내 친구 피터가 예측한 대로, 런던 북부 양봉장에 마침내 대규모 유밀기가 왔다. 무척 다행이었다. 벌통 속에 저장할 꿀을 줄 밀원 식물들이 제대로 꽃 필까 싶어 불안한 참이었는데, 나의 오랜 스승을 더욱 신뢰했어야 마땅했다.

지난 며칠 동안, 그간의 수고가 열매를 맺다 못해 〈마법사의 제자(The Sorcerer's Apprentice)〉에서처럼 그릇이 넘쳐나기 시작했다. 대단하고 소중한 수확물을 저장하는 계상이 순식간에 거의 바닥을 보였다.

그동안 내 벌들의 안위를 염려하느라 여념 없는 가운데 그들의 꿀 생산 능력도 비관적으로 느끼다가, 부지불식간에 갑작스러운 운명의 변화를 맞이했다. 벌들은 그냥 번성하기만 한 것이 아니다. 무더위 속에서 도시의 삼림지대가 제공하는 화밀 천국을 한껏 즐기고 있었다. 벌집째로 가능한 한 많이 납품하려는 아이디어를 이미 실행하는데도, 그 외에는 이 귀중한 수확물을 어떻게 다 판매해야 할지 걱정스러울 정도였다.

초록빛이 도는 훌륭한 라임 꿀이 계상에 쇄도했다. 봉군이 강하면 꿀 한 상자를 몇 주 만에 채울 수 있는 건 알았다. 그러나 상황이 완벽하다면, 실제로 최근처럼 여러 여건이 맞아떨어지기만 한다면, 벌들이 겨우 며칠 만에도 꿀 상자를 몇 개씩 가득 채울 수 있다는 사실이 드러났다.

겨울에 조립해놓은 벌집틀이 들은 계상을 벌통 위에 점점 더 쌓아 올리자, 꼭 불법적으로 높이 쌓은 마천루처럼 보였다. 풍부하게 만들어진 액체를 다 받기에는 계상만으로 부족해서, 심지어 계상의 두 배 크기인 육아상자까지 사용할 수밖에 없었다. 상자 하나가 꿀로 가득 차면 무게가 거의 50킬로그램 가까이 되어 옮기기도 어려워지므로, 이것이 어떤 점에서는 독배(毒杯)인 셈이기도 하다. 벌들이 이렇게 큰 통까지 용케 채우리라고는 믿지 않았다.

벌통과 상자들을 겨울에 충분히 주문했어야 했다. 그러나 만약 나 같은 상황에 부닥쳐서, 필요해지면 결국 허겁지겁 이렇게 할 수밖에 없을 것이다. 그런데 이런 경우에는 자칫 장비 품질점검을 소홀히 할 우려가 있다. 꿀을 따로 채취하지 않고 벌집을 포장 일부로 유지하는 상품을 만든다면, 갓 만든 새 소초를 사용하는 것이 특별히 중요하다.

1년 중 이 시기에 벌들은 빨대처럼 빨아들일 수 있는 긴 혀를 사용해 꽃과 나무에서 화밀을 마음껏 포식하며 신 나게 지낼 것이다. 벌들은 화밀을 벌 특유의 분리된 위장인 특별한 '꿀주머니'에 보관한다. 먹이를 찾아 나섰던 벌들이 벌통으로 돌아오면 그들의 꿀주머니에 있는 화밀을 일벌들이 입을 사용하여 빨아들인 다음 약 30분 동안 씹는다. 그것은 내 조카들의 표현처럼 '벌들이 토하는 것'은 아니다. 이렇게 하면 다당류가 단당류로 분해되어 벌들이 화밀을 더 소화하기 쉽고, 벌통 내부에 저장하는 동안 박테리아가 잘 자라지 않는다. 일벌들은 씹은 화밀을 벌집 속으로 옮겨 넣고, 수분이 제거되면 밀랍으로 덮개를 만들어 방마다 덮는다.

🐝 벌집이 급히 더 필요하다면?

계상의 벌집에 공간이 충분한지 자주 확인할 필요가 있다. 유사시에 정말로 필요한 경우에는 나처럼 아주 새로 만든 벌집을 넣을 수도 있지만, 유밀기에는 적절하지 않다. 화밀에서 밀랍을 추출해 벌집 모양을 만드는 가공작업은 시간이 상당히 걸리기 때문이다.

벌집을 짓는 일을 전담하는 특별한 벌들이 있다. 그 벌들이 서로 엉겨 붙은 채로 벌집에 한 줄로 매달린 모습을 볼 수 있을 것이다.[148] 일벌은 복부의 밀랍선에서 분비한 밀랍 조각[149]을 꼭대기에 있는 벌들에게 올려보낸다. 꼭대기 벌들은 부리라고 불리는 아래턱을 사용하여 받은 밀랍으로 육각형 모양을 능숙하게 만들어낸다.

새로운 벌집을 만들려면, 나무틀에 철선을 얽어서 밀랍으로 만든 벌집 모양을 붙여주면 된다. 이미 기본 모양이 있어서 벌집을 짓기 편하다. 이것을 직접 만들 수도 있고 우리 같은 전문가에게 의뢰해서 저렴하게 해결할 수도 있다. 업체에서 소초를 철선에 붙인 걸 팔기도 한다. 직접 만들 때는, 어감이 좋지는 않지만 절름발이핀이라는 이름의 압정으로 고정하면

---

148 출방한 지 12~18일이 되는 일벌들은 밀랍을 왕성하게 분비한다. 이들은 동시에 많은 꿀을 섭취하고 24시간 동안 집을 지을 장소에 조용히 매달려있다가 집을 짓는다.
149 지름 2밀리미터의 오각형 조각으로, 얇고 투명한 비늘같이 생겼다.

된다. 어쨌든 유밀기에 이런 일을 해야 하는 상황에 닥치고 싶지는 않을 것이다. 벌들을 방해하지 않도록, 바로 사용할 수 있는 틀과 벌집이 많이 있으면 좋겠다고 생각할 것이다.

양봉을 시작한 첫해에는 벌집을 여러 해 쓸 수 있다거나, 실제로 그렇게 하면 벌들이 새로 집을 짓지 않아도 되기 때문에 유익할 거라고는 생각조차 못했다. 나는 어리석게도 처음으로 사용한 벌집을 버리고 말았다. 지금은 20년이나 된 것들도 몇 개 있는데, 아직 멀쩡해서 여전히 잘 쓴다. 하지만 이것은 어린 유충을 기르는 벌집이 들은 육아소비에는 해당하지 않는다. 육아소비는 1~2년만 지나도 매우 까맣게 변하고, 재사용은 질병을 조장한다고들 한다. 그래서 나는 적어도 한 해 걸러 새것에 투자하거나, 혹은 오래된 것을 철저하게 살균해서 재활용한다.

벌집이 모자라면 헛집을 짓는다

하지만 새로운 벌통을 제대로 공급 못 하면, 새로운 벌집에서 벌들이 일하게 하는 것보다 훨씬 더 큰 실수를 저지르는 것이다. 모든 공간이 꽉 차서 벌집으로 감당이 안 되면, 벌들은 결국 커다란 벌집 팬케이크처럼 생긴 소위 (야생벌집으로 알려진) 헛집을 지을 것이다.

양봉하지 않는 사람이거나, 잠비아 같은 나라에서 찍은 사진을 보면 헛집이 상당히 인상적일 것이다. 벌들은 벌 한 마리가 통과할 수 있으면서 약간의 공간이 있는 곳이라면 어디든지 헛집을 지어서, 커다란 정찬용 접시 같은 것을 걸어놓는다. 우리는 이것을 '벌 공간(bee space)'이라고 부른다. 벌집은 벌들이 자유롭게 통과할 수 있되 헛집을 짓지는 못할 정도 간격으로 배치해야 한다.

대부분 개발도상국에서 여전히 헛집에서 꿀을 채취한다는 사실은 기억할 가치가 있다. 게다가 그것이 좀 더 자연스러운 시스템으로 인식되어 최근에는 벌을 키우는 방법으로 많이 사용한다. 하지만 벌들을 벌집에서 떼어내면서 꿀을 수확하기가 무척 어렵다. 뜨거운 옥상 위에서는 간단한 작업조차 하기 어렵다.

백여 년 전에는 짚으로 엮어서 만든 반구형 벌통에서 벌을 키우며 이런 야생 벌집을 짓도록 했다. 내부에 아무런 구조물도 제공하지 않아서 벌들이 너무 빽빽하게 집을 짓다 보니, 벌통을 부수지 않고서는 벌들이 움직일 수조차 없게 되어 죽는 벌들이 생기기도 했다. 그래서 계속 유지할 방법은 분명히 아니다. 밀랍으로 만든 벌집을 으깨서 짜내는 방법으로 꿀을 채취했을 것이다. 이것은 여전히 세계 곳곳에 존재하는 방법으로, 아프리카와 아시아 전역에서 직접 목격하기도 했다.

우리가 사용하는 현대적인 벌통들이 좀 더 실용적이고 효과적이다. 봉군에 별다른 피해를 주지 않고 벌들을 통제하면서 간단하게 약간의 조작만으로도 틀에서 벌집을 떼어낼 수 있다.

많고도 근사한 꿀

올해만 예외였고, 그동안은 계상을 넉넉하게 마련하느라고 늘 고군분투했다. 헛집을 모으기 위해 판지상자를 벌통 위에 얹는 양봉가들도 있다는 이야기를 들은 적이 있는데, 이것은 좋은 방법은 아니다. 나는 그렇게 하는 대신에 어느 날 저녁 늦게 벌통 제조업자에게 전화를 걸어서 그의 작업장을 가동해달라고 간곡히 부탁했다. 어쨌든 양봉철 한복판이라 결국 상당히 비싼 비용을 들여서(겨울보다 거의 두 배 가격!) 계상을 확보해야 했지만, 이런 비상상황에서는 다른 선택의 여지가 없었다.

대부분 양봉가가 이번 달에 해야 하는 주요한 작업 중 하나는 숙성된 꿀을 채취하는 것이다. 벌들이 벌통에 가져온 화밀 농도는 매우 묽다. 물이 80퍼센트나 되기 때문이다. 숙성과정에는 화밀을 걸쭉하게 하려고 수분을 제거하는 과정이 들어간다. 벌통 안에서 벌들은 수분을 더 빨리 증발시키기 위해 날개로 부채질을 한다. 저녁에 양봉장에 도착했다가 벌 수천 마리가 날개를 사용해서 부채질하느라 나는 이 엄청난 소음을 듣는다면, 이는 벌들이 그날도 바삐 일했다는 확실한 징표로 여기면 된다.

갓 따온 화밀은 때때로 발 위에 뚝뚝 떨어지기도 한다. 벌집을 수평으로 기울이면 화밀이 물처럼 쏟아져 나올 수도 있다. 그것은 숙성되지 않았거나 밀랍덮개를 하지 않았다는 뜻이다. 벌들이 힘들게 마련한 소중한 꿀을 채취할 때는 조심해야 한다. 꿀이 숙성했는지는 묽었던 꿀의 농도가 걸쭉해진 것을 보고 알아차릴 수 있다.

꿀은 절대 상하지 않는 유일한 음식물 중의 하나이다. 천연 당분이 엉겨서 이루어졌기 때문에 특성은 변할 수 있어도 썩지는 않는다. 벌들이 밀랍으로 방을 각각 덮기 전에 양봉가가 꿀을 채취하지 않는 한 그렇다. 봉개 전의 꿀을 채취하면, 매우 빠르게 발효한다. 소비자들은 발효해서 거품이 부글부글 이는 꿀을 음미하려고 하지는 않을 것이다.

꿀이 숙성해서 걸쭉해지면, 벌들은 작고 하얀 덮개로 밀봉한다. 꿀은 이제 수확할 준비가 된 것이다. 나는 1년 내내 각각 다른 꿀을 수확하기를 좋아하는 양봉가를 몇 명 알고 있다. 이는 특히 런던에서, 정말로 독특하고 특별한 꿀들을 맛볼 수 있다는 것을 의미한다. 나도 이렇게 하곤 했다. 지금은 특별히 다양한 꿀을 대표하는 벌집을 맛볼 수 있도록 하고 있다.

한창 양봉철인 이 시점에 수확물을 채취할 수도 있겠지만, 아직 저장할 데도 없고 작업실을 물색할 시간도 없어서 그냥 벌통째로 놔두었다. 하는 수없이 벌통이 가득 찰 때마다 계상을 꼭대기에 계속 쌓았다.

경험으로 봤을 때, 영국 다른 지역에서 채취한 꿀은 몇 달이 지나면 결정체가 되기도 하는데 런던 꿀은 식감을 그대로 유지하는 것 같아 다행이다. 또 운 좋게도 나는 아직 겪지 않았지만, 유감스럽게도 벌통 절도 사건이 증가한다고 한다. 꿀과 벌 모두 값어치가 꽤 나가기 때문인데, 아무래도 절도범은 양봉가가 틀림없는 것 같다. 계상을 통째로 훔쳐갔다가 꿀은 채취하고 빈 통은 다시 채우라고 돌려보냈다는 말을 들은 적도 있다.

7월까지 벌통 위에 있는 계상들을 그대로 두면, 매번 맨 아래에 있는 육아상자를 점검할 때마다 더위가 기승을 부리는 대낮에 엄청나게 무거운 상자 여러 개를 들어내야 한다. 자학(自虐)이라고 할 정도로 힘든 작업이다. 지금은 벌들이 분봉하려는 경향이 덜한 편이지만, 그래도 여전히 몇 주에 한 번꼴로 벌통을 철저하게 점검할 필요가 있다.

꿀이 가득 찬 계상을 저장할 적절한 창고를 구하지 못한 탓에, 계상을 원위치에 그대로 둔 것이 화근이었다. 육아상자를 점검하기 위해 계상을 들어 올리느라고 시간을 많이 허비한 바람에, 한나절이면 할 수 있었을 일을 많이 지체했다. 양봉에서는 간단한 실수 하나가 사태를 얼마나 금방 악화시킬 수 있는지 놀라움을 금할 수가 없다. 가혹하게도 거의 밤새워 작업했다. 맨 아래에 있는 상자를 확인해야 했기 때문이다.

계상을 내려서 꿀을 추출하거나 벌집을 자르기로 했다면, 먼저 벌들 몰래 꿀을 빼돌리려는 벌집에서 벌들이 떠나게 해야 한다. 이것은 〈8월〉 '계상에서 벌 내보내기(259쪽)' 부분에서 설명한 바와 같이 무척 섬세한 과정이다. 나는 낙엽제거용 송풍기 사용을 선호한다. 그러나 양봉을 처음 시작하는 사람들이라면, 대부분 아마도 탈봉기나 탈봉판이라고 불리는 기계(자동탈봉기) 사용을 고수할 것이다. 이 기계는 벌들이 꿀을 떠나서 다시 들어가지 못하도록 한쪽으로만 흘러나가게 만든 밸브를 장착했다.

🦋 벌들에게 물 주기

벌들도 물이 필요하다. 벌통 내부 온도를 일정하게 유지하거나 열을 식히기 위해서도 필요하지만, 밀랍으로 집을 짓거나 엉긴 꿀을 희석할 때에도 물은 필수이다. 봉군이 번성하도록 하려면, 정기적으로 물을 주면서 그 물에 벌들이 접근하는지 확인하고, 필요하면 더 제공해야 한다. 따뜻하고 양지바른 옥상에서 벌을 키운다면, 늘 가까운 곳에 벌들이 마실 물이 있는지 확인하는 것이 무엇보다도 훨씬 중요하다.

벌들은 틀어놓은 수도꼭지에서 나오는 신선한 물보다 고여있는 더러운 물을 더 좋아하는 것 같다. 시골에 가면 뿌연 물웅덩이 주위에 벌들이 모여서, 부드러운 진흙 속에서 첨벙거리며 돌아다니는 모습을 볼 수 있다. 벌들은 그런 물에서 미네랄을 섭취하고, 진흙을 착륙장으로 사용한다.

벌들을 위해서 병에 소변을 보는 일 따위는 하지 않는 편이 좋다. 대신 나는 오래된 쓰레기통 뚜껑을 뒤집어서 물을 담아놓고, 벌들이 내려앉을 수 있도록 벽돌 몇 개를 넣어주었다. 이 물은 서서히 지저분해지고 더러워져서 벌들이 좋아할 것이다.

날씨가 무더울 때 벌들이 언제든지 먹을 물만 있다면, 꿀 수확량이 더 많아지는 것은 주지할 사실이다. 만약 벌들에게 물을 제때 공급하지 않으면, 벌들은 다른 곳으로 물을 찾아 나선다. 그렇게 되면 이웃집 정원의 조그만 연못이나 물이 똑똑 떨어지는 수도꼭지, 혹은 물웅덩이에 많은 벌이 줄지어 있는 등 여러 가지 문제를 일으킬 수가 있다.

사냥감을 찾아 돌아다니는 말벌들

1년 중 이 시기에는 말벌 문제도 고려해야 한다. 이른 봄에 벌통을 점검할 때면 늘 토실토실한 여왕 말벌들이 내 벌통 지붕 아래에 주저앉은 모습을 발견하곤 했다. 말벌은 따뜻하고 건조한 곳에서 동면하는 걸 좋아한다. 유감스럽게도 말벌들은 재빨리 쫓아내야 한다. 그렇게 하지 않으면 7월이 되었을 때 말벌 새끼 수백 마리가 내 벌통을 제압하고 벌들을 위협할 것이다.

약하고 젊은 벌통은 여름에 말벌들이 집어삼킬 위험이 있다. 말벌들을 제대로 방어하기에 벌통의 입주자가 턱없이 부족한 소규모 봉군은 말벌들이 자기네 꿀을 훔쳐갈 때도 속절없이 지켜보기만 할 수밖에 없다. 이런 상황을 피하려면 각별한 주의를 기울여야 한다. 강한 봉군은 이런 침입자들을 강압적으로 물리친다. 벌통에서 번개처럼 빨리 뛰쳐나와서 침입자들을 땅바닥에 때려눕힐 것이다.

작년에 솔즈베리 평야에 있는 벌통 한 개를 열었더니, 꿀벌보다 말벌이 더 많이 들어있었다. 여왕벌은 아직 있었고, 일벌 몇 마리는 벌집에 매달린 채로, 사냥감을 찾아 돌아다니며 굴복시키려는 침입자들에게 괴롭힘을 당하고 있었다. 한때는 여러 상자의 꿀을 생산할 정도로 번성한 벌통이었는데, 분봉으로 세력이 약해져서 미래를 기약할 수 없이 암담한 처지가 되었다.

강한 봉군을 형성하기 위해 정성을 기울이는 것 외에, 양봉가가 할 수 있는 유일한 방법은 벌통 입구의 크기를 축소해서, 벌통을 좀 더 방어하기 쉬운 요새로 만드는 것이다. 외진 곳에 있는 양봉장에서는 간단하게 풀 한 무더기를 입구에 밀어 넣어 통로를 딱 10펜스짜리 크기[150]로 제한해서 해결할 수도 있다. 귀중한 수확물을 도둑질해가지 못하도록, 말벌 방지용 소문 마개를 장착한 벌통을 사용하거나 마개를 별도로 사서 입구에 설치해도 된다.

이 일을 하면서 종종 드는 의문은 말벌의 목적이다. 우리 대부분은 노란색과 검은색 줄무늬를 가진 말벌들이 노천맥줏집을 공포에 떨게 하는 사악한 생물체들이라고 느낀다. 따뜻한 날에 야유회를 나온 어른들을 괴롭혀서 제정신이 아닌 사람처럼 양팔을 미친 듯이 흔들어대게 하는 존재들이다.

사실 그들은 화분 매개자일 뿐만 아니라, 군대에서 폭발물을 탐지하는

---

[150] 우리나라 500원 주화 크기.

7월_ 219

데 쓰일 정도로[151] 상당히 똑똑하다고 한다. 또한, 말벌은 벌통 입구 밖에 버려진 죽은 벌을 먹어치우거나, 살아있는 진딧물을 먹어서, 정원사들을 기쁘게 해주기도 하는 유용한 육식동물이다.

올해는 말벌들에게는 특별히 운이 나쁜 해인 것 같다. 말벌들이 예년보다 도시양봉장에서, 그것도 좀 더 중심지에 있는 양봉장에서 더 많이 눈에 뜨였다. 아마도 관광객들이 가져오는 끈적끈적한 아이스크림과 달콤한 통조림들 때문에 웬스트 엔드로 모여든 것 같다. 말벌들이 가장 심하게 침범한 곳은 트래펄가 광장(Trafalgar Square) 근처의 국립 초상화 미술관에 있는 새 양봉장이다. 그러나 그곳 직원들이 이 성가신 침입자들에 경계태세에 들어가 덫을 만들었기 때문에 걱정할 필요가 없었다. 덫은 플라스틱 물병의 꼭대기를 잘라서 잼과 콜라로 가득 채운 몸체에 뒤집어 얹어 놓은 것이다. 말벌 대학살이 벌어졌다.

런던의 시장에서 관람용 벌통을 전시하며 꿀벌들을 보여주었을 때, 상당히 많은 사람이 말벌로 아는 것을 보고 무척 놀랐다. 자기 집에 꿀벌이 있다는 제보전화를 종종 받았는데, 실제로 알아보면 말벌인 경우가 태반이다.

말벌들은 매우 두드러진 점이 있는데도, 꽤 많은 사람이 말벌과 꿀벌을 혼동하는 것이 뜻밖이다. 말벌은 노랑과 검정 줄무늬가 뚜렷하고 날씬하고 매끈한 반면, 꿀벌은 털이 많거나 솜털로 뒤덮여있다. 말벌의 침은 꿀벌의 침에 있는 미늘이 없어서, 만약 그 짐승이 옷 속에 갇히게 되면, 계

---

[151] 말벌은 뛰어난 후각능력이 있어서, 설탕 한 방울과 특정한 냄새를 10초씩 세 번만 맡게 하면, 그 특정한 냄새를 기억한다. 훈련한 냄새, 즉 폭발물을 찾으면 음식으로 착각해서 더듬이를 내린다. 이것을 컴퓨터로 모니터링해서 폭발물 여부를 판단한다.

속해서 찔러댈 것이다. 말벌은 일반적으로 거룩한 꿀벌보다 공격적이지만, 그들도 이 세상에서 나름대로 꽃가루 매개자라는 목적이 있으며, 꿀벌에게 해를 끼침에도 높은 지능을 가진 생물체이다.

여름의 수도 런던에서 말벌들은 언제든지 아이스크림을 찾아낼 수 있다. 무더운 여름날 오후 포트넘 백화점 옥상에 설치한 눈부시게 아름다운 벌통에 벌들을 배치하는 작업을 마치자, 그 벌통을 디자인한 친구 조나단 밀러가 우리 모두에게 아이스크림을 가져왔다. 그로부터 채 몇 분도 되지 않아서 내가 만든 샴페인 플롯을 노리는 노란색과 검은색 줄무늬 침입자들에게 괴롭힘을 당했다.

나는 월간지 〈올리브〉와 함께 아이스크림이 들어간 흥미로운 레시피 작업을 했다. 그들의 버전은 정작 정제당과 중탄산소다로 만들어진 벌집 모양 브리틀(brittle)[152]을 사용한다고 되어있었지만, 이상하게도 사람들은 종종 벌들이 생산한 벌집과 혼동하곤 한다. 브리틀도 썩 괜찮긴 하지만, 나는 신선한 벌집을 사용하라고 권하는 바이다. 식감이 일품이다. 여름에 영국 각지에서 채취한 신선한 묽은 벌집을 구해서 먹어 보라. 꽃향기가 나면서 맛이 깔끔한데, 그 안에 신선한 꽃가루가 들어있다면 금상첨화다.

---

[152] 호두, 땅콩 따위를 섞어서 만든 사탕과자.

꿀 아이스크림

재료:
묽은 꿀 225그램, 더블크림 600밀리리터, 전지우유 250밀리리터, 큰 달걀 노른자 6개, 향이 강하거나 향기로운 벌집(런던이나 솔즈베리에서 수확한 벌집을 사용한다)

묽은 꿀을 작은 냄비에 담아서 아주 약한 불로 데운다. 크림과 우유는 다른 냄비, 가급적 이중냄비에 넣고 끓기 직전까지 가열한다.
달걀 노른자를 크고 우묵한 그릇에 담고 휘저어서 잘 섞는다.
뜨겁게 데운 크림 혼합물을 달걀에 조금씩 부으며 계속 휘젓는다. 골고루 잘 섞은 다음 다시 이중냄비에 담아서 약한 불에서 조리한다. 이 커스터드 소스가 아주 걸쭉해져 나무숟가락 뒤에 묻을 때까지 계속 젓는다.
깨끗하고 우묵한 그릇에 붓고, 따뜻하게 데운 꿀을 넣은 다음 골고루 섞는다. 저절로 식을 때까지 두었다가, 냉장고에 넣어 최소한 2시간 정도 차게 한 후에 아이스크림 기계에 넣고 설명서에 따라 휘젓는다(나는 기계가 없어서 가끔 이 혼합물이 얼려고 할 때쯤 되는대로 포크로 젓는다).
혼합물이 식었거나 휘젓는 게 끝날 무렵, 벌집을 덩어리로 대충 잘라 넣는다. 그 멋진 덩어리들이 완전히 부수어지지 않도록 한다. 나는 과하다 싶을 정도로 꿀을 더 넣는다.

유채꽃

좋던 날씨가 갑자기 흐려지기에, 잠시 슈롭셔에 다녀오기로 했다. 데이비드가 다음 달에 헤더 꿀 수확을 위해 벌들을 옮기는 준비를 돕기 위함이고, 또 한편으로는 오래된 외양간에 보관해둔 장비를 더 가지러 간다.

슈롭셔를 다시 방문하려니까 내가 그 시골을 떠나며 무척 신이 났던 이유 하나가 떠올랐다. 1년 중 이 시기에는 맛없는 단일 밀원식물인 유채꽃만 사방에 널려있다. 유채꽃으로는 대풍작이라고 할 만큼 꿀을 많이 생산할 수 있어서 추앙하는 양봉가가 더러 있기는 하지만, 생산한 꿀 품질은 형편없다. 유채 꿀은 맑고 양배추 냄새가 나며, 맛의 깊이가 없어서 그다지 인기가 없다.

하지만 그보다 더 나쁜 점은, 유채꽃이 벌들에게 상당히 해를 끼칠 수 있다는 것이다. 벌들은 유채꽃이라면 무조건 지나치게 흥분한다. 유채꽃은 강력한 자석처럼 벌들을 끌어들여서, 어떻게든 벌들의 넋을 빼앗아버린다. 근처에 아무리 맛있는 꿀을 생산할 수 있는 블루벨[153]과 클로버밭이 있어도 무시하고 유채꽃을 향해 달려가도록 한다. 금방 지치고 날개가 너덜너덜해져도, 벌들의 작은 시스템은 과하게 흥분해서 더 많은 꿀을 찾으러 돌아가기를 멈출 수가 없다. 유채꽃은 벌에게 마약과도 같은 존재(그만큼 해롭다)이며, 거기다 쉴 새 없이 뿌리는 살충제와 농약 때문에 죽을 위험성도 크다.

지금까지 양봉작업을 해오면서 가장 힘들었던 몇 가지 일 중 하나가 바로, 양배추나 다름없는데 너무 미화된 이 유채꽃밭 근처 계곡 양봉장에서 일어났다. 벌통 입구에 어마어마하게 많은 벌이 죽어서 썩은 고기 냄새를 풍기며 수북이 쌓여있었다. 벌을 사랑하는 사람이 아니더라도 그런 처참한 장면을 보면 누구나 괴로울 수밖에 없다. 나에게 벌은 단지 가축이나 생계수단만이 아니다. 그들이 고통스러워하는 모습을 보고 싶지 않다. 지난 10년 동안, 유채꽃밭과 너무 가까이에 있는 양봉장을 다섯 개나

---

[153] 청색의 작은 종 모양 꽃이 피는 식물.

문 닫아야만 했다.

유채꽃은 지금 영국 전역에서 맹렬한 기세로 자라며, 이르면 4월부터 늦게는 9월 말까지 핀다. 꽃은 채 며칠도 피지 않지만, 비료를 많이 뿌리고 기후 조건도 잘 맞아서 무서운 속도로 빨리 자란다.

시골에 살 때는 벌들을 배치하기 전에 항상 근처에 유채꽃이 없는지 점검하기 위해 여기저기 살피고 돌아다니곤 했다. 몇 주에 한 번꼴로 돌아와서 이 쓸모없는 것에 에워싸인 벌통은 없는지 확인해야 했다.

또 다른 문제는 유채꽃의 유전자 조작 때문에 간혹 지금까지 알려지지 않았던 바이러스들이 발현할 수 있다는 것이다. 유채꽃은 더 이상 천연 꽃 원료가 아니다. 그렇기는커녕 연구실에서 유전자를 조작한 것이다. 그것을 젊은 벌들과 유충이 먹으면, 말로 다 할 수 없는 손상을 입을 수 있다. 양봉가가 목격하는 가장 충격적인 바이러스 중의 하나는 만성마비(Chronic Paralysis)[154]라고 부르는 것이다. 벌통 뚜껑을 들어 올렸는데 벌들이 이 병에 걸려서 몸을 바들바들 떨고 있는 것을 보면, 눈물이 글썽거리지 않고는 배길 수 없다. 이 병에 걸리는 이유가 오로지 유채꽃 탓만은 아니겠지만(날씨가 또 다른 요인이기도 하다)[155], 벌들을 집약적으로 기르는 지역에서 많이 발병하는 것을 보았다.

런던에서는 이처럼 내 벌들을 위험에 빠뜨리는 것이 없었는데, 언젠가 블랙히스(Blackheath)[156]에 있는 내 친구 더그네 정원에서 유채꽃 한 포기를 발견한 적이 있다. 그것은 벌들로 바글바글했다. 어떻게 유채꽃이 거

---

154 성충의 뇌와 신경계에 바이러스가 침투해서 걸리는 병.
155 갑작스런 기온변화(주로 저온) 때문에도 많이 발생한다.
156 런던 남동부의 작은 동네 이름.

기에 있는지 모를 일이었다. 나는 바로 성큼성큼 걸어가서 더그에게 쓰레기봉지를 달라고 부탁하고는 뿌리째 뽑아버렸다. 여기 런던에서 유채꽃이 펴서 만발하는 장면은 절대로 보고 싶지 않았다. 더그의 여자친구는 게릴라 같은 내 행동에 다소 어이없어했지만, 자초지종을 말해주자 이해해주었다.

슈롭셔에 불과 며칠밖에 머물지 않았지만, 시골생활이 어땠는지를 회상하기에는 충분한 시간이었다. 한때 생각한 것처럼 신선하고 오염되지 않은 초원이 펼쳐진 화밀생산의 천국이기는커녕, 사실상 벌들에게 상당히 큰 위협이 도사렸다. 이 노란색 꽃밭에서 벗어나서 마냥 기뻤다. 게다가, 런던에서는 할 일이 아주 많다. 내 벌들을 오랫동안 내버려둘 수가 없다.

만다나

슈롭셔에서 돌아온 지 며칠 후에 우려했던 참사가 벌어지고 말았다. 다행히 이번에 다친 쪽은 벌이 아니라 나였다. 벌통 지붕 위에 벽돌 한 개를 올려놓은 것을 깜박하고 벌통을 들어 올리려고 했던 것이다. 벽돌이 쿵 하는 둔탁한 소리를 내며 코에 떨어지자, 피가 복면포로 뿜어져 나가면서 시야를 가렸다. 다행히 벌통은 떨어뜨리지 않았다는 사실에 자부심을 느끼며, 재빨리 코뼈를 제자리에 맞췄다. 전에도 코가 부러진 적이 있어서 어떻게 하는 건지 알고 있었다. 이 극적인 사건을 목격한 사람은 자원봉사자 중에서 가장 부지런한 만다나였다. 그녀는 돌아서서 나를 보고 처음에는 비명을 질렀지만, 이내 평정을 되찾고 벌통 점검을 꼼꼼하게 마무리했다. 우리는 함께 열심히 점검했다. 그녀가 정이 많은 편은 아니지만, 오히려 똑 부러지는 태도가 맘에 들었다. 그녀는 정말 훌륭한 양봉 수습생이다.

꿀 생산량에 보조를 맞추느라고, 나는 밤늦도록 대용량 충전식 조명을 켜놓고 계상을 더 올리는 작업을 했다. 반대인 사람들도 있겠지만, 나는 낮보다는 밤에 벌에 더 많이 쏘인다. 벌들은 그다지 잘 볼 수도 없거니와[157] 멀리 날아가려는 본능이 없어서, 나에게 집착하고 내 옷 속으로 파고들었다.

배터시(Battersea)에서 양봉을 처음 시작한 어떤 사람이 벌들을 다룰 자신이 없어서 밤에 점검한다는 이야기를 들었다. 낮에는 감당할 수 없는 벌들을 가진 것이 얼마나 즐겁겠냐고? 그건 해괴한 생각이다. 오히려 그는 여왕벌을 교체하고 좀 더 유순한 일벌들을 들여야 한다.

만다나는 질 것이 분명한 싸움에서도 항상 내 편에서 싸우는 성실한 테리어[158] 같다. 그녀는 나에게 막대한 도움을 주면서도 보수를 요구하지 않으며, 항상 그녀의 양봉 작업복을 빳빳하게 다려 입고 나타난다. 반짝거리는 새 황동 훈연기를 들고 오긴 하는데, 그것을 늘 뿌듯한 표정으로 바라보기만 하고 절대 사용하지는 않는다. 몇 주 전에 벌에 심하게 쏘인 후로는, 자기 바지 위에 요리사의 흰 바지를 또 입고 작업복 바깥에 벨트를 한다. 이것은 양봉가에게 인기 있는 효과적인 방법인데 뜻밖에 멋지기까지 하다.

그녀는 날씬하고 우아하면서도, 비비안 웨스트우드[159] 클러치 백을 들

---

[157] 벌의 시력은 인간의 1/80~1/100정도라고 한다.
[158] 체격은 작지만 용감하고 매우 활발한 성격의 개 종류.
[159] Vivienne Westwood. 개성적인 영국 패션디자이너의 이름이자 동명의 브랜드.

고 나타난 적도 있을 정도로 항상 도전의식이 가득 차 보인다. 나는 그녀가 무슨 일이든 망설이는 것을 한 번도 본 적이 없다. 자기네 양봉장에 다른 사람이 들어가는 걸 꺼리는 양봉가도 더러 있지만, 나는 만다나의 능력을 확신한다. 그녀는 동작이 굼뜨긴 하지만, 성실하다. 돌보는 여왕벌 매지를 뭉개버리거나 다른 벌들을 격분하게 하는 일은 없을 거라는 걸 알고 있다. 그녀는 온유한 사람이다.

만다나는 어렸을 때 가족과 함께 이란에서 망명해서 런던에서 학교에 다녔다. 그녀는 소규모 자영업 생활에 심취해 있으며 보수적인 작가 클럽을 운영하는데, 거기에 딸린 레스토랑에 공급할 꿀을 생산하려고 벌통 몇 개를 설치할 계획을 세웠다. 나는 그녀의 헌신과 일 처리 방법이 맘에 든다. 그녀는 이 직업을 제대로 배우고 싶어하며, 그러기 위해서는 인내가 필요하다는 사실을 잘 안다. 그래서 그녀는 자신의 귀중한 시간을 아낌없이 바치며 그 과정을 나에게 배우는 것이다.

데이비드의 런던

준비를 한 방에 끝내고 즉각 양봉을 시작하고 싶어하는 사람들도 있다. 나는 작년에 양봉에 필요한 모든 것을 인터넷으로 배울 수 있느냐는 질문을 받았는데, 절대 아니다. 오늘날에는 누구나 지식을 즉각 습득하길 원하지만, 양봉은 그런 류의 활동이 아니다. 그것은 서서히 발전해나가는 과정이다.

이것을 데이비드보다 더 잘 이해하는 사람은 없다. 1970년대 후반, 그는 런던에 20여 개의 벌통을 갖고 있었는데, 클래펌(Clapham)과 브릭스턴(Brixton)과 서리 키즈(Surrey Quays) 세 양봉장에 분산되어 있었다. 지금의 나처럼 그는 도시양봉을 장악하려는 포부가 있었는데, 내 생각에는 그래서 그가 나의 프로젝트에 그토록 지원을 아끼지 않는 것 같다.

그가 양봉장을 경영하면서 작은 조제식품점과 가게들에 납품한 방법과 마찬가지로, 나도 똑같이 시도하고 있다. 그는 시골에 있는 벌 일부를 도시로 가져와서 벌이 번성할 수 있는지 알고 싶어했는데, 당연히 번성했다. 내가 양봉을 시작한 지 얼마 되지 않았던 시절처럼 그도 수요에 공급을 맞출 정도로 생산할 수는 없었는데, 나는 올해의 대풍작으로 사정이 변화하길 바라고 있다.

그는 나보다 훨씬 더 진정한 양봉 개척자였다. 그의 자동차 모리스 마이너 밴은 런던의 벌통 사이를 오가느라고 결코 멀리 갈 일이 없었다. 코벤트 가든(Covent Garden) 근처의 원조 자연식품 선구자 격인 닐스 야드(Neal's Yard)에서 그가 생산한 꿀을 전부 샀고, 꿀단지는 고객들이 다시 가져오도록 해서 재활용했다.

그의 첫 번째 양봉장인 브릭스턴의 조세핀 가(Josephine Avenue)에서는, 벌들이 무허가 건물 서까래에 자리를 잡고 있다가, 지붕 기와가 없어진 구멍을 통해서 나선형을 그리며 건물 안으로 들어가곤 했다. 나는 언젠가 그에게 브릭스톤에서 키우는 벌들이 대마초 꿀을 생산한 적은 없는지 물어보았다. 그 지역 정원에 상당량의 대마초가 자라서 대마초 꿀을 생산할 수 있다는 말을 들었기 때문이다. 하지만 데이비드는 이 말을 일축했다.

그는 자메이카에서 로그우드(logwood)[160] 꿀을 수입하곤 했는데, 그쪽 양봉가가 그에게 벌들은 대마초의 톡 쏘는 맛이 나는 끈적끈적한 꽃봉오리를 꺼릴 거라고 장담했다는 것이다.

또한, 그는 벌들을 진정시키기 위해 훈연기에 인도대마를 사용해서는 안 된다는 말도 덧붙였다. 벌들을 미친 듯이 화가 나게 해서, 오히려 역효과가 나기 때문이다. 몽롱해진 벌들이 뒤에서 어슬렁거리며 꿀을 잔뜩 먹고 약간 피해망상증을 보일 거라는 내 생각은 완전히 잘못되었다.

데이비드의 서리 키즈 양봉장은 그 당시만 해도, 여피족(yuppie)[161] 혁명을 기다리는 버려진 지역이었는데 보라색 부들레아가 지천으로 펴서 특출한 꿀을 생산할 수도 있었다. 그러나 데이비드는 복잡한 심경으로 또 다른 꿀을 생산해내겠다고 말했다. 그것은 바로 당분이 많고 끈적끈적한 물질인 감로(甘露, honeydew)를 모아 짙은 갈색이다 못해 거의 거무스름한 꿀을 생산하려는 계획이었다.

감로

감로 꿀은 대단히 높이 평가되는데 특히 벌들이 그것을 모으는 방법이 꽤 독특해서이다. 감로 꿀은 벌들이 꽃가루를 수정하도록 유인하기 위해 꽃이 생산하는 화밀이 아니라, 곤충의 등에서 나오는 분비물로 만든다. 영국에서 이 곤충은 대개 진딧물이다. 엄청나게 많이 생산된 이 지나치게 달콤한 액체는 꿀벌과 개미가 수집한다. 또한, 여름에 자동차 창문에 아

---

160 콩과의 작은 교목.
161 young urban professional의 첫 글자를 따서 만든 것으로, 도시에 사는 젊고 세련된 고소득 전문직 종사자를 뜻한다.

주 끈적끈적한 얼룩들을 만들어내기도 하는데 제거하기가 무척 어렵다.

과일 맛이 나는 감로는 7월에 생기며, 꿀 수확이 좋지 않을 때 보강하는 역할을 한다. 특히 습한 날씨에는 진딧물 떼가 더 많이 분비한다. 감로는 다른 지역보다 런던에서 더 많이 나타나며, 초목의 건강상태가 허약하다는 것을 알려주는 지표로 본다. 요컨대, 식물이 진딧물이나 질병에 걸렸음을 시사한다.

개인적으로 나는 감로를 좋아한다. 송로버섯[162]처럼 독특하고 찾기도 쉽지 않은데, 벌통에서 검은 벌집이 나타나는 모습을 보면 더욱더 흥미진진할 것이다. 감로 꿀 생산 자체가 연금술 같다고 생각해서 다른 벌집들과 구분하여 특별히 취급하려고 한다. 내 마음을 사로잡는 부분은 꿀이 그런 특이한 물질로도 만들어질 수 있다는 사실이다. 대부분 사람은 나무나 풀에 피는 꽃이 없으면 벌이 꿀을 생산할 수 없을 거로 추정한다. 사실은 곤충 분비물에서 꿀을 생산하는 마법이 존재하는데도 말이다.

감로 꿀은 곰팡이 맛과 냄새가 난다. 괜찮다. 어차피 잘 팔리지 않을 것을 알고 있다. 감로는 벌들이 이용할 수 있는 화밀이 거의 없을 때, 다른 데에서 꿀을 모을 기회를 준다. 참 기발하다는 생각이 든다. 단점은 대량 생산했을 시, 벌들에게 상당히 독이 될 수 있다. 효모 함유량이 많아서, 벌들이 어지럽고 정신이 몽롱해지면서 거의 술에 취한 것처럼 된다.

버몬지는 감로를 생산하기 좋은 지역이다. 버몬지에서 그리 멀지 않은 테이트 미술관(Tate galleries)에 있는 새로운 양봉장 두 곳에서 같은 일이 벌어지기를 바라고 있다.

---

[162] 캐비어, 푸아그라와 함께 세계 3대 진미로 꼽히며, 땅 밑에서 자라기 때문에 후각이 예민한 개나 돼지의 도움을 받아서 찾아낸다. 워낙 진귀하고 가격이 비싸서 땅속의 다이아몬드라고 불린다.

테이트 미술관 양봉장

7월 둘째 주에 테이트 미술관에서 양봉해도 된다는 허가가 나자마자, 만다나와 나는 벌통을 설치하기 시작했다. 우리는 신 나게 작업했다. 시원한 저녁 시간을 택해서 런던 북부에 있던 벌통 열두 개를 고급스러운 새 양봉장으로 옮겨놓았다.

우리는 먼저 테이트 모던 미술관에 벌통 여섯 개를 세워놓는 데 주력했다. 벌통을 배치할 장소가 승강기 통로에서 꽤 멀어서, 벌통을 들고 옮기는 일이 올해 가장 힘든 일 중 하나가 될 거로 생각했다. 천만다행으로 미술관 측에서 정말로 배려를 잘 해줘서, 우리를 위해 짐꾼과 수레를 마련해주었다. 게다가 만다나의 팔이 길어서 트럭에 있는 벌통을 번쩍 들어서 수레 적재함에 싣기에 딱 알맞았다. 벌통 한 개 무게가 대략 35킬로그램은 나갈 테지만, 벌통을 옮기는 일은 체력보다는 기술이 좌우한다. 내 생각에는 여성들이 양봉을 더 잘하는 것 같다. 그들은 침착하게 벌을 다루면서도, 일이 힘들면 오히려 강인하게 버티며 박차를 가한다.

그 미술관은 심지어 벌통 근처 계단실에 탈의실까지 설치하고, 빳빳한 흰색 방충복을 가득 채워놓아서, 내가 몸 둘 바를 몰랐다. 그 옷은 나뿐만 아니라 벌을 보러오는 방문객들도 입을 수 있도록 배려한 것이다.

오후 늦게 우리가 직원 주차장에 도착해서 버저를 누르자, 경비실 직원들이 우리를 들여보내는 것을 경계할 거라는 예상과 달리 이미 통지를 받았는지 바로 차단기가 올라갔다. 밴 뒤쪽에 실린 벌들은 조용해서 편안해 보였다. 짐꾼들이 아주 힘들게 옮겼는데도 그런 상태인 것으로 보아 아주 조짐이 좋았다. 나중에 알고 보니 이 사람들은 브라질에서 온 청소부들로, 서툴거나 둔감한 것과는 거리가 멀고 벌을 걱정할 필요가 없을 정도로 큰 도움을 주었다.

밝은 노란색 칠을 한 벌통 한 다스를, 틈이 생기거나 혹은 설상가상으로 벌통이 떨어질 때를 대비해 벌통마다 마이크의 그물망 가방으로 덮었다. 예전에 승강기 안에서 겪었던 일을 교훈 삼아 조치를 취한 것이다. 반바지를 입고 벌통을 운반하던 중 승강기 안에서 벌이 새어나오는 바람에 기억하고 싶지 않을 정도로 벌에 많이 쏘였다. 테이트 모던 미술관은 방과 승강기와 복도가 워낙 많아서 미로 같아 옥상에 가는 데 시간이 좀 걸린다. 예전에 이곳은 발전소였던 터라, 천정이 상당히 높아서 혹시라도 벌이 새어나오기라도 했다가는 되찾기 어려울 테지만, 그물망 가방 덕분에 걱정을 덜었다. 이 여정의 마지막은 4층 높이의 계단을 올라가서 옥상 위에 벌통을 올려놓는 것이다.

걸음을 옮길 때마다 내 티셔츠 위에서 찰랑거리는 테이트 미술관 출입증이, 짐을 가지고 또다시 계단을 올라가는 나에게 활력을 불어넣어 주었다. 무엇보다 좋은 점은 이것만 있으면 구내 직원식당에서 아주 훌륭한 음식을 저렴한 가격에 이용할 수도, 거기에 차까지 무료로 마실 수 있다. 지친 양봉가에게 정말 좋은 장려책이다. 승강기에서 벌통을 새로 놓을 자리까지 직접 벌통을 옮기겠다고 고집을 부렸지만, 벌통을 채 몇 개 옮기지 않았는데도 숨이 너무 차서, 결국 짐꾼의 도움을 받았다.

이번 여름에는 12층에 있는 이 양봉장이 내 양봉장 중에서 가장 높아서 전망도 굉장히 멋질 것이다. 벌통들은 옥상에 우물처럼 움푹 들어간 공간에 두었다. 저녁 무렵에는 그곳 벽이 석양에 물들어서 기막히게 아름다운 색조로 빛나고, 그 빛은 강북에 있는 유리로 된 고층건물에 반사된다. 그러나 마음 한구석에서는 그 마법 같은 재료 때문에 벌들이 떼를 지어 다니다가 잠시 휴식을 취하는 지점이 인근의 글로브 극장(Globe Theatre)[163] 초가지붕이 될 것 같아 걱정이었다.

아래쪽은 공기가 탁하고 습도가 높지만, 땀범벅이 된 우리 등에는 여기 위쪽의 공기가 맑고 시원하게 느껴졌다. 산들바람이 벌들을 진정시켜서 벌들의 격렬한 부채질이 점차 잦아들었다. 만다나와 나는 벌통들을 나무 받침대 위에 두고, 마지막으로 햇빛이 서서히 사라지기 전에 벌들이 잠깐이라도 날아다닐 수 있도록 하려고 소문 마개를 살짝 열었다. 몇 마리가 벌통에서 나와 부드럽게 날아갔다. 이는 좋은 징표다.

이 방법은 한낮에는 바람직하지 않다. 왜냐하면, 낮에는 벌들이 모두 쏟아져 나와서 자기들의 새로운 거처를 파악하려고 하기 때문이다. 그러나 해가 지면, 시원해서 벌들이 차분해지기 때문에, 벌통에서 탐색하려고 나오는 벌들이 몇 마리 되지 않는다. 벌들은 하루 중 이 시간에는 벌통에서 멀리 가지 않으려는 성향이 있다. 근처에서 먹을 것을 찾으러 다니기 시작할 내일까지, 벌통에 그냥 남아있을 것이다.

경비실 직원들 모두에게 감사인사와 작별인사를 하고 만다나도 집으로 가자, 나는 비밀계획을 행동에 옮겼다. 옥상 위로 살금살금 돌아가서 매트리스를 펼쳤다. 벌들이 아침에 어느 방향으로 날아갈지, 그리고 이 높이에서도 번성할지 걱정돼서, 이곳에서 밤을 보내기로 했다. 이런 식으로 하룻밤 머무르는 것이 권장할 만한 일은 아니지만, 벌들이 잘 지내도록 하려

---

163 런던에 지어진 셰익스피어 연극 전용 극장으로, 중심에 있는 무대를 객석이 둥글게 둘러싸서 붙은 이름이다. 관람석 지붕은 짚을 이은 구조로 되어 있다.

면 방심할 수 없는 노릇이었다.

잠자리를 마련해놓고 나자, 세계 각처의 유명한 건물들, 몇 개만 예를 들자면 샌프란시스코의 앨커트래즈(Alcatraz) 감옥과 금문교 같은 곳에서 은밀하게 외박파티를 거행한다는 단체가 생각났다.

야경이 무척 환상적이긴 했지만, 잠을 제대로 이루지 못했다. 심지어 여기 옥상조차도 런던의 경적 소리와 차량 통행 소음으로 시끄러웠다. 그뿐만 아니라, 새벽이 되자 비행기가 하늘을 가로지르며 굉음을 내기 시작했다. 나는 깜박 잠이 들었다가 다섯 시 반경에 벌들이 방향 탐지 비행을 시작하는 소리에 잠이 깼다. 윙윙거리는 소리가 엄청났다. 그들은 과거 런던 브릿지 역 선로를 향해 남쪽으로 날아갔다. 그곳은 키 작은 잡목이 우거진 땅으로 비교적 아무런 방해도 받지 않고 자연 그대로 유지되고 있다. 벌들이 먹잇감을 구하기에는 환상적인 곳인 데다 그 상태가 오래갈 것으로 보인다. 벌들이 잘 정착하고, 벌통이 아찔할 정도로 높은 곳에 있어도 아무런 구애를 받지 않는 것으로 보여서 안심했다. 구내 직원식당에 잠입해서 커피를 구한 다음 하루를 시작했다. 약간 꾀죄죄한 모습이긴 했어도 이렇게 높은 곳에서 모든 일이 순조롭게 이루어져서 행복했다.

7월 말경에는 자매 미술관인 테이트 브리튼 미술관에 벌통 여섯 개를 더 설치했다. 2층 건물 옥상이어서 작업을 좀 더 쉽게 할 수 있었다. 이 양봉장은 근처 여러 사무실에서 내려다볼 수 있는 곳에 있어서 더 잘 보였다. 사무실 직원들이 창가에 몰려와 내가 작업하는 모습을 대단히 흥미롭게 지켜보곤 했다.

런던 동부 양봉장의 분봉

테이트 미술관 벌통 설치작업이 만족스럽게 잘 끝나고 분봉의 위험성도 줄어들어서 긴장이 풀리려는 찰나에, 호주 출신의 자원봉사자 조쉬에게 전화가 한 통 걸려왔다. 이번 달에 벌들이 꽃에서 따온 꿀이 넘쳐나서, 결국 오래된 취수펌프장 물탱크에서 한 무리가 떨어져 나왔다는 것이다. 그는 벌들이 아래층 레스토랑의 부엌 위에 화려하게 장식한 벽돌을 에워싸고 있다고 전했다.

내가 도착했을 때, 점심때 결혼식 피로연이 예정되어 있어서 안절부절못하는 매니저를 빼고는 모두 이 일에 매우 차분하게 반응했다. 조쉬는 내 요청에 따라 사다리와 판지상자를 가져다주며 여느 때와 다름없이 열심히 도왔다. 그러나 나는 여왕벌이 통풍 구멍이 있는 벽돌 속으로 들어갔을 것 같아서, 아무래도 제거하기 어렵겠다는 생각이 들었다.

여왕벌이 이미 벽돌 속으로 들어갔다면 제거할 수 없다. 그러면 여왕벌에게도 치명적이고, 나에게도 재앙인 것은 말할 나위도 없다. 여왕벌을 잃을 뿐만 아니라 그 여왕벌에게서 다른 벌들을 떼어놓느라 무진장 애를 먹을 것이기 때문이다. 빅토리아 취수펌프장 건물을 철거할 수도 없는 노릇이어서, 여왕벌이 여전히 벌들 무리 안에 있기만을 바랐다.

벌들은 평온을 유지하고 있다가 그들이 무리 지은 곳에서 6인치 이내로 내 코가 다가가자, 약간 일렁이기 시작했다. 벌들이 내가 있는 것을 알고, 고도의 경계 태세에 들어갔다는 징표였다. 벌들은 아주 작은 움직임이나 내가 내뿜는 이산화탄소까지도 대번에 감지할 수 있다. 벌 무리가 전체적으로 떠는 모습은 벌들이 위협을 받는다고 느끼는 것이다. 별안간 예측 불가능한 일을 저지를 수도 있기 때문에 경계를 늦추지 말아야 한다.

나는 마침내 벽돌 뒤에서 꼼짝 않고 있던 여왕벌을 찾아냈다. 손가락으로 여왕벌의 복부를 너무 꽉 잡지 않도록 조심하면서 살짝 집었다. 여왕벌의 배는 매우 연약해서 잘못된 방식으로 잡거나 우연히 꽉 쥐기라도 하면 생식기능을 파괴할 염려가 있다. 뒷주머니에 꽂아놓은 오래된 거위 깃털을 사용해서 판지상자에 나머지 벌들을 부드럽게 쓸어 넣었다. 재앙은 간신히 모면했다.

잠비아

양봉하는 내 친구들과 멘토들에게 도움을 받을 수 있어서 다행이다. 데이비드가 나의 런던 모험이 성공할 거라고 확신하며 용기를 준 덕분에, 힘든 시기를 견딜 수 있었다. 그는 겸손한 양봉가이며 나는 그의 의견을 존중한다.

사람들은 양봉가가 대개 듬성듬성 자란 수염과 미치광이 과학자 같은 눈썹을 하고 있을 거라는 선입견이 있는데, 실제로 얼토당토않은 소리에 사실이 아니다. 이따금 양봉가가 별나게 과시적인 인물로 보일 수도 있다. 데이비드라고 예외는 아니다. 많은 사람은 그가 어둡고 불길해 보인다고 생각한다. 그는 말수가 적지만, 벌에 관해서 말할 때는 예외다. 게다가 지극히 곧고, 정직하며, 아는 것이 많은 친구다. 그의 지원이 없다면, 나의 원대한 양봉 프로젝트는 고전을 면치 못할 것이다.

그는 나보다 열다섯 살이나 많지만, 나는 그의 체력과 건강에 끊임없이

탄복한다. 그는 장비를 옮기고 운반할 때 트로이 사람처럼 아주 열심히 일하며, 다른 사람들과 협력해야 할 때도 결코 망설이는 법이 없다. 우리는 몇 년 전에 일이 너무 바쁠 때 젊은 학생을 고용했는데 심지어 업무량 때문에 데이비드와 학생 사이에 시비가 붙기도 했다.

데이비드와 나는 12년 전, 내가 아직 사진작가였던 시절에 처음 만났다. 나는 바디샵(the Body Shop)[164]을 간신히 설득해서 잠비아의 꿀 수확을 기록하는 일을 당시 내 여자친구와 함께 맡았다. 그 과정에서 데이비드가 잠비아 벌의 전문가라는 소식을 듣고, 그가 우리와 함께 갔으면 좋겠다고 생각했다.

그는 1984년에 처음으로 VSO(Voluntary Service Overseas)[165]의 일원으로 북서부 잠비아를 방문한 적이 있다. 거기에서 그는 수백 년에 걸쳐 발전해온 전통적 기법으로 서로 협조해 꿀을 수확하는 양봉가 단체를 설립했다. 시간이 흐르고 그는 웨일스에서 사업을 성장시켜, 이제는 세계 곳곳에서 가족들을 먹여 살리기 위해 양봉하는 6천여 명의 사람들에게서 유기농 꿀과 밀랍을 공정거래로 수입하고 있다.

그가 직면한 문제 중 하나는 개발도상국의 주민에게 서구 스타일의 벌통을 사용하도록 권장하는 비영리민간단체의 성향이다. 이 벌통들은 그 지역사회에서는 실용적이지도 않고 대중적이지도 않기 때문에 마당에 버려진 관처럼 놓여있다.

수백 년 동안 전통적인 벌통에서 벌을 키워온 다른 지역에는 벌집틀을 사용하는 서구식 양봉을 적용하기 어렵다. 여기에서는 사람들이 자기들

---

[164] 화장품 체인점.
[165] 전문인들을 국외에 자원봉사 활동가로 파견하는 영국의 대외 자원봉사단체.

둘레에 있는 무엇으로든지 벌통을 만들기 때문이다. 서부 아프리카 카메룬에서는 풀을 엮어서 만들고, 잠비아에서는 나무껍질로 벌통을 만든다. 양봉가는 돈이 필요하면 현금인출기에 가서 돈을 찾듯이 자기 벌통에서 꿀을 채취해서 판다.

우리는 잠비아 방문을 대비해서 가방에 등산용 밧줄과 안전벨트를 가득 채워 넣었다. 필요한 장비를 완벽하게 갖춰서 짐을 꾸렸다. 아프리카 이 지역의 양봉가가 벌을 키우는 방법을 익히 들었기 때문에 만반의 준비를 했다.

나는 나무껍질 벌통을 찍은 빛바랜 스냅사진을 본 적이 있는데, 그것들은 대부분 우거진 숲 속 나무꼭대기, 약 90피트[166] 정도 높이에 있었다. 우리는 숲 속 바닥에서 그 꼭대기에 있는 벌통을 찍는 것은 무의미하다고 생각했다. 비록 이 벌들이 끔찍하게 사나운 기질로 유명하더라도 활동하는 모습을 가까이에서 찍고 싶었다. 이 벌들은 기르는 벌이 아니고, 아프리카에서 가장 우수하면서도 야성적인 벌들이었다.

더 큰 걱정은 내 여자친구가 벌침알레르기가 무척 심하다는 사실이었다. 얼굴에 딱 한 방 쏘였을 뿐인데 무시무시할 정도로 부어오른 적이 있다. 처음에는 그녀가 코끼리처럼 보여서 웃겼지만, 시간이 지날수록 심각해졌다. 게다가 지나가는 사람들은 내가 그녀의 얼굴을 멍들고 부풀어 오르게 한 것으로 오해해서 어이없는 표정으로 나를 바라보기까지 했다. 그러나 그녀는 벌을 사랑하는 대단한 사진작가였으며, 그 어떤 것도 그녀가 작업에 몰두하는 것을 멈추게 하지는 못했다.

---

[166] 27,432미터.

잠비아에 도착하자마자, 장비가 득이 될 수도 있지만 해가 될 수도 있다는 사실이 드러났다. 가장 좋은 사진은 내 여자친구를 밧줄에 묶어서 마을 사람들이 모두 힘을 합해 그녀를 나무 위로 끌어올려서 찍었다. 안전벨트를 사용해본 경험이 없어서, 나는 15피트[167] 높이의 나무 위에서 떨어지고 말았다. 심하게 다치지는 않았지만, 자존심이 완전히 구겨졌다. 내가 떨어지는 장면을 마을 사람들이 모두 목격했는데, 불필요한 장비를 잔뜩 착용하고 있어서 훨씬 더 우스꽝스러워 보였다. 간단한 밧줄이나 안전벨트조차 없이 벌통까지 능숙하게 오르내리는 그 지역 양봉가와 무척 비교되었을 것이다.

벌들의 기질은 우리가 들었던 것만큼 나쁘지 않았지만, 또 다른 공격적인 동물에 관해 끔찍한 이야기를 들었다. 잠비아 사람들이 벌통을 그렇게 높은 나무 꼭대기에 두는 이유 중 하나는 벌통을 안전하게 지키기 위해서라고 했다. 배고픈 꿀오소리가 꿀을 얻기 위해 벌통을 전부 허물어뜨리는 것을 방지하기 위해서다. 단것을 좋아하는 이 포유류는 등은 하얗고 다른 부분은 회색빛이 도는 검은색인데, 상당히 무시무시한 평판[168]을 듣는다. 마을의 한 노인이 나에게 전해준 바로는, 꿀오소리는 수코끼리에게 뛰어올라서 고환을 물어뜯는 방법으로 코끼리를 죽이기도 한단다. 그곳을 방문했을 때 이 동물과 마주치지 않아서 정말 다행이었다.

벌 이야기로 돌아가서, 잠비아 벌의 침이 영국 벌의 침보다 더 나쁘지 않다고들 하던데, 우리는 사진 촬영하는 내내 양봉장비를 완벽하게 착용하고 있어서 벌에 쏘일 기회가 아예 없었다. 집으로 돌아갈 때, 복면포와

---

167 4,572미터.
168 지구상 최고의 독종 동물로 기네스북에 등재되어 있으며, 인간을 빼고는 천적이 거의 없다고 한다.

장갑과 방충복을 마을에 두고 떠났다. 그 지역 양봉가가 그 작업복세트를 착용하기 귀찮아할지는 모르겠지만, 당시에는 매우 고마워하는 것처럼 보였다. 그들이 그것을 가장무도회 복장으로나 사용할지 누가 알겠는가.

고국으로 돌아오자, 그 여행은 대단한 성과를 거둔 것으로 평가받았다. 바디샵 측에서는 우리가 찍어온 사진들을 보고 매우 흡족해했으며, 우리에게 리틀햄프톤에 있는 본사에 벌통 네 개를 설치해 달라고 요청했다. 이것은 그곳에서 펼쳐질 더 큰 그림의 일부였다. 직원들이 점심때 할당량을 맡아서 벌을 직접 키워보는 체험을 할 뿐만 아니라, 지붕 위에 있는 태양열 전지판으로 환경에 관해 배울 기회도 얻도록 했다. 다음 단계는 양봉에 관심을 둘 것이 분명했다. 거대한 프랑스계 화장품 회사인 바디샵이 벌통을 소유한 것은 회사의 설립취지에 부응할 뿐만 아니라, 이 회사의 경영철학과도 자연스럽게 맞아떨어지는 일이다.

바디샵의 양봉장이 도시뿐만 아니라 경사진 목초지와도 가까웠으므로, 이것도 또 다른 유형의 도시양봉으로 볼 수 있다. 나는 아주 훌륭한 웨일스 벌들을 배치했다. 개인적으로 더욱 중요한 사실은, 그 여행을 통해서 데이비드의 회사가 매스컴에서 호평을 받았으며, 동시에 데이비드와 내가 끝내주게 좋은 관계가 되었다는 것이다.

7월 Tip

모든 양봉가가 해야 할 일:

* 더운 날씨가 이어질 때는 벌들이 언제든지 많은 양의 물에 접근할 수 있도록 한다.
* 아직은 벌들에게 분봉의 징후가 있는지 매주 점검할 필요가 있다. 그러나 이번 달에 봉세가 절정에 달했다가 하지로부터 약 3주가 지나면, 분봉 위험성이 상당히 줄 것이다.
* 말벌이 갑자기 나타나서 벌을 괴롭히는 일이 없도록 특히 더 조심한다. 나는 말벌을 잡으려고 잼으로 덫을 놓고, 세력이 약한 벌통이 말벌로 들끓는 일을 미리 방지하기 위해 소문의 크기를 줄여놓는다.
* 기상상태가 적합하면 대규모 유밀기가 시작할 수 있으므로, 분주할 때를 대비해서 반드시 계상을 충분히 준비해놓는다.
* 꿀 수확이 많아질 것을 예상해서 그것에 맞게 꿀단지와 라벨을 주문하라! (기상조건이 엄청나게 좋지 않은 한, 이것은 초보 양봉가에게는 적용할 가능성이 거의 없다.)

요크셔의 헤더

8월 초에 나는 데이비드가 벌을 대규모로 옮기는 작업을 도와주었다. 우리는 그의 벌통 수십 개를 요크셔의 동해안 지역에 있는 황야지대로 옮겼다. 이 지역은 수백 년 동안 양봉가들이 이동양봉 코스로 애용해온 곳이다. 영국에서 가장 좋고 값비싼 꿀을 생산하며 종류도 무척 다양한, 히스라고도 알려진 헤더꽃이 만발한 때를 활용하는 것이다.

언제나 그렇듯이 도전은 타이밍이 맞아야 한다. 가장 좋은 꿀을 가장 많이 얻기 위해 헤더 꽃봉오리가 맺혀서 꽃망울을 터뜨릴 때만큼은 벌들을 자유롭게 놓아준다. 그들은 여름 휴양지에 도착한 지 채 몇 시간도 되지 않아서 꿀을 따오기 시작하는데, 이는 늘 대단히 설레는 일이다.

만개한 보라색 꽃밭에 벌들이 익숙해지자마자, 꿀을 마음껏 더 저장할 수 있도록 예비 계상을 가까운 곳에 마련해둘 필요가 있다. 하지만 우리 트럭은 벌통만으로도 꽉 차서, 더 필요한 계상은 미리 며칠 전에 택배를 보내놓았다. 그런데 택배회사에서는 계상이 담긴 화물운반대를 황야지대를 가로지르는 먼 간선도로에 내려놓고 가버렸다. 쌓아놓은 계상들이 마치 파란색 타임머신처럼 우뚝 솟아있다. 벌들이 제자리를 잡으면 우리 팀이 바로 다 해치울 것이다.

수송 계획을 조직적으로 잘 세워야 해서 경험이 풍부한 사람 몇 명에게 부탁했다. 이들은 옛날부터 해오던 모험적인 이동양봉 과정에 열의를 가지고 자원해서 기꺼이 도와주었다.

오래전에는 벌들을 요크셔의 황야지대로 실어 나르는 특별열차를 편성해서, 양봉가들 사이에 이동양봉 원정대가 아주 흔했다. 오늘날은 버진 철도(Virgin Train)에서 양봉을 위해 특별편성한 객차는 아예 없다. 그렇지만 데이비드와 나는 둘 다 꿀 수확을 위해 밀원을 추적하는 모험과 긴장감을 좋아해서, 우리가 하는 일을 즐긴다.

헤더는 날씨에 민감한 밀원이다. 그래서 오래된 토탄질[169] 토양이 흠뻑 젖을 정도로 몇 주 동안 계속 비가 내리면 좋다. 그러면 장기간의 개화기에 대비해서 충분한 습기를 확보할 수 있다. 그런 다음에 바람이 세게 불지 않으면서 후덥지근한 날들이 이어지면, 그야말로 금상첨화다.

1년 중 이 시기에 외진 황야지대에서 구할 수 있는 벌들의 먹잇감은 헤더 이외에는 아무것도 없다. 런던에서 먹이를 구할 때와는 완전히 대조적인 상황이다. 라임 개화기가 다가오긴 했지만, 런던에서 순수하게 한 가지 화밀만을 받는 일은 거의 불가능하다.

이런 이유로 이곳 황야지대에서 생산한 꿀이 그나마 유기농 꿀에 가장 가깝다. 영국에서 생산한 꿀 중에는 유기농 꿀이라고 공식인증 받을 수

---

[169] 석탄의 일종으로 탄화 정도가 가장 낮으며, 주로 진펄이나 늪 등에서 생물의 유체가 불완전 분해한 물질이 퇴적한 것으로, 이탄이라고도 한다.

있는 꿀이 없다. 벌통마다 5만 마리씩이나 되는 벌들이 어디를 돌아다녔는지 보증할 수 없다. (만약 영국 내 상점에서 유기농 꿀을 발견한다면 이 사실을 상기하자. 라벨을 꼼꼼하게 읽어보면, 필시 수입 꿀이라는 사실을 발견할 것이다.) 이렇게 오직 한 가지 꽃만 핀 고립된 황야지대에서는 그나마 유기농에 가장 근접한 꿀을 산출할 수가 있다.

양봉가들은 전통적으로 뇌조 사냥철이 시작되는 '영광의 12일(Glorious Twelfth)[170]'인 8월 12일에 자기네 벌들을 헤더밭에 두어야 한다고 믿는다. 광대하게 펼쳐진 요크셔 황야지대는 오늘날에도 여전히 뇌조를 상업적으로 잘 관리한다. 이것은 데이비드나 나처럼 양봉하는 처지에도 좋은 일이다. 어린 뇌조들이 먹는 초록색 새싹이 잘 나오도록, 헤더를 짧게 잘라주기 때문이다. 헤더꽃이 필 무렵이면, 새록새록 돋아나는 새순이 많아서 싱그럽다. 보랏빛 헤더의 물결을 순식간에 불그스름하게 녹슨 것처럼 망쳐버리는 헤더딱정벌레만 침입하지 않는다면 말이다.

등에 라이플총을 메고 사륜 오토바이를 타고 가던 젊은 사냥터 관리인을 우연히 만났는데, 뒤에는 빠릿빠릿한 스패니얼[171] 몇 마리가 타고 있었다. 그가 나에게 들려준 바로는 올해 이 황야지대에서 사냥하려면 1만 파운드[172]를 내야 하는데, 잡을 수 있는 것도 한 쌍(즉, 뇌조 두 마리)으로 제한한다고 한다. 정말 비용이 많이 드는 취미다.

벌들이 오가는 데 에너지를 다 소비하지 않도록, 데이비드의 벌통들을 헤더 한복판은 아니더라도 가능한 한 헤더 가까이에 배치하려고 노력했

---

170 잉글랜드 및 스코틀랜드의 황무지에서 일제히 뇌조 사냥을 개시하는 날.
171 기다란 귀가 뒤로 처진 작은 개 종류.
172 약 1천 7백여만 원.

다. 벌들에게 휴가를 주고, 떠나기 전에 격왕판을 제거했다. 지금까지는 여왕벌이 산란실에만 있도록 하고 계상에 올라가서 알을 낳는 것을 방지하기 위해 격왕판을 사용했지만, 격왕판이 없어야 더 효과적으로 꿀을 생산할 수 있을 거로 생각했기 때문이다. 격왕판이 있으면, 벌들이 계상으로 들어가기 위해 그물망 입구를 통과하느라고, 지나다니는 속도가 떨어진다. 이맘때에는 여왕벌이 어차피 알을 적게 낳으므로 웬만해선 계상으로 올라가지 않는다. 설사 여왕벌이 올라간다고 하더라도, 6주 후에 계상을 제거하기 전에는 새끼 벌들이 출방해서 조금이라도 운이 좋으면 새끼 벌이 있던 자리도 꿀로 채워질 것이다.

날씨만 거칠어지지 않는다면, 요크셔 이동양봉은 영광스러운 성과를 거둘 것이다. 그래도 혹시나 해서, 우리는 헤더탐험의 두 번째 단계에 착수했다. 벌통을 이곳의 반대쪽과 웨일스 북부에 있는 헤더 황야지대로 옮기는 것이다. 이렇게 벌통을 분산함으로써 실패의 위험성을 줄이려고 한다. 꼭 그렇지는 않지만, 양쪽 지역의 날씨가 동시에 좋지 않을 가능성은 거의 없다.

웨일스로 갈 때 데이비드와 나는 번갈아서 운전하며 휴식을 취했다. 나는 리즈(Leeds) 바로 북쪽에 있는 A1고속도로 휴게소의 계산원과 이미 서로 이름을 부를 정도로 친한 사이가 되었다. 이런 화물자동차 휴게소들은 커피 질은 떨어지지만, 오아시스같이 휴식을 취할 수 있는 반가운 곳이다. 군것질거리를 비축할 절호의 기회이기도 하다. 무언가를 먹으면서 운전하면 운전 중에 잠이 들 염려가 없다는 것이 내 지론이다. 올해 내가 애용하는 간식은 봄베이믹스(Bombay mix)[173]와 마르스(Mars)초콜릿바와 독일제 얇은 훈연소시지다. 반면에, 데이비드는 항상 피스타치오를 고른다. 그가 껍질을 자꾸만 발밑 공간으로 떨어뜨려서, 혹시라도 껍질이 쌓이면 클러치를 밟을 때 다소 위험한 상황이 벌어질까 걱정되었다.

영락없는 네안데르탈인

데이비드의 벌통들을 전국 각지에 분배하는 것을 도와주고 나서, 이번에는 나의 런던 벌통 중 일부를 옮겨서 헤더 꿀을 채취하기로 했다. 도시에 있는 벌통의 1/4가량을 슈롭셔에 있는 언덕으로 옮기려고 한다. 이 작업을 하려면 짐을 상당히 많이 운반해야 하므로 덤프트럭도 준비했다. 트럭의 기울어지는 기능이 기술적으로 필요하지는 않지만, 짐을 내릴 때는 도움이 될지도 모르겠다.

이 미션 때문에 인생의 다른 영역에서 이미 그 대가를 톡톡히 치렀다. 나는 그 당시 애인에게 무척 소홀했다. 그녀는 늘 크레타 섬 해변에 여교장 같은 표정으로 앉아서 내가 도착하기만을 기다렸다. 여배우였던 그녀는 주머니에 왕롱이나 넣고 다니며 흐트러진 머리에 씻지도 않은 떠돌이 양봉가가 아니라, 더 화려하고 귀티가 나는 연인을 원했기 때문에 결국 나는 버림을 받고 말았다. (그로부터 몇 달 후에 자전거를 타고 워털루 다리를 건너가다가, 나는 그녀의 이름이 국립극장의 측면 전광판에 떠있는 것을 보았다. 그녀는 출세하고 나는 자전거나 타고 있는 모습에 약간 열 받기는 했지만, 그녀가

---

[173] 말린 과일, 견과류 등으로 만든 인도의 전통 간식.

잘돼서 흐뭇했다.) 그렇다고 내가 크레타 섬에 모습을 드러냈다면, 또 다른 관계까지 망쳤을 것이다.

요즘 시대에 유목생활은 양봉가에게 거의 인기가 없다. 심지어 들에서 딱 하루만 지낸다고 하더라도 준비과정이 예술이라고 할 만큼 힘든 작업일 수 있다. 나는 단 몇 분이라도 절약하기 위해 황야지대나 다른 전초기지에서 해당 날짜에 곧장 양봉장으로 가곤 한다. 이렇게 하면 최소한의 노력으로 가능한 한 빨리 촌티 나는 스타일을 감출 수 있다. 런던의 아가씨들은 이런 모습을 좋게 받아들이지 않는다는 것을 이미 잘 안다.

양봉 작업복을 허둥지둥 벗었다. 등산화나 장화는 결코 착용해서는 안 된다. 차라리 맨발로 다니는 게 낫다. 만일을 대비해서 대개 깨끗한 옷과 재킷세트를, 꿀이 묻는 것을 방지하기 위해 단단히 포장해서 트럭에 싣고 다닌다. 옷은 이렇게 갈아입으면 되지만, 내가 하루에 20시간 일하는 사람이라는 사실을 숨기기는 어렵다. 일주일 내내 작업복으로 온몸을 꽁꽁 싸맨 채로 다루기 까다로운 벌들과 씨름하노라면, 냄새가 피부 속 깊이 밸 수밖에 없다. 일주일 동안 씻지 못해서 꼬질꼬질한 데다가 악취까지 난다는 뜻이다. 빙고! 영락없이 지독한 냄새를 풍기는 술주정뱅이 부랑자의 모습이다.

때때로 피치 못할 순간에는 궁여지책을 써야 해서 자동차용 방향제로 단장하기도 한다. 레몬 향의 크리스마스트리[174]도 그다지 나쁘지는 않지만, 요즘에는 트럭 어딘가에 꼭 탈취제를 갖고 다니려고 한다. 시간이 허락하면 휴게소 세면대에서, 옷을 다 벗고 씻지는 못해도 적어도 얼굴과

---

[174] 주로 룸미러에 대롱대롱 매달고 다니는 'Little Trees'라는 크리스마스트리 모양 방향제. 향이 상당히 강력해서 운전 후 밖에 돌아다닐 때도 온몸에 향수를 뿌린 듯 이 냄새가 따라다닐 정도라고 한다.

손, 머리는 꼬박꼬박 씻는다. 그런데 손톱에는 때뿐만 아니라 밀랍과 프로폴리스까지 껴서 아무리 해도 깨끗하게 씻기지가 않는다. 네안데르탈인 같은 모습을 감추려고 저녁에도 가능하면 두 손을 주머니에 넣고 다닌다.

슈롭셔의 헤더

수익성이 좋아서든지 현실적이어서든지, 슈롭셔의 헤더 꿀 채취탐험은 나에게 거의 성지순례나 다름없는 일이 되었다. 나는 이 일을 지난 12년 동안 계속해왔다. 늘 나의 뇌리를 사로잡고 있는 일이다. 황야지대와 거기에서 생산해내는 기가 막힌 꿀뿐만 아니라, 탁월하고 꾀가 많은 꿀벌에도 당연히 경의를 표할 수밖에 없다.

나는 어린 시절을 슈롭셔에서 보냈다. 방학 때면 야생송어가 헤엄쳐 다니는 개울을 막으며 놀았다. 진득진득하게 느껴지는 8월에는 언덕에 핀 헤더꽃을 따서 짙은 향기가 나는 활력소를 빨아먹곤 했는데, 우리는 그것이야말로 진짜 꿀이라고 생각했다.

품질 좋은 헤더 꿀을 만들 수 있는 모든 여건이 갖추어지면, 그때가 내 양봉철의 하이라이트가 된다. 한밤중에 황야지대에 도착해서 벌들을 내려놓고, 몇 주 후 그들이 이룩해놓은 것을 보기 위해 돌아가는 과정은 뭔가 황홀하다. 마약 같다. 대단히 매력적이라 절대로 포기할 수 없다. 나는 이 일을 사랑하기에 하는 것이다.

그러나 한편으로는 약간 엉뚱하게 보일 수도 있다. 꿀을 아직 더 구할 수도 있는 장소를 떠나서 다른 곳으로 벌을 옮기는 행동은 경제관념과는 거리가 멀기 때문이다. 더군다나 헤더 꿀 수확이 기껏해야 도박처럼 여겨지는 상황에서는 특히 더 그렇다. 과거 몇 년 동안 벌들이 비싼 수송비를 상쇄할 만큼 충분한 양의 헤더 꿀을 만들어낸 적이 없다. 이 액체상태의 황금이 수송비라도 충당할 수 있으려면, 한 병당 50파운드에는 팔아야 한다. 하지만 그 가격에 사려는 사람은 아무도 없었다. 그래서 나는 런던에서 하는 양봉사업의 이익금 중 상당액을 이동양봉 보조금으로 전환해서 사용했다.

이런 문제점들이 있음에도, 나는 올해도 예년과 다름없이 길을 떠날 것이다. 가장 생산성이 높은 벌통들을 가져가기 위해 찾는 중이다. 아직 자리를 잡아가는 너무 어린 벌들을 옮길 필요는 없다. 열심히 일할 일꾼들이 필요하다.

그런데 벌들을 전부 육아실로 모아야 한다는 문제가 있다. 먼저, 계상을 치워야 하므로 계상에 들어간 벌들이 모두 나오도록 한다. 런던 꿀을 슈롭셔로 가져갈 필요는 없으므로 헤더 꿀을 모을 빈 계상만 가져간다. 일단 위에 얹었던 계상들을 내리는 건, 구운 벌 통조림 한 개를 깔때기 속으로 붓는 것과 같다. 벌통들을 차에 싣기 위해 돌아왔는데, 어마어마한 벌 무더기가 벌통 입구에 매달려 있으면 내부에 충분한 공간이 없는 건 아닐까 염려된다.

이럴 때 내가 흔히 쓰는 전략은 벌들이 벌통 안으로 들어가도록 훈연기를 사용해 부드럽게 유도하는 것이다. 출퇴근 시간에 붐비는 지하철에 타는 것과 비슷하다. 벌들이 다 탈 수 없을 거라는 생각이 들겠지만, 살살 밀면서 격려하다 보면 그 결과에 놀랄 것이다. 더러는 벌통 밑으로 기어들어서 그물망 바닥을 통과해 위로 올라가려는 벌들도 있다. 그러니 손에 벌침을 쏘이고 싶지 않다면 벌통을 들어 올릴 때 조심해야 한다.

빌린 트럭에 나의 최정예 윙윙이들을 조심스럽게 태우고 런던을 떠날 것이다. 올해도 어김없이 내 친구 킹이에게 슈롭셔로 수송하는 것을 도와달라고 부탁했다. 지금껏 그랬던 것처럼 사냥터 관리인인 그가 구해준 나뭇가지들을 훈연기에 넣었다. 그는 슈롭셔 대지에서 꿩을 5천 마리나 관리한다. 나는 어렸을 때부터 사냥터 관리인들이 무척 멋져 보였다. 지역의 연감 같은 그 사람들로부터 배우고 싶은 것이 많다. 그들은 지략이 풍부하고 강인하며, 친환경생활이 유행하기 오래전부터 그런 생활을 실천해왔다. 2차 세계대전 때는, 사냥터 관리인들이 하일랜드(Highlands)[175]에서 정예 병력에게 생존기법과 자급자족하는 방법을 교육했다고 한다. 킹이는 60대이지만 환상적인 동료로, 그와 함께하는 여행은 늘 사교모임을 방불케 했다. 우리는 꼭 야생자두주(sloe gin)를 담은 작은 병 하나를 지참하고 간단한 피크닉을 간다. 대개 오래된 버드나무 바구니에 치즈 한 조각, 피클 약간, 빵 조금과 고등어 통조림 한 캔도 함께 담아간다.

킹이는 늘 자기 벌들도 이 여행에 데려온다. 그의 벌통은, 은퇴한 건축가인 배리가 쓰레기더미를 뒤져서 찾은 목재로 만든 것이다. 배리는 외팔인데도 손재주가 귀신같이 뛰어나다. 이 벌통들은 폐기한 캠핑카에서 구한 알루미늄으로 뒤덮은 지붕만 제외하고는, 벌통 모서리마다 세심하게 방수 밀봉처리를 해서 외관이 무척 독특하다.

킹이의 벌통 수는 이제 봉군을 20개 이상 수용할 만큼 늘어났는데, 대

---

[175] 스코틀랜드 북부 산악지방.

부분 산울타리와 공동목(空洞木)[176]에서 어렵게 구한 것이다. 그는 분봉 소식이 들리기만 하면, 곧장 자전거 뒤에 벌 무리를 담아올 상자를 끈으로 묶고 쌍안경을 핸들에 걸고는 들판을 가로질러 맹렬히 쫓아간다.

벌들이 일단 분봉하면, 그 벌들의 소유권을 단정 짓기가 애매해진다. 게다가 분봉한 벌을 원래 주인이 즉시 데려가지 못하면 더욱 그렇다. 그럼 그들은 누구의 것이란 말인가? 일단 누군가 다른 사람이 그 봉군을 모아들였을 때는 벌들을 되찾기가 매우 어렵거니와, 이미 다른 벌통에 정착했다면 거의 불가능하다. 킹이는 수년 동안 상황대처를 무척 빨리해서 자기 벌들의 숫자를 늘려왔는데, 대부분 양봉가는 이런 방법으로 벌을 구하는 것을 용인한다.

킹이는 벌들을 아주 잘 돌봐서 봉세가 꽤 강한 편이다. 각각의 벌통마다 그의 인큐베이터에서 기른 완전히 새로운 여왕벌을 넣어준다. 이 인큐베이터는 원래는 달걀부화용으로, 킹이가 실제로 꿩을 기르는 데 사용하는 것이다. 젊은 여왕벌들을 안전하게 지키기 위해, 왕대를 자기 부인 줄리의 헤어롤러 속에 넣은 채로 인큐베이터에 넣는다. 그렇게 하지 않으면, 출방한 여왕벌들이 십중팔구 이리저리 돌아다닐 것이다. 그러다 혹시라도 동시에 출방한 다른 여왕벌들을 만나기라도 하면 싸움이 벌어진다. 이는 여왕벌들이 손상을 입는 결과를 부를 수도 있다.

여왕벌은 왕대에서 출방한 지 30분 이내에 꿀을 먹어야 한다. 그러므로 가장 좋은 해결책은 헤어롤러를 벌통 안에 넣어서, 다른 벌들이 가능한 한 빨리 여왕벌에게 먹이를 줄 수 있도록 하는 것이다.

---

[176] 내부가 병충해 때문에 완전히 썩었지만, 바깥 부분 일부는 살아서 생장을 유지하는 나무.

새벽 2시에 황야지대에 도착하니, 부지런한 킹이 먼저 도착해서 나를 기다리고 있었다. 그런데 그는 자기 차에서 잠을 자는 게 아니라 훈연기에 불을 붙인 채 서성거렸다. 무언가 걱정거리가 있는 것 같았다. "우리가 항상 벌들을 두던 곳에 캠핑카 한 대가 주차되어 있어"라고 그가 말했다. 이것은 대단히 큰 문제이기 때문에, 우리 자리를 차지한 사람이 누군지 만나서 이유를 알아보려고 방목장으로 들어갔다.

잠자고 있는 사람들을 방해하기가 망설여져서, 우리는 나무들 사이로 조심스럽게 다가갔다. 알고 보니 그것은 캠핑카가 아니라 자연발효화장실[177]이었다. 다음 달에 이곳을 통과할 예정인 에든버러 공작 상(Duke of Edinburgh Award)[178]에 도전하는 도보여행 참가자들을 위해 세워놓은 것이었다. 무척 안심했지만, 어차피 우리는 벌통들을 이 임시화장실 근처에 내려놓을 수 없다. 화장실에 들르는 사람들이 먹이를 구하러 나온 어마어마한 벌들 때문에 고통받을 것이 분명하다.

우리는 얼른 새로운 장소를 물색했다. 어디에 무슨 위험이 도사리고 있을지 모르기 때문에 밤에 일하는 건 정말 싫다. 우리는 마치 몇 시간 동안 심사숙고하기라도 한 것처럼 단번에 좋은 자리를 찾아내서, 방목장 맞은편 구석에 자리를 잡았다. 아침마다 전나무들이 벌통에 그늘을 드리우지 않고 오솔길이 벌들의 비행통로에서 충분히 멀리 떨어졌으면 더 좋으련만, 요행수를 바랄 뿐 너무 지쳐서 더 이상 어쩔 도리가 없었다. 일을

---

[177] 재래식 뒷간과 수세식 화장실의 장점을 결합한 것이다. 일을 본 뒤 물을 내리는 대신 이틀에 한 번 정도 왕겨나 톱밥을 한 바가지씩 넣어준다. 분뇨는 저장탱크에서 박테리아로 발효한다. 냄새나 시각적 혐오감 등을 해결하기 위해 좌변기, 환풍기 등 현대식 시설을 갖췄다.

[178] 엘리자베스 여왕의 남편이 성취의욕과 봉사정신을 가진 만 14세 이상의 청소년들에게 수여하는 상으로, 자원봉사, 특기개발, 레크레이션(스포츠나 댄스), 탐험정신(캠핑과 트래킹, 행군) 네 분야에 모두 장기간 꾸준히 참여해 목표를 달성한 청소년들에게 상을 준다. 우리나라에서도 국제청소년 성취포상제라는 명칭으로 시행하고 있다.

마치고, 킹이가 자기 오두막에 있는 예비침대에서 몇 시간이라도 쉬게 해 준 덕분에 호강했다.

느지막이 일어나서, 언제나 그랬던 것처럼 그 오두막 창문에서 내다보이는 롱 마인드(Long Mynd)의 언덕들과 잡목 숲의 전망을 만끽했다. 창밖에는 비가 퍼붓고 있었다. 행운을 빈다, 벌들아. 나는 킹이의 오두막을 빈손으로 떠나본 적이 없다. 그가 최근에 준 선물 중에는 밴텀(bantam) 닭[179]의 알들, 쥐약, 예비군 점퍼에 방독면도 있었고, 심지어 꽃가루알레르기 치료에 쓰라고 항히스타민제도 줬다. 작년에는 경주용 비둘기까지 주려고 했다. 그는 비둘기 분비물과 깃털, 먼지로 생기는 알레르기 반응인 비둘기 폐병에 걸린 바람에, 이 취미를 포기할 수밖에 없었다. 그 병은 숨이 가빠지면서 기침과 고열을 일으키기 때문에, 그토록 열광하던 취미를 끝마치는 기념으로 내게 주려고 했던 것이다.

나의 벌들은 슈롭셔에서 약 6주를 지낼 것이다. 나는 그들이 어떻게 지내는지 보기 위해 매달 그믐께 한 번이나 두 번 방문할 예정이며, 10월까지는 벌들을 거기에 그냥 두려고 한다.

슈루즈베리 쇼

런던으로 돌아가기 전에, 매년 열리는 〈슈루즈베리 꽃 쇼(Shrewsbury Flower Show)〉의 하나로 개최하는 〈슈롭셔 양봉가의 벌꿀 쇼 대회(Shropshire Beekeeper's Honey Show Competition)〉에서 전시할 꿀을 점검할 시

---

[179] 작은 닭의 일종.

간이다. 나는 아주 어렸을 때부터 여기에 참가해왔다.

  몇 년 전만 해도, 전시하는 꿀들이 그다지 많지 않았고, 참가품목도 어느 정도 경지에 오른 양봉가들이 제출한 것이 대부분이었다. 그러나 24회 쇼를 개최하는 올해에는, 다양한 연령층을 아우르는 벌꿀제품들이 환상적으로 배열된 것을 보고 무척 뿌듯했다. 그중에는 옛날식 요리법으로 만든 꿀비스킷도 있었는데 단순하면서도 맛은 기가 막히다. 청소년들의 참가도 올해처럼 매년 계속되어야 한다. 나도 어렸을 때 처음 참가했던 기억이 나는데, 몇 년 전에는 내 조카 조지가 출품한 비스킷에 2등 상 리본이 붙은 것을 보고 매우 자랑스러웠다. 그 맛에 매료된 사람들이 꽤 있었다. 전년도에 채취한 헤더 꿀로 만든 비스킷이기 때문에, 당연히 맛있어 할 줄 알았다.

 72번 참가자의 꿀 비스킷

청소년 팀
11세 이하의 청소년들로 이루어진 1그룹

1등 상 6파운드
2등 상 4파운드
3등 상 3파운드

재료:
꿀 1테이블스푼(조지는 맛이 강한 꿀이 제일 좋다고 생각했다), 버터 50그램, 중탄산소다

½티스푼, 일반 밀가루 50그램, 포리지(porridge)[180] 용 압연 오트밀 80그램, 그래뉴당 50그램

대접에 꿀과 버터를 담고 전자레인지에서 녹인다. 전자레인지에서 대접을 꺼내서 중탄산소다를 넣는다. 밀가루와 귀리와 설탕을 또 다른 사발에서 섞은 다음에 꿀·버터 혼합물과 섞어서 식힌다.

섞은 것을 호두알만 한 공 모양 12개로 나누어서, 기름을 두른 쿠키팬에 (서로 달라붙지 않도록 간격을 두어) 올린다. 그것들을 조금 납작하게 눌러준다. 160도에서 약 15분간 굽는다. 완성한 모양은 보통 비스킷보다는 쿠키처럼 보일 것이다. 완성한 비스킷 12개 중에서 6개를 골라 진열한다.

어린이가 이 조리법대로 시도할 때는 요리하는 내내 보호자의 감독을 받아야 한다. '완성한 비스킷 12개 중에서 6개를 골라 진열'한 후에. 네가 해야 할 단 한 가지 일은, 너희 삼촌께 런던으로 돌아가는 길에 도시락이라고 나머지 6개를 드려야 한다는 거란다……

🐝 계상 내리기

런던으로 돌아왔을 때, 내가 두고 떠난 벌들이 마지막 한 번 먹을 꿀이라도 만들었기를 간절히 바랐다. 하지만 그들은 올해 이미 많은 양을 생산했으니 그러지 않았더라도 책망할 수는 없다.

도시에 있는 벌통의 꿀은 보관할 장소 문제 때문에 천천히 채취하려고 하는데, 다행히 아직 꿀이 엉길 염려는 없다. 그러나 대부분 양봉가는 여름 꿀이 밀봉되어 숙성하는 8월에 채취한다.

---

[180] 귀리를 끓여서 우유나 크림을 부어서 먹는 아침을 포리지라고 한다. 껍질 벗긴 귀리를 찐 다음 납작하게 만들어서 먹는다.

7월에 꿀단지를 주문해놓은 사람들은 거의 지금쯤 벌집에서 소중한 수확물을 추출하는 기법, 즉 꿀을 채취하는 과정을 생각하고 있을 것이다. 하지만 나는 그것을 다음 달까지 미루기로 했다. 단지 장소가 부족해서는 아니고, 헤더꽃이 피는 때를 맞춰서 벌들을 방방곡곡 실어 나르느라고 완전히 녹초가 되었기 때문이다.

나처럼 이동양봉을 하느라 갖은 애를 쓰는 양봉가는 많지 않다. 그래서 꿀을 수확하는 일을 빼고는, 8월은 분명 보통 사람들에게 스트레스가 많이 쌓이는 달은 아니다. 벌들은 지금쯤 상당히 안정되어 꿀을 채취해오는 속도도 느려지며, 분봉이 일어날 가능성도 거의 없으므로 마음껏 휴가를 누리기 좋은 시간이다.

물론 이달 말로 갈수록 벌들이 좀 더 공격적으로 변해가는 것을 발견하기도 한다. 따뜻한 날씨와 먹이를 구할 수 있는 철이 끝나가면서, 벌들도 이번이 자기들이 꿀을 만들어낼 마지막 기회임을 깨닫는다. 그들은 비축해놓은 식량을 보호하려고 방어적으로 변하는 것이다. 결국, 겨울을 지내는 동안 봉군의 생존 여부는 그들이 꿀을 충분히 저장해놓았느냐에 달린다. 다음 달에 날씨가 시원해지면 공격성이 훨씬 더 심해질 것이다. 그러므로 벌통을 점검할 때는 벌침에 쏘이지 않도록 여전히 특별한 주의를 기울여야 한다.

계상 내리기는 무척 섬세함이 필요한 작업이다. 그러므로 계상을 내리려고 할 때는 벌을 존중하는 마음으로 조심스럽게 해야 한다는 사실을 잊지 말아야 한다. 또한, 그것은 군사작전을 펼치듯이 하는 것이 좋다. 꿀을 효율적으로 최대한 조용히 거두어야 하고, 자기들이 모아놓은 귀중한 식량을 훔치는 것을 알아차릴 만한 어떤 힌트도 벌들에게 주면 안 된다. 만약 무슨 일이 생길지 벌들이 눈치챈다면, 그들은 계상으로 돌진해 들어가서 꿀을 가능한 한 많이 먹으려고 할 것이다. 그것은 곧 양봉가 몫인 맛있는 꿀의 양이 더 적어진다는 뜻이다.

 무슨 일을 벌이려고 하는 낌새를 벌들이 알아차리지 못하도록 살살 달래서 계상에서 멀리 떨어지도록 하는 속임수를 써야 한다. 나는 벌들을 방해하지 않으려고 이 일을 밤에 하는 편이다. 반드시 먼저 벌들이 그들의 저장고에서 떠나도록 대처한 후에 계상을 내려야 안전하다. 하지만 깜깜할 때는 이 작업이 제대로 이루어지는지 파악하기가 더 어렵다는 단점이 있다.

 벌이 가득 들은 계상을 실내로 들여오는 것만은, 특히 런던의 좁은 아파트에서는 무슨 수를 써서라도 피해야 한다. 만약 이렇게 했다간, 수많은 벌이 흥분해서 창문과 전등을 향해 정신없이 날아다닐 것이다. 정말이다. 나도 무심코 이런 실수를 해서 잘 안다. 아파트에 그토록 많은 벌이 돌아다니는 일은 너무나 끔찍하다. 게다가 채취한 꿀을 담아놓은 양동이 속으로 허겁지겁 뛰어들어 자살하는 벌들 때문에 꿀을 채취하는 장소가 오염될 염려도 있다.

🐝 계상에서 벌 내보내기

 계상에서 벌을 확실하게 떼어놓는 방법은 여러 가지가 있다. 시간이 촉박한데 날씨가 아주 따뜻할 때는 낙엽제거용 송풍기를 사용한다. 석유를 연료로 사용하는 짐승 같은 이 기계는 2행정[181]짜리로 원뿔형 노즐이 특징이며, 등에 짊어지고 작동시킨다. 이것을 이용하면 꿀 저장고에 아직 거주하고 있는 벌들을 단번에 내려보낼 수가 있다.

나는 계상을 근처에 있는 벌통 끝, 즉 꼭대기에 올려놓고 재빨리 벌집에 강하게 바람을 불어서 벌들이 돌아오는 비행통로로 들어가게 한다. 호스 길이와 노즐 크기를 조정해서 벌들이 너무 혼란스러워하지 않도록 벌통 입구 근처에 이르도록 유도한다. 바람 세기는 벌들을 내보낼 수 있을 만큼 충분히 강하면서도, 그들에게 해를 입히지 않을 정도로 부드러워야 한다.

이 방법은 숙련된 기술이 필요한 작업이기 때문에, 초보 양봉가에게는 권하고 싶지 않다. 특히 도시환경에서는 자칫하다간 엄청나게 많은 벌이 사방에 날아다니게 되어 사람들에게 공포감을 불러일으킬 수도 있다. 옥상에서 벌들에게 바람을 부는 일도 위험하다. 엉겁결에 에어컨 송풍구나 냉각팬 속으로 벌들이 들어가 버릴 수도 있다.

벌들은 매서운 바람에도 별다른 영향을 받지 않아서, 그로부터 몇 분만 지나면 그들이 배정된 벌통 입구로 다시 모여들 것이다. 하지만 만약 날씨가 너무 선선하면, 벌들은 몸을 따뜻하게 하려고 송풍기 위로 모인다. 그래서 이 작업을 오직 날씨가 따뜻할 때만 하는 것이다. 과거에 날씨가 선선할 때 이 작업을 하는 실수를 범했던 적이 있다. 그 결과 어마어마하게 큰 무리의 벌들이 내 머리 뒤로 피신했는데, 차에 탈 때까지 눈치채지 못한 바람에 차 안은 아수라장이 되었고, 나는 상당히 고통스러웠다.

낙엽제거용 송풍기를 사용했을 때의 가장 큰 장점은 그 자리에서 바로,

---

[181] 실린더 안에서 피스톤이 왕복하는 거리.

벌들을 계상에서 보낼 수 있다는 것이다. 꿀을 채취하는 날, 벌들을 내보내야 할 때 이 방법을 사용하면 벌통을 딱 한 번 방문하는 것만으로도 두 가지 일을 다 해결할 수 있어서 아주 편하다.

도시양봉가가 시간적 제약이 별로 없는 상태에서 벌들을 옮길 의도 없이 내보내고자 한다면, 탈봉기 혹은 탈봉판이라고 부르는 도구를 사용하길 권한다. 이것은 직사각형의 아주 얇은 플라스틱판으로, 철사를 엮어서 만든 다이아몬드 모양의 구멍이 벌보다 약간 작게 만들어져 있다. 벌들이 이 판을 통해 계상을 나갈 수는 있지만, 다시 돌아올 수는 없다. 디자인은 투박하지만 놀라울 정도로 효과적이면서 가격은 상당히 저렴하다.

하지만 사용하기 전에 탈봉기에 막힌 곳이 없는지 반드시 확인하도록 하라. 그 안에 뚱뚱한 수벌이 낄 때가 종종 있는데, 수벌의 통통한 배가 탈봉기를 막아 다른 벌들이 남쪽으로 이주하지 못하는 불상사가 생긴다.

만약 악천후가 이어진다면, 벌들이 탈봉기를 통해서 내려가는 데 며칠씩 걸릴 수 있다. 벌들이 먹이를 찾기 위해 밖으로 나가고 싶은 생각이 들지 않기 때문이다. 나는 때때로 장려책으로 벌들에게 여분의 공간을 제공하려고 탈봉기 아래에 빈 상자를 두기도 한다.

또한, 꿀 저장고에 알이나 젊은 벌들이 없는지 반드시 확인해야 한다. 벌들은 새끼들을 절대 포기하지 않을 것이며 새끼들이 추워질까 염려되어 벌집에 매달려있을 것이다. 여왕벌이 왕대에 있는 틈이나 구멍을 간신히 비집고 통과해서 계상으로 올라왔을 때 이런 일이 발생할 수도 있다.

꿀 저장고에서 여왕벌이 방황하는 것을 발견한 적이 한두 번이 아니다. 그럴 때 나는 여왕벌을 깃털이나 하이브툴로 살살 달래서 육아상자로 돌려보낸다. 여왕벌의 내장기관은 아주 연약해서 그들을 직접 집는 방법은 되도록 피하려고 한다.

벌들이 꿀에서 떠나게끔 하는 방법은 그 외에도 몇 가지가 더 있는데, 그 중에는 화학제품인 오일스프레이를 뿌려서 벌집에서 도망가도록 하는 방법도 있다. 하지만 이렇게 하면 꿀의 순도에 나쁜 영향을 미칠 수 있다. 꿀을 벌집에 들은 상태로 판매하고자 한다면, 이 방법은 권하고 싶지 않다.

마지막으로 탈봉판을 부착할 때는 계상에 구멍이나 틈이 생기지 않았는지 반드시 점검해야 한다. 이런 구멍들은 계상이 너무 오래되었거나 하이브툴을 많이 사용해서 생기는 경우가 많다. 만약 계상을 제대로 밀봉하지 않은 상태에서 탈봉판을 부착하면, 아무도 지키는 이가 없는 틈을 타서 외부의 벌들이 들어와서 보물을 훔쳐갈 가능성이 크다. 소유한 벌들이 탈봉판을 통해서 내려가면, 그 수확물을 지키기 위해 남아서 윙윙거리는 병사들이 아무도 없다. 며칠 후 꿀을 채취하려고 돌아왔다가 벌집이 약탈당한 것을 발견하면, 혼이 나갈 만큼 충격이 크다. 잃은 꿀 양이 막대하다면, 상황은 더욱 비극적일 수 있다. 그동안 열심히 일하고 헌신한 모든 것이 허사가 되어버린다.

과거에, 나는 계상에 생긴 틈을 틀어막기 위하여 플라스티신(plasticine)[182]을 사용한 적이 있었는데, 벌들이 이 임시 마개를 야금야금 갉아 먹는다는 것을 알았다. 그래서 이제는 청테이프로 감아서, 벌의 침입을 막는 장벽을 만든다. 그런 다음에, 계상 위에 얹은 지붕과 보온판 틈도 막아서, 외부의 벌들이 절대 들어가지 못하도록 한다.

---

[182] 공작용 점토로 유토(油土)라고도 한다.

🐝 벌거벗은 채 채밀하기

지금까지 벌통에서 꿀을 분리했다면, 이제는 채취할 차례다. 벌집을 위한 일종의 거대한 샐러드용 채소 탈수기 같은 장비를 빙글빙글 돌려서 원심력을 이용해 벌집에서 꿀을 꺼내는 작업이다. 꿀을 덮은 밀랍덮개를 제거한 벌집을 넣고 채밀기를 돌리면, 꿀이 원통형 통에서 바깥쪽으로 튀어나가서 바닥으로 흘러내린다. 바닥에 있는 꼭지를 열고 꿀을 빼내면 된다.

꿀을 채취하다 보면 별의별 문제나 번거로운 일들이 생길 수 있으므로, 준비를 철저히 하고 적절한 장비를 갖춰놓는 것이 중요하다. 그중에서도 양동이는 꼭 필요하다. 온갖 솥과 냄비들을 귀중한 꿀로 가득 채우고 싶지는 않을 것이다. 또한 이 작업을 하기 위해 충분한 공간을 확보하고, 꿀이 뚝뚝 떨어질지 모르는 마룻바닥에 틈이 없는지 확인하라. 예전에 버몬지에 있는 아파트에서 채밀을 하다가, 양동이가 넘치는데도 내가 눈치를 못 챈 바람에 마루 밑으로 스며들어 간 꿀만 해도 족히 몇 킬로그램은 될 것이다.

시중에 나온 채밀기는 크기도 다양하고 가격이 무척 비싼 편이다. 내 것은 그 당시에 킹이 빌려 갔는데, 이런저런 핑계를 대면서 나에게 돌려주는 일을 미루고 있다. 아무튼, 나는 아직 일정한 거처가 없어서 정말로 다른 선택의 여지가 없다. 그나마 런던 꿀이 믿어지지 않을 정도로 상태가 좋아서 다행이다. 계상에 있는 꿀들이 결정이 되거나 퍽퍽해지지 않고 아직 물기가 많은 상태라서, 안심하고 몇 주는 더 떠나있을 수 있다.

대부분 양봉가는 아마도 확실하게 따뜻한 날씨가 이어지는 동안 꿀을 채취할 것이다. 내 친구 말콤의 아버지는 켄트(Kent)[183]에 있는 던지니스(Dungeness) 해변에서 말콤과 함께 벌들을 키우며, 거기에서 자라는 우드세이지에서 특출한 꿀을 생산했다. 그는 꿀을 채취할 때 땀이 나지 않는다면, 그 작업을 할 만큼 따뜻하지 않은 거라고 늘 말했다. 그는 주름진 양철로 지은 양계장을 개조한 창고에서 한여름에 달랑 조끼와 반바지만 입은 채 꿀을 채취하곤 했다.

요점은 날씨가 따뜻한 날 저녁에는 꿀이 벌집에서 더 쉽게 흘러내리기 때문에, 작업을 훨씬 더 빨리할 수 있다는 것이다. 나는 생전 첫 런던 꿀을 우리 집 부엌에서 추출했다. 지역양봉협회에서 손잡이가 달린 수동 채밀기를 빌려서 사용했다. 몹시 후덥지근한 날씨에 채밀기의 손잡이를 돌리는 작업은 무척 힘들어서, 몸에서 불이 나는 것 같아 결국 옷을 훌훌 벗어 던지고 말았다.

먼저 꿀을 덮은 부분, 즉 각각의 방에 있는 꿀을 지켜주는 정교한 밀랍 덮개를 매우 날카로운 칼로 잘라냈다. 밀랍이 따뜻해서 부드러울 때 하면 더 쉽게 작업할 수 있다. 나는 전에 한 늙은 농부가 준 칼을 사용한다. 그 칼이 과거에 어떤 용도로 쓰였는지는 생각조차 하기 싫지만, 자주 소독해서 사용한다. 칼날도 길고 튼튼하고 날카로워서 이 작업을 하기에 아주 좋다. 섬세한 하얀 밀랍덮개를 좀 더 잘 베어내기 위해 열이 발생하는 전기 밀도(蜜刀)[184]에 자금을 투자하는 것도 괜찮다. 나는 심지어 총 모양의 페인트 제거 기구로 밀랍덮개를 녹이는 양봉가도 더러 본 적이 있다. 이것은 기술적으로 잘 사용해야 한다. 꿀이 들은 방 뒤에 작은 공기 주머니가

---
183 잉글랜드 남동부에 있는 주.
184 꿀을 뜰 때 벌방의 덮개를 벗겨내는 칼.

있는데, 자칫 잘못했다간 벌집이 다 터져버릴 위험이 있다.

벌거벗고 꿀을 채취하면 아마도 요즘의 환경 위생상 눈살을 찌푸릴 것이다. 특히 몇 년 전에 소규모 생산자들이 판매용 식품을 자신들의 부엌에서 만드는 일에 우려가 심했던 때가 있다. 토니 블레어는 총리 시절에 이 감탄할 만한 창의성에 종지부를 찍으려 했으나, 여성단체가 맹렬히 맞서 싸워서 그 조치는 결국 폐지되었다. 하지만 가정집 부엌에서 만든 음식물을 판매하고자 한다면, 지방관청에 신고하는 절차는 거쳐야 한다.

꿀을 채취하다 보면 당연히 끈적끈적한 물질이 여기저기 묻을 수밖에 없어서 나는 이 일을 가장 싫어한다. 이 작업을 내가 극도로 싫어하게 된 이유가 딱 하나 있는데, 이 일을 하다 보면 어렸을 때 방학에 웨일스 해변에서 있었던 사건이 다시 떠오른다. 우리 어머니가 나에게 선크림을 너무 덕지덕지 발라준 바람에, 내 온몸에 후추를 뿌린 듯 모래가 잔뜩 묻었던 기억이 아직도 생생하다. 꿀을 채취하면 그때 받았던 정신적 충격이 다시 살아나는 느낌이 든다. 내가 아무리 깨끗하게 하려고 조심을 해도, 나는 늘 그 해변으로 갔던 여행에서 그랬던 것처럼 사방에 꿀을 묻히고 팔꿈치에도 꿀이 잔뜩 달라붙는다.

양봉을 처음 시작한 사람이라면, 앞으로 몇 년간은 지역양봉협회에서 채밀기를 빌려서 사용하라고 권한다. 채밀기는 고가의 장비이므로, 만약 꿀을 상업적으로 대량생산하는 것이 아니라면 굳이 사서 쓸 필요는 없다. 심지어 손잡이를 돌려서 사용하는 기본적인 채밀기도 전기버전보다는 손이 더 많이 가긴 해도 꽤 쓸 만하다. 처음 양봉을 시작했을 때 나는 아파트단지에 있는 우리 이웃 모두에게 전화를 걸어 도와달라고 부탁하곤 했다. 손잡이를 돌리는 일이 워낙 힘들어서 금방 지쳤기 때문이다.

채밀기 안에 있는 스테인리스 바구니에 벌집을 넣을 때는, 그 야수가 살아 돌아다니는 일이 없도록, 비슷한 크기의 벌집들을 균형을 맞춰서 조심스럽게 넣어야 한다. 채밀기가 바닥에서 쿵쾅거리며 이리저리 돌아다니는 모습은 놀라운 광경이다. 전기플러그를 뽑아도 한동안은 더욱 자유롭게 돌아다닌다.

전에 이런 일이 일어났을 때, 흔들거리는 기계에 달려들어서 마치 거대한 곰을 껴안고 다스리듯이 꽉 붙잡고 버틴 적이 있다. 그런데 이는 결코 권할 만한 일이 못 되거니와, 만약 벌거벗고 작업하는 중이라면 아예 그럴 생각조차 말아야 한다. 그랬다간 털에 꿀이 엉겨 붙어 난리가 날 것이다…….

일단 벌집에서 액상 꿀을 채취하면 잠깐 드럼통에 가라앉힌 채 내버려두었다가, 바닥에 있는 수도꼭지를 사용해서 빼내면 된다. 믿을 수 없을 정도로 뿌듯한 순간이다. 그런 다음 저장할 꿀은 양동이에 담고, 병에 넣을 꿀은 쇠나 플라스틱 침전탱크에 담는다.

꿀벌응애 퇴치를 위한 설탕 흔들기법

앞에서 살펴보았던 바와 같이, 1년 내내 꿀벌응애 점검에 신경 써야 하지만, 그중에서도 8월은 응애가 가장 집중적으로 발생할 수 있는 시기이므로 더욱 철저하게 점검하는 것이 좋다. 응애가 벌들에게 침범한 비율을 모니터하기 위하여, 과학자들이 개발한 방법이 바로 '설탕 흔들기법'[185]이다.

먼저 여왕벌이 벌통 어디에 있는지 확인하고 여왕벌을 분리해서 안전하게 있도록 한다. 그런 다음 돌려서 뚜껑을 여는 병을 준비해놓고, 육아소비에서 표본으로 사용할 벌들을 두 손으로 퍼올린다. 이 벌들은 먼저 건조하고 깨끗한 플라스틱 양동이에 넣는 게 상책이다. 양동이 표면이 반질반질해서 벌들이 기어나오기 힘들기 때문이다. 양동이를 짧게 재빨리 한 번 두드리면 양동이 바닥에 있던 벌들이 단번에 병으로 들어가는데, 깔때기를 사용하면 좀 더 편하다. 병 속에 설탕 1테이블스푼을 넣고, 촘촘한 그물망을 덮은 다음, 병뚜껑을 돌려서 닫는다.

그러고 나서 가루설탕이 골고루 묻도록, 벌들이 들은 병을 상당히 거칠게 흔든다. 벌들이 이 시련을 다 끝마치고 나면 마치 유령같이 보일 것이다. 처음에는 무척 어지러워하지만 곧 괜찮아진다. 이 모든 과정이 표본용 벌들에게는 꽤 가혹하게 여겨지겠지만, 이렇게 하는 것이 봉군뿐만 아니라 다른 벌들에게도 더 큰 이익이라는 것은 더 말할 나위가 없다. 꿀벌응애에 대한 정기적인 관찰이야말로 치명적인 침입을 당했는지 알 수 있는 잠재적인 열쇠다.

그물망을 씌운 병 속의 설탕을 바셀린을 바른 두꺼운 흰 종이에 뿌려서 분석한다. 그러면 방탄복을 입은 것처럼 생긴 불길한 응애들을 발견하기 쉽다. 응애는 핀의 머리 크기만 하며, 갈색을 띠는데, 좀 더 자세히 들여다보면 사악한 이 녀석의 다리와 턱까지도 볼 수 있다.

---

[185] 미세한 분말형태로, 크기가 0.01~0.1밀리미터인 가루설탕을 사용한다.

수치는 상대적이며, 감염수준을 판단하려는 표본규모에 따라 달라질 수 있다. 대략 벌 300마리 정도를 표본으로 해서, 점검하기 위해 병에 담으면 약 100밀리리터가 된다. 그 조건에서 발견한 응애의 수는 다음과 같이 해석한다.

◆ 1~5마리

감염상태가 심각하지 않으므로, 설탕을 벌집 위에서 체로 쳐서 흩뿌려주기만 해도 된다. 이렇게 하면 벌들이 설탕을 깨끗이 닦아내려고 하다가, 몸에서 응애를 떨어뜨리고, 떨어진 응애는 그물망 바닥을 통과해서 나간다.

◆ 6~15마리

표본에서 이 정도면 육아소비에는 수백 마리의 응애가 있다는 뜻이다. 중간 정도의 감염상태에 해당한다. 이것은 1월에 옥살산으로 처리하면 된다.

◆ 15마리 이상

응애가 15마리 이상이면 잠재적으로 큰 문제가 생긴 것으로, 벌들은 겨울을 넘기지 못한다. 이 시점에는 그냥 기다리면서 견디게 놔두고 자연치유력에 맡기는 수밖에 없다.

유난히 응애감염 실태가 심각하면, 8월에 벌통을 화학약품으로 처리하는 양봉가도 있다. 농부들이 주로 사용하는 화학살충제인 피레스로이드(pyrethroid)가 잔뜩 스며들은 가느다란 플라스틱 조각들을 사용한다. 그 조각들을 벌집 사이로 늘어뜨려 놓으면 벌들이 일정 기간 조각을 스치며 지나다닐 수밖에 없다. 이 조각들은 대개 10월에 마지막 점검을 하면서 제거한다.

예전에는 이렇게 공격적인 처리를 하면, 효과가 제법 있어서 응애가 벌에서 떨어져 죽고는 했다. 하지만 이제는 대부분 화학약품에 내성이 생겨버려서, 별로 소용없는 해결책이 되고 말았다. 이것은 부분적으로는 화학약품의 남용으로 말미암은 결과이다. 게다가 화학약품에 대한 형편없는 관리는 물론이고, 살포한 농약의 잔류물도 효과를 상쇄하는 데 일조했다.

그 결과 지난 몇 년간 대부분 양봉가가 각성해서 화학약품 처리를 하지 않고 덜 공격적인 처리방법을 선호하게 되었다. 오늘날에는 여러 가지 유용한 처리방법들이 시중에 많이 나와 있는데, 온도에 근거한 것도 있고 유기농에 근거한 방법도 있다. 만약 응애 수치가 심각하다면, 늦여름에 유독한 화학약품으로 처리하지 말고, 이런 방법들을 마련하도록 하라. 나는 에센셜 오일을 함유한 끈적거리는 유기농 처리법을 1년 내내 사용한다. 이 방법은 꿀을 오염시키지 않기 때문에 유밀기에도 시행할 수 있다. 앞에서 언급한 설탕과 마찬가지로, 벌들이 몸에 붙은 오일을 적극적으로 떼어내고 자기 자신을 깨끗이 닦으려고 하면서 덩달아 응애도 제거된다. 또한, 벌통 내부의 산성도를 바꿔주므로 응애가 괴로워 벌을 꽉 잡고 있지 못해서 더욱 잘 떨어져 나간다. 그러나 꿀벌응애에 대한 대대적인 공격은 1월에 옥살산을 이용해서 시행한다.

🐝 수벌 버리기

1년 중 이 시점에 이르면 벌통 점검은 2주에 한 번꼴로 횟수를 줄여도 된다. 여왕벌의 산란이 줄어들면, 일벌들이 벌통에서 수벌들을 내다 버리기 시작한다. 8월에 벌통 입구를 유심히 보면, 일벌이 수벌을 끌고 나가는 장면을 볼 수 있다. 그것은 무척 인상적인 광경이다. 일벌들은 수벌들을 그들의 턱 또는 아래턱뼈를 사용해서, 말 그대로 끌고 나가서 벌통에서 약간 떨어진 곳에 버린다. 그런 다음 낮에 버리고 온 수벌들이 다시 들어오지 못하게 막는다. 마치 보디가드가 클럽 입장을 제지하듯이, 문지기 벌들이 벌통 입구를 지키고 서 있다.

필요한 수보다 남아도는 수벌들이 벌통에 머무르는 걸 허용한다면, 겨울을 지내며 귀중한 식량만 축낼 것이다. 그들은 여기까지다. 처녀 여왕벌과 짝짓기하는 임무가 끝났다. 수벌들은 평균 90일을 살다가 죽는다.

런던 옥상에서 수벌들을 축출하는 광경은 불길한 징조처럼 보인다. 통통한 수벌들이 버려진 곳에서 벌통까지 되돌아가려고 필사적으로 옥상을 비틀거리며 걸어가는 모습이 마치 술 취한 것처럼 보이기도 한다. 시골에서는 수벌들이 도중에 풀숲에서 길을 잃기 때문에 이런 광경을 거의 못 보지만, 아스팔트 옥상에서는 수벌들이 쓰러져 죽을 때까지 휘청거리며 무리지어 다니는 거대한 물결을 볼 수 있다.

나는 수벌들의 주검을 쓸어 담기 위해 양봉장에 작고 부드러운 빗자루를 비치해두었다. 만약 그렇게 하지 않으면 폭풍우에 배수구가 막혀버릴 것이다. 이 시기에는 첫 번째 도시양봉장이 있는 버몬지의 옥상을 거의 맨발로 돌아다닌다. 처음에는 발을 쏘일까 봐 무척 걱정했지만, 벌에 관한 지식을 좀 더 쌓고 보니 수벌들에게는 벌침이 없는 사실을 알게 되었다.

대개 지상 1층 풀이 무성한 곳에 있는 벌통 근처에서는, 벌들의 주검이 모인 모습을 보기가 거의 어렵다. 하지만 아파트 옥상에 있는 양봉장에서는 벌 주검이 바람에 흩날리는 모습을 흔히 볼 수 있다. 양봉철 내내 죽어 나가는 벌이 얼마나 되는지, 옥상의 매끄러운 표면 때문에 확연하게 드러난다. 만약 1년 중 언제가 됐든 벌통 앞에 쌓이기 시작하는 벌 수가 걱정스러울 정도로 많다면, 질병에 걸렸거나 혹은 살충제 때문에 해를 입었음(도심지역에서는 가능성이 더 적긴 하다)을 쉽게 알아차릴 수 있다.

수벌의 생명주기는 무척 매혹적이다. 나는 최근 몇 주 동안 외딴 웨일스 계곡에 있는 데이비드의 양봉장에 와서 수벌의 행동양상을 연구하고 간 뱅거대학교 학생 덕택에, 수벌에 관해 더 많이 알게 되었다. 그는 수벌 무리나 모임 장소들을 발견하려고 노력했다. 이것은 벌 특유의 개념으로, 꿀벌세계의 버스정류소와 같은 것이다. 수벌들은 따뜻하고 맑은 날에 이 지역에서 어슬렁거리며, 젊은 처녀 여왕벌들이 짝짓기 비행을 하기 위해 나타나기를 기다린다. 종종 잎사귀 위에서 쉬기도 하고, 궂은 날씨에는 날이 개기를 기다리며 나뭇잎 아래에 들어가 숨어있기도 한다.

그 학생은 수벌들을 모으려고 기상관측 기구에 여왕벌의 페로몬을 묻힌 띠를 붙여서 사용했다. 이것을 자전거 뒤에 끈으로 묶은 채, 수벌들이 그 주위에 많이 모이기 시작할 때까지 자전거를 타고 오솔길과 들판을 돌아다녔다. 그렇게 해서 모은 수벌들을 혈통의 순수성과 유전적 특징, 거기다 생식력을 점검하기 위해 뱅거대학교로 보냈다.

나는 수벌의 모임 장소가 도시환경에도 존재하는지 알아내기 위해 이

기술을 런던에서 시도하고 싶다. 런던 북부와 해크니 양봉장에는 모임 장소가 없을 이유가 없지만, 포트넘 백화점 옥상에서는 수벌들이 건축물의 구조에 제한받을 거로 생각한다. 웨일스에서는 그 모임 장소들이 종종 벌통에서 반 마일이나 떨어진 곳에 있었지만, 런던에서는 아무래도 어려울 것이다. 열린 공간이 없으므로 수벌들은 여왕벌을 기다리기 좋은 지점을 찾으려고 빌딩들 사이를 돌아다녀야 할 것이다. 아가씨들이 나타나기를 기다리며 웨스트 엔드를 돌아다니는 수벌들의 마음이 사랑스럽게 여겨졌다.

포트넘 백화점을 위한 꿀단지

내가 이번 달에 수확한 꿀은 포트넘 앤 메이슨 백화점에 있는 벌통에서 채취한 것밖에 없다. 백화점 측에서 가능한 한 빨리 꿀을 얻고 싶어했다. 그들은 소밀이 아니라 채취한 꿀을 전부 사들인다. 나는 이 독특한 꿀을 위한 기막힌 계획이 있다. 전에도 항상 이 포트넘 꿀 수요가 엄청나게 많았는데, 올해도 역시 예외가 아니어서 식품 구매팀이 이미 대기자 명단을 다 확보해놓은 상태다. 온갖 언론매체에서 보도해서 아주 작은 포도밭에서 생산한 고급포도주처럼 열광하는 골수팬이 많이 생겼다.

포트넘 백화점은 옥상양봉 프로젝트에 전력투구한다. 이런 식의 벤처사업은 런던에서 처음으로 시도한 것인데, 누구나 그렇듯이 나는 생산한 꿀에 대단한 자부심이 있다. 꿀단지 꼭대기마다 각각 맛을 나타내는 라벨을 달아서, 벌들이 어디에서 먹이를 찾아온 것인지, 무슨 맛이 나는지를 가늘고 긴 서체로 적어 넣었다. 나는 꿀의 출처에 따라 맛이 달라지는 점에 매료되었다. 작년 꿀이 맛은 더 좋았지만, 올해 꿀에서는 정확한 원천을 확실히 알지는 못해도 감귤 맛이 난다(자몽 맛 같기도 하다). 이렇듯 런던 꿀은 해마다 다양한 맛을 선보인다.

누구나 자기가 생산한 꿀단지를 처음으로 판매할 때는 매우 특별한 느낌이 들기 마련이다. 나는 심지어 지금도 새로운 고객에게 배달할 때 온몸에 전율이 느껴진다. 벌들과 내가 함께 생산해낸 것에 무척 자부심을 느낀다.

그래도 내 돈을 몇 푼이라도 절약하기 위한 황금률이 있는데, 자신의 꿀을 판매하는 상점에서는 절대로 아무것도 사지 말라는 것이다. 정말이다. 상점들은 그 나름대로 고객을 유인하는 특별한 비법이 있기 때문에 이렇게 하기가 무척 힘들다. 기막히게 좋은 냄새가 나는 것들을 비치해놓고, 눈높이에는 작고 동글납작한 빵과 케이크를 두고 환상적인 쇼윈도 전시로 사람들을 유혹한다. 정말 사지 않고는 배기기 어렵다. 그러나 일단 내가 무언가를 사기 시작했다 하면, 필시 꿀을 납품하고 받은 모든 돈을 탕진하는 파멸로 치닫게 될 것이다.

또 다른 규칙, 빈속으로는 결코 꿀을 배달하지 않는다. 이렇게 하면 첫 번째 규칙을 더 쉽게 지킬 수 있다. 특히 소호(Soho)[186]에서 가장 발칙하다고 할 만큼 가장 맛좋은 소량의 음식들을 창출하는 카페 겸 식당인 페르난데스 앤 웰스(Fernandez & Wells)에는 절대로 배고플 때 가면 안 된다.

올해 포트넘 백화점에서 대풍작을 이루자, 몇몇 언론매체에서 관심 있

---
[186] 소호광장(Soho Square)을 포함하는 런던의 식당가로 유명한 지역.

게 취재하기 시작했다. 내가 꿀을 채취하려고 도착해서 보니, 여러 텔레비전 방송국 제작진들이 프런트에서 나를 맞이했다. CNN과 지역뉴스 제작진은 꽤 독특한 수확장면을 직접 목격하고 싶어했다. 내 차림새 때문에 민망할 때가 많은데, 이번에도 건물 안에 있는 사람들의 눈길을 끌지 않을 수가 없었다.

오늘 입은 작업복은 어제 따뜻한 물로 깨끗이 빨아 입은 건데도 영 꼬질꼬질해 보인다. 처음에는 하얀색이었는데 지금은 회색으로 변해버린 것을 조금이라도 감추려고 앞치마를 두르고, 구멍 난 것은 은색 테이프로 때웠다. 그나마 상점을 방문할 때는 야구모자 대신 모직으로 만든 앞 챙이 있는 모자로 바꿔 쓰려고 하는 편이다. 그리고 매듭지은 스카프를 꼭 하는데, 이것은 스타일 때문이 아니라 벌침에 쏘이지 않기 위한 현실적인 대책으로 없으면 손수건이라도 두른다.

조나단 밀러는 내가 늘 꾀죄죄하게 하고 다닌다고 타박한다. 그는 모퉁이를 돌아 고풍스러운 여성 모자가게와 양복점이 늘어선 저민 거리로 나를 끌고 가고 싶어 난리다. 나에게 모직 재질로 된, 무릎 바로 아랫부분에서 딱 조이는 헐렁한 반바지와 조끼를 입히고, 밀짚모자로 마무리 짓도록 하고 싶어한다. 그런 일은 아직 안 일어났지만, 언젠가는 내 카드를 긁게 하고 말 거다. 그의 뜻대로 했다가는, 1930년대에 찍은 사진 속의 우리 할머니와 영락없이 똑 닮아 보일 것이다.

내가 입은 스타일이 사진촬영용으로는 적합하지 않지만, 포트넘 벌을 점검하기에는 적격이다. 요즘 보호복 입는 것에 매우 해이해졌다는 사실을 참작하면, 보통 때 입는 작업복보다 이런 옷차림이 오히려 벌침에 노출

되는 부분도 적을 것이다. 게다가 빅토리아 취수펌프장에서 양봉하기에도 안성맞춤이어서, 그 점이 정말로 마음에 든다.

계상 아래에 탈봉기를 두어 벌들이 육아상자로 내려갈 수 있도록 해놓고 며칠 후에 포트넘의 꿀을 채취하려고 왔더니 내가 예상했던 것보다 꿀의 양이 더 적었다. 꿀 수확량을 제대로 가늠하기는 늘 어렵다. 아무리 벌통을 들어서 무게를 대중해보고 수확량을 정확하게 예측한다고 하더라도, 막상 꿀을 추출할 무렵에는 양이 줄었을 때가 다반사다. 지난 몇 주 동안 악천후였다는 것은, 벌들이 밖으로 날아가서 마지막 화밀을 찾는 대신 저장한 꿀을 이미 먹어치우기 시작했다는 의미이다. 한때 신선한 꿀을 저장했던 벌집 중간에 구멍이 나타나고 말았다.

🐝 꿀 양 예측하기

벌통마다 모든 능력을 다 발휘하게끔 하는 것이야말로 양봉가의 진정한 능력이다. 그러나 아무리 많은 경험과 기술이 있고 좋은 날씨와 행운이 따라준다 하더라도, 여름 내내 꿀을 아주 조금밖에 만들어내지 않고 더 이상 만들려고 하지 않는 벌통들도 더러 있다. 별의별 책략을 써보고 조작을 해봐도 아무런 효과가 없을 수 있다.

또한, 젊은 여왕벌이 통치하기 시작한 첫해에도 식탁에 올릴 정도로 많은 꿀을 생산하는 경우는 드물다는 것을 기억하라. 이럴 때는 다음 해 봄이 될 때까지는 벌들이 꿀 만드는 데 총력을 기울이지 않는다. 하지만 벌들을 잘 길러서 여름을 맞으면 수확이 좋을 것이다.

수확기가 오면 벌통마다 생산하는 꿀 양도 각기 다르고 색깔도 아주 멋져서 보고 놀랄지도 모른다. 유형마다 견본을 채취하도록 하라. 나는 뒷맛이 부드러운, 밝고 은은한 꿀들을 좋아한다.

여왕벌들의 나이와 품종도 같고 벌통들도 다 같은 장소에 있는데도, 벌통마다 생산한 꿀 양이 판이할 수 있다. 귀신이 곡할 노릇이지만, 벌통마다 직면한 상황에 따라 결과가 달라진다. 그것은 또한 여왕벌들의 유전적 요인 때문일 수 있어서 나는 항상 꿀 생산량이 많은 벌통의 여왕벌을 장래의 종봉으로 삼으려고 한다.

가지각색의 벌통 출입구

포트넘 옥상에 있는 벌통들은 그에 관한 완벽한 예이다. 벌통마다 여왕벌의 나이와 품종이 모두 똑같다. 유일한 차이점은 출입구 스타일이 다르다는 것이다. 현관이 인도식이어서 무굴제국 벌통이라고 부르는 첫 번째 벌통은 꿀을 모으기 시작한 지 얼마 안 되었지만, 그럭저럭 계상 두 개를 채웠다. 고딕양식의 현관인 두 번째 벌통은 꿀을 잘 생산해내서 계상을 세 개나 가득 채우고, 지금도 네 번째 계상을 채우는 중이다.

세 번째 벌통의 현관은 중국식인데, 믿기지 않으리만큼 꿀을 가장 잘 생산해서, 계상을 여섯 개나 채웠다. 여왕벌 덕분인지 아니면 단지 요행이었는지 확신은 서지 않지만, 여왕벌이 무언가를 잘 한 것은 분명하므로 그 여왕벌을 종벌로 삼기로 했다. 마지막으로 로마식 벌통인 네 번째 벌통은 사실상 아무것도 해내지 못했다. 다른 모든 벌통과 마찬가지로 조심스럽게 손질하고 돌보았는데도, 1년 내내 꿀 생산이 저조했다.

채밀하기 위해 이 모든 계상을 내려서 옮길 때가 되자, 백화점 측에서 나를 도와주라고 직원들을 보내주었다. 오늘 와준 그 사람들 대부분이 벌통에 관해서 잘 모르지만, 모두 끈적끈적한 상자들에 관심을 품고 조심스럽게 옮겨주었다. 나에게, 특히 허리의 건강을 위해서 크고 무거운 생산품을 옮기는 일을 자발적으로 도와주는 사람들이 있어서 정말 다행이다. 나의 다음 도전은? 꿀을 채취하는 것과 연말에 주문이 쇄도할 것에 대비해 생산물을 아름답게 포장하는 것이다. 지금 꿀은 검정 쓰레기봉지에 담긴 채 소포 포장용 테이프로 봉해놓아서 마치 공산품처럼 보인다.

남몰래 간 런던 꿀 페스티벌

이달 말 나는 사우스뱅크(South Bank)에서 최초로 열리는 런던 꿀 페스티벌에 은밀히 참석했다. 그토록 많은 양봉가가 갓 수확한 꿀을 담은 병을 다양한 가격에 파는 모습에 몹시 기뻤다. 나는 런던 자치구마다 각각 어떤 특색이 있는지 무척 알고 싶어서 자치구 목록을 미리 확보했다.

열한 개 자치구를 돌아보고 나니까, 가방이 이미 너무 무거워져서 그만할까 하는 생각이 들기도 했다. 그러나 다양한 크기의 꿀단지와 모양과 라벨이 배열된 런던 지도를 들고 다시 용기를 냈다. 가판대의 주인들은 나에게 런던 꿀의 이점과 장점, 그 맛이 얼마나 기막히게 좋으며 그것이 왜 그토록 특별한지를 이야기해주었다. 신분을 숨기고 다녀서 약간 무례한 느낌도 들었지만, 때로는 익명으로 참관하는 것이 편하다. 하지만 내가 친하게 지내는 양봉가 어르신한테 도중에 딱 걸려서 그가 갓 수확한 타르처럼 검은 꿀단지를 나에게 굳이 주겠다고 하는 바람에, 나의 계획은 단명하고 말았다. 그 꿀은 해크니에서 수확한 것이어서 모두 열두 개의 자치구에서 수확한 꿀을 갖게 되었다. 그래도 열심히 움직여서 더 많이 꿀을 갖춰야 겠다고 다짐했다. 정말 멋지다.

모든 양봉가가 해야 할 일:
* 이 단계에서는 벌통 점검을 2주에 한 번으로 줄여도 된다.
* 벌통마다 설탕 흔들기법으로 꿀벌응애 테스트를 해서, 지금이든 나중이든 필요한 처리를 해야 한다. 만약 꿀벌응애 퇴치용 화학약품이 묻은 가느다란 조각을 사용할 때는 제조사가 권유한 용량과 기한을 준수하도록 하라.
* 귀중한 수확물이 들은 계상을 벌통에서 내려서, 조심스럽게 시원한 장소에 보관해야 한다.
* 꿀을 병에 담을 거라면, 날씨가 따뜻할 때 채취해야 한다. 지역양봉협회에서 대개 채밀기를 대여해주는데 대기자가 많으므로 일찍 신청하는 것이 좋다.
* 꿀을 판매하려고 한다면, 라벨을 직접 디자인하고 모든 법적 요구조건을 준수하여 공정거래 표준에 맞게 시작하라. 약관은 웹사이트에 있다.

크레타 섬의 파라다이스

나는 크레타 섬의 허름한 오두막에서 사는 삶을 늘 꿈꿔왔다. 한 쪼가리 척박한 땅에 채소를 기르고 산양 몇 마리를 키우면서, 빵 굽는 오븐과 선명한 색깔의 벌통 한 쌍과 함께. 따사로운 지중해 햇살을 받으며 앉아서 상큼한 요구르트와 과일에, 진하고 향이 풍부한 그리스 꿀을 듬뿍 얹어 음미하는 상상을 해본다.

날이 눅눅하거나 벌들이 번성하지 않아서 우울할 때면, 나는 이렇게 소박한 상상의 나래를 펼치며 기운을 낸다. 10년도 더 된 녹슨 꿀 통조림을 따고 있노라면, 내 마음은 어느새 크레타 섬으로 돌아가서, 로즈메리를 곁들여 구운 토끼고기와 감자칩을 먹고 있고 벌 모양 폭죽에 불을 붙인다. 벌 폭죽은 그리스에서 별도의 허가 없이도 살 수 있다. 하지만 일단 불을 붙이면 미친 벌처럼 정신없이 돌며 날아가서 대단히 위험한데, 말할 것도 없이 유치해도 진짜 재미있다. 기내 반입금지 물품이라서 영국에 가지고 올 수 없어서 정말 유감이다.

크레타 섬은 양봉하기에 아주 이상적인 장소이다. 매우 한가롭고 평온하다. 이곳 벌들은 향이 강하지만 아주 맛있고 색이 진하며 당밀 농도가 균일한 백리향 꿀을 만들어낸다. 오래전부터 나는 매년 여름마다 크레타 섬에 다녀왔다. 힘든 시기를 겪을 때면, 훌쩍 떠나서 그곳에 조그만 오두막이나 하나 살까 하는 생각을 잠깐 해본 적도 있다. 잔인한 현실은 아직 영국에 집 한 채도 마련하지 못했다. 그럴 만한 목돈을 가져본 적도 없고, 혹시라도 돈이 생기면 늘 양봉사업에 재투자하거나 혹은 그 생명체들을 구제하는 데 쓰곤 했다. 그런데 마침내 새로운 양봉기지로 임대할 장소를 발견했다.

양봉철 **종료**

지금은 이번 달에 해야 할 일이 잔뜩 있어서, 현실적으로 따뜻한 지중해의 태양은 한낱 허황한 꿈일 뿐이다. 최우선으로 할 일은 꿀 수확이다. 크리스마스 성수기를 대비해 꿀을 채취하고, 최종 생산물을 꿀단지에 담든지 아니면 벌집 째로 냉동보관하든지 해야 한다. 벌집은 판지로 만든 상자에 담아서, 습기가 차지 않게 가방에 넣고 밀봉한 다음에 얼릴 것이다.

올해는 소밀을 예전보다 더 많이 생산하려고 한다. 소밀은 수익성도 좋고, 그 인기가 눈에 보일 정도로 상승하고 있다. 요즘은 밀랍을 먹어도 괜찮으냐고 질문하는 사람이 많이 줄어들었다. 지난 몇 년간 고객들에게 벌집의 장점과 먹는 방법에 관한 정보를 꾸준히 제공한 결과다.

지금은 꿀을 수확해야 할 시기일 뿐만 아니라, 겨울나기를 대비할 시간이기도 하다. 벌들은 앞으로 몇 개월 동안 서로 아주 가까이에서 지낼 것이다. 그러므로 양봉가는 이 단계에서 벌들이 건강하게 지내고 질병에 걸리지 않게 하려면 무엇이든지 해야 한다.

일반적으로 9월은 여름보다 스트레스를 덜 받는 시기이긴 하지만, 꿀 생산이 둔화하고 벌집의 규모도 줄어들어서 한편으로는 서글프기도 하다. 여름이 지나고 철이 거의 마무리 단계에 들어서고 있다. 비록 인디언 서머(indian summer)[187]가 되어 벌들이 화창한 날씨를 즐긴다고 할지라도, 꿀 생산량을 늘리기 위해서 더 할 수 있는 일은 아무것도 없다. 올해가 끝나가고 있다.

다행히 자연경관이 워낙 빼어나서 내가 계절성 우울증에 시달릴 염려는 없다. 부들레아는 여전히 만발했다. 홈통이나 울퉁불퉁한 버팀목에 매달린 모습도 예쁘고, 공터를 순식간에 보라색으로 물들이는 광경도 정말 멋지다. 부들레아는 대공습[188]으로 폐허가 된 지역에서 처음으로 피어난 꽃이었다고 한다. 심지어 1년 중 이렇게 늦은 시기에도 벌들이 꿀을 수확할 수 있으니, 부들레아는 남쪽의 헤더인 셈이다.

달콤한 냄새를 풍기며 늘어진 원뿔 모양의 꽃들이 버몬지의 버려진 주유소를 온통 뒤덮었다. 앞뜰이 콘크리트인데도 불구하고, 키가 10피트[189]나 되는 나무들이 우거지고 부들레아의 매력적인 화밀 맛에 푹 빠진 벌들과 나비들로 붐볐다. 부들레아는 이 도시에서 무척 잘 자랄 뿐만 아니라, 아무 데나 잘 적응하는 것 같다.

---

187 가을에 일주일 정도 유달리 화창한 시기.
188 1940~1941년 독일군의 런던 대공습을 말한다.
189 3,048미터.

버몬지는 지난 10년간 상당히 많이 변했다. 특히 강남 쪽에는 고급주택들이 많이 들어섰다. 그 과정에서 가장 많이 피해를 본 것 중 하나는, 양봉가의 관점에서 볼 때 성목(成木)들이었다. 시의회의 지시로 다 자란 나무를 패는 소리에 잠을 깨는 것보다 더 나쁜 일은 아무것도 없다. 비정한 수목 외과전문가를 비난하는 목소리들이 커지고 있다.

런던은 나무가 풍부해서 '녹색' 도시라는 평판이 자자하다. 나무들은 이 도시의 허파일 뿐만 아니라, 도시 벌들에게 주요 밀원으로서 엄청나게 중요한 존재이기도 하다.

나무들이 화밀을 분비할 때, 나무 아래에 서 있으면, 벌들의 격렬한 움직임으로 꽃들이 흔들리는 게 전부 느껴진다. 정말 희한하게도 화밀 중에는 라임과 밤나무처럼 꿀벌에게는 좋지만, 호박벌에게는 독이 되는 것도 있다. 하지만 그런 독성이 호박벌을 접근 못 하게 하지는 않는 것 같다. 그러기는커녕 자기들을 죽음으로 인도하는 바로 그 나무로 이끌려오는 경우가 종종 있다. 조금만 주의 깊게 보면 나뭇가지 아래에 떨어진 조그만 호박벌 주검들을 발견할 수 있다.

약한 봉군 합치기

만약 이 시기에 고군분투하는 벌통을 발견한다면, 새로운 여왕벌로 교체하기에는 다소 늦은 감이 있다. 벌들을 완전히 잃는 것을 예방하기 위해서, 약한 봉군을 다른 봉군과 합치는 것이 좋다. 우리는 종종 기대 수준에 이르지 못하는 봉군들이 생기면, 헤더꽃밭에서 봉군을 합치곤 한다.

두 벌통을 합치면 봉군이 강해져서 꿀을 더 많이 생산할 수 있을 뿐만 아니라, 겨울나기에도 더 좋다. 하지만 조심스럽게 하지 않으면, 벌들끼리 서로 싸워서 죽일 염려가 있다.

　봉군을 합치려면 먼저 육아상자 위에 신문 한 장을 펼쳐놓고, 그 위에 바닥을 떼어낸 다른 벌통을 올려놓는다. 이렇게 임시로 장벽을 만들면 벌들의 다툼을 방지하면서도, 따로 지내는 동안 서로의 냄새에 익숙해지게 한다. 그 후 며칠만 지나면 벌들이 신문을 야금야금 갉아 먹는다. 벌통 입구 근처에 버려진 작은 신문 조각들이 보이면, 이 일이 일어났다는 증거다. 그러면서 벌통이 점차 합쳐진다. 하이브툴로 구석에 작은 흠집을 만들어 주면, 벌들이 입으로 뜯어내서 길을 내기 수월하다. 나중에 벌통을 열면, 벌들이 찢어서 만든 창조적인 예술작품을 발견할 것이다.

　날씨가 더 선선해져서 풀과 나무들이 더 이상 매혹적인 화밀을 제공하지 못하면, 벌들은 다른 벌통의 꿀이라도 훔쳐오고 싶어한다. 이것은 양봉가의 처지에서는 무척 걱정스러운 일이다. 사실 벌통은 양봉철 내내 언제든지 다른 벌들에게 털릴 수 있다. 더욱이 도시에서 양봉한다면, 더더욱 이런 도둑들을 끊임없이 경계할 필요가 있다. 그들은 떼 지어 오는데, 어린애들처럼 다리로 뒤에 매달려 같이 다닌다. 이것은 그들의 꿀주머니가 비어서 먹이를 찾아 호시탐탐 기회를 노리고 있다는 의미이다.

　봉세가 약한 벌통들은 자신들의 식품저장실을 충분히 방어할 수 없으므로 이웃 벌통의 벌들이 침입하면 속수무책으로 당한다. 엄청난 규모의 싸움이 벌어지면서 수백 마리가 죽는 결과를 초래할 수 있다. 벌통 거주자들이 죽어가고 있거나 질병으로 이미 죽은 벌통일수록 다른 벌들이 마음 놓고 드나들어서, 유충 전염병이 쉽게 퍼질 수 있다. 그래서 나는 약한 벌통 입구를 최소한으로 틈만 남겨놓고 발포고무 조각을 밀어 넣어서 막아버린다. 야외에 있는 양봉장이면 풀로 막아도 된다. 볼품은 없지만, 효과는 좋다.

달콤함을 찾아서

꿀 보관 상자에 꿀이 묻어있으면 도둑떼에게 취약하다. 사실, 이 시기에는 달콤한 것은 무엇이든지 벌들을 끌어당긴다. 작년 9월 포트넘 백화점의 벌들이 근처에 있던 끈적거리는 것이 묻은 재활용품 용기 주위에 잔뜩 모인 적이 있다. 문제를 일으킨 것은 알코올을 함유한 청량음료병들이었다. 그래서 내가 빈 병에 남은 단맛을 없애려고 병들을 물로 씻자, 직원들도 잘 이해해주었다. 벌들이 술에 취했다고는 생각하지 않지만, 자기 차례를 기다리면서 수천 번을 뇌리에 새겼기 때문에 술 감각을 키운 것만은 분명하다.

다행스럽게도, 포트넘에서는 분봉이 일어난 적이 없다. 한 번이라도 생긴다면, 그것은 필시 캐번디시 호텔이 있는 길로 갈 것이다. 그러면 손님들은 자기 벌들을 되찾아오기 위해서 높은 곳으로 기어오르는 양봉가를 구경하는 상당히 특이한 대접을 받을 것이다. 요즘도 손님들이 벌통을 너그러이 보아주며, 창밖으로 몸을 내밀고 사진을 찍거나 질문을 하기도 한다. 그들에게도 특이한 경험이므로 좋아하는 사람들도 있을 것이다!

날씨가 더 서늘해져서 먹을 것이 별로 없는 시기가 오면, 벌들은 자신들이 화밀이라고 생각하는 것을 모으기 위해서 더 열심히 일한다. 그러다 보면 육아소비 안에서 좀 이상한 색깔의 꿀을 발견하기도 한다. 그중에서도 분홍색 꿀이 제일 특이했다. 풍선껌 냄새가 났는데, 무엇으로 만들었는지는 전혀 알아내지 못했다. 벌들이 먹이를 찾아다니다가 진짜로 끈적끈적한 풍선껌을 발견했을지도 모르는 일이다. 몇 년 전에 슈롭셔에서 열린 러들로(Ludlow) 요리 축제에서, 어떤 양봉가가 밝고 붉은 꿀을 파는 것을 발견한 적이 있다. 나는 그가 그 꿀을 채취한 벌집 사진을 보여주기 전까지는 그가 어떤 식으로든 속이는 거로 생각했다. 그의 벌들은 헤리퍼드(Hereford) 근처에서 썩어가는 과일을 먹이로 구해왔던 거였다. 벌들은 자신들이 수분해야 할 과일나무들이 있는 과수원을 무시하고, 그 대신에 근처에 있는 딸기농장으로 모여들어서 악천후로 파괴되어 발효하는 딸기들을 먹잇감으로 삼았다.

　런던에서는 내 벌들이 달콤한 것을 찾아 돌아다니다가 혹시라도 문제를 일으키지나 않을까 늘 노심초사한다. 벌들이 바깥에 나가서 끈적끈적하면서 과일 향이 나는 것들을 탐내다가 언제 말썽을 일으킬지도 모르기 때문에 늘 촉각을 곤두세우는 것이 좋다. 외부에서 온 벌들이 나의 영역을 침범하지 못하도록, 선명한 색상의 1970년대풍 플라스틱 리본들을 출입구에 늘어뜨려 놓았더니 마치 파리잡이 끈끈이처럼 보였다.

　채취해놓은 촉촉한 꿀이 담긴 상자들을 잘 덮든지 밀봉하도록 하라. 그리고 근처에 있는 시설 중에서 혹시 찐득거리는 것을 함부로 내놓은 곳은 없는지 눈여겨보라. 예전에는 버몬지에 하틀리스(Hartley's) 잼 공장이 있었지만, 현재는 그 건물을 고급아파트로 고쳤기 때문에 염려할 필요가 없어졌다. 테이트 미술관은 그곳에서 나오는 어떤 쓰레기도 함부로 밖에 내놓는 법이 없다. 그래서 그 근처에서는 벌들이 배회하는 모습을 한 번도 보지 못했다.

좀도둑질하는 벌들이 조금 우려되지만, 그래도 9월에 대부분 양봉가는 비교적 편안하게 지낼 수 있다. 이 무렵에는 벌통 점검도 너무 자주 할 필요가 없다. 분봉 위험성이 적기 때문에 몇 주에 한 번만 해도 괜찮다. 꿀을 수확하고 난 후에 벌통이 유난히 가볍다고 느껴진다면, 설탕시럽을 약간 먹여서라도 그곳의 거주자들을 보강해줘야 한다.

마침내 **새 보금자리**에서

양봉장에서 가져온 계상들을 새로 마련한 오피스텔로 운반하고서, 이 꿀을 어디에 어떻게 팔 것인가를 곰곰이 생각하고 있었다. 그런데 어느새 들어온 꿀벌 한 마리가 보였다. 여기저기 묻은 달콤한 꿀 냄새에 이끌려 오피스텔 창문 틈으로 들어온 모양이었다.

벌의 배가 황금색인 것으로 보아 게으른 성향의 뉴질랜드 벌이 틀림없다. 걸핏하면 쓰레기를 뒤져 먹을 것을 찾기 때문에, 내가 그다지 좋아하지 않는 부류다. 이 벌이 지금 나의 귀중한 꿀을 탐색 중이다. 하지만 이것도 벌은 벌이기 때문에, 작동하던 해충퇴치기를 껐다. 벌집나방을 비롯해 각종 날아다니는 곤충들을 효과적으로 없애주는 해충퇴치기는 곤충들이 나의 생산품을 노리지 못하게 하려고 장만한 것이다. 그런 다음 나는 오스트랄라시아에서 온 이 불청객을 에스코트해서 내보냈다. 물론 국제적으로 공인한 벌 제거방법을 사용했다. 유리컵과 전화요금 청구서로 말이다. (그런데 새로 이사할 때마다, 어째서 그 청구서가 가장 먼저 도착하는 걸까?)

거주하면서 양봉본부로도 사용할 장소를 몇 주 동안 물색한 끝에, 타워 브리지(Tower Bridge)[190] 거리에서 조금 떨어진 옛날 제혁공장 자리에 정착했다. 남향으로 전망도 좋으며, 앞에는 상당히 널따란 공터가 있는데 야간 조명이 환상적이다. 게다가 네드와 네드 엄마가 사는 버몬지 아파트에서 겨우 두 블록 거리라 위치도 아주 이상적이다. 딱 한 가지 결점, 3층인데 엘리베이터가 없어서 충계참을 여섯 개나 올라가야 한다. 그 대신 놀랍게도 길거리 쪽에 아주 위험한 바구니가 달린 구식 승강장치가 있다……. 이런 식으로 꿀을 위로 운반하면서 긴장감을 즐길 수도 있다. 하지만 내 예상으로는 아무래도 친구들과 자원봉사자들에게 긴급 지원을 요청할 것 같다.

꿀단지 아니면 소밀

계상마다 꿀이 아무리 조금씩 들어있다 하더라도, 나로서는 어마어마하게 많은(매년 2톤 이상) 꿀을 가공해야 하므로 이 작업 자체가 상당한 도전이다. 계상 한 개의 평균 무게는 25킬로그램 정도로 제법 거금을 받을 수 있다. 그리고 아주 살짝만 부딪혀도 벌집이 벌집틀과 분리될 수 있으므로 조심스럽게 다루어야 한다. 부딪치자마자 계상에서 꿀이 흘러나온다. 과거에는 사람들이 벌통 옮기는 것을 돕다가 실수로 벌집을 훼손하는 경우가 많았다. 악의는 없었지만, 다뤄본 적이 없었기 때문에 일어난 일이

---

[190] 1894년 완공한 템스 강 하류에 있는 개폐식 다리.

었다. 1년 동안 나의 땀과 고된 노동으로 빚어낸 결과를 한순간의 부주의로 잃고 싶지는 않다.

일단 다음 주쯤에는 오피스텔에서 포트넘 백화점의 꿀을 채취해야 한다. 백화점 측에서 얼른 꿀단지를 진열하고 싶어한다. 그런 다음 나는 벌집을 끈적끈적한 상태(우리는 이런 상태의 벌집들을 젖은 것이라고 부른다)로 벌들에게 돌려줄 것이다. 벌들이 벌집에 남은 꿀을 깨끗하게 싹 먹어치우도록 해서 봄을 대비한다. 그런데 대낮에 벌집을 벌통으로 되돌렸다가는 벌들이 너무 흥분할 수 있다. 특히 꿀이 계상 바깥에도 묻어서 끈적거리기라도 하면 벌들이 더욱 난리가 나기 때문에, 나는 주로 밤에 이 일을 한다. 계상마다 가져온 장소의 라벨이 붙었으므로, 반드시 본래 있던 양봉장으로 돌려보내서 교차감염을 피하도록 한다. 이를테면, 이때야말로 벌들이 자기 꿀을 돌려받는 유일한 시간이다.

제일 먼저 오래된 검은 벌집들을 따로 구분한다. 이것들은 전에도 여러 번 사용한 것으로, 부드러운 밀랍으로 만들어서 보기에도 새로 만든 티가 팍팍 나는 하얀 벌집들보다 그다지 매력적이지 않다. 오래된 벌집에 저장된 꿀은 채취해서 꿀단지에 담고, 새 벌집은 벌집째로 제품을 만들기에 안성맞춤이다. 토스트 위에 벌집을 얹어서 밀랍이 부드러울 때 먹으면 무척 맛있다. 연약한 하얀 밀랍덮개 아래에 담긴 꿀 별로 각각 특성이 있기 때문에 벌집도 맛이 다 다르다.

온라인으로 검색해서 화이트시티(White City)에 있는 아이스크림공장을 찾아냈는데, 그쪽에서 기꺼이 보관을 돕겠다는 답변을 얻었다. 매주 화물운반대 한 개에 6파운드로, 내가 사용해본 어떤 다른 냉장보관 시설보다 저렴한 가격에 계약했다. 이제 꿀들을 섭씨 0도 정도에서 시원하게 보관할지, 아니면 영하 25도에 얼릴지만 결정하면 된다.

공장 사장에게 자기들이 별의별 물건을 다 냉장하거나 냉동해달라는 요청을 받아봤지만, 꿀은 처음이라는 말을 들었다. 작년에 채널4[191] 프로그램에서 해부할 악어를 냉장보관해달라고 했지만 거절했다고 한다. 나는 주변에 날아다니는 벌이 한 마리도 없어야 한다는 엄격한 지시를 받았는데, 그 온도에서는 벌들이 날아다닐 수조차 없다는 말을 하지 않았다. 그 사람도 어차피 알게 될 것이므로 굳이 신경 쓰이게 하고 싶지 않았다.

벌집나방

나는 두 가지 이유로 내 벌집들을 얼리는 쪽을 택했다. 한 가지는 꿀이 엉길 가능성이 없도록 안정시키기 위해서이다. 다른 한 가지는, 벌집나방이 생기는 것을 방지하는 가장 효과적인 방법이기 때문이다. 아무튼, 상당히 안정적인 런던 꿀에는 냉동보관이 더 필수적이다.

무시무시한 옷좀나방과 마찬가지로 벌집나방이 침입하면, 문제는 나방 자체가 아니라 유충이 일으킨다. 나방은 벌집을 건드리지도 않지만, 유충은 벌집을 야금야금 먹어치운다.

그래서 나는 이 유충들이 눈에 뜨이는 즉시, 불교적 성향 같은 건 다 팽개치고, 재빨리 손가락으로 해치워버린다. 런던 북부 양봉장에 도착하자, 어디선가 나타난 다정한 울새 한 마리가 내 발 주위를 맴돌며, 이 통통하

---

[191] 영국 공중파 민영방송.

고 맛있는 애벌레가 떨어지기를 기다렸다.

 나이가 많은 양봉가들은 나방을 통제하기 위해 공 모양의 좀약을 비롯한 화학약품을 사용한다. 그러나 나는 그 냄새가 벌집에서 사라지기까지 무척 오래 걸리기도 하거니와, 화학약품은 여러 면에서 안 좋을 것 같아서 가능한 한 적게 사용하려고 한다. 전에 큰 벌집나방과 작은 벌집나방 두 종류가 모두 내 벌집 한가운데를 정신없이 먹어치웠다. 보자마자 둘 다 없애버렸는데, 더 큰 것들은 나무를까지 파먹어서 여기저기 구멍을 송송 뚫어놓았다. 이것들은 벌통과 계상까지도 손상을 입히기 때문에, 혹시라도 있을까 봐 늘 걱정이 된다.

 벌통에 이미 나방이 들끓는다면, 벌통에 용접용 화염램프를 사용해서 불을 지르기 전에는 유충을 모두 제거할 수 없다는 사실을 알게 될 것이다. 이 단계는 벌집들이 가망 없는 상태로, 이보다 더 나빠질 것도 없다.

 벌집을 자르다가 벌집나방 유충을 발견하면 가슴이 철렁 내려앉는다. 유충들은 벌집을 워낙 빠른 속도로 파괴한다. 사람들에게 가공하지 않은 벌집의 경이로운 점을 교육하는 일은 내 양봉사업의 대들보나 다름없는데 이미 자른 벌집 한 조각에서 구더기 한 마리를 발견한다면, 한마디로 참사다. 이런 일을 피하고자 벌집을 냉동냉장 설비로 결빙온도에서 시원하게 보관한다. 이렇게 하면 곤충 알을 전멸시킬 수가 있다. 한꺼번에 보내버린다고나 할까?

 병에 넣어서 팔기로 한 나머지 꿀들을 올해는 예년보다 훨씬 더 늦게 추출하기로 했다. 꿀의 농도가 괜찮아 보여서 당분간 계상에 있는 그대로 놔두기로 했다. 게다가 나는 따로 해야 할 더 중대한 일도 있다.

우선, 대형 식품업체인 막스 앤 스펜서(Marks & Spencer)와 회의하기로 했다. 놀랍게도 그들은 내가 생산할 수 있는 꿀을 전부 사겠다고 제안했다. 그렇게 하면, 내 꿀을 런던 전역에서 구할 수 있다. 하지만 내 제품은 분명 대세가 될 텐데, 그러면 잠자리에 들 때도 슈퍼마켓 생각에 사로잡혀 지낼까 봐 걱정되었다.

이 업체 측에서 생산자에게 지켜달라고 제시한 지침들이 워낙 엄격해서 부담스럽고 가격도 걸림돌이 될 수 있었지만, 회의결과는 뜻밖에도 고무적이었다. 나는 런던 꿀은 장인의 제품이나 다름이 없으므로 높은 가격을 받을 가치가 있다는 의견을 피력했다. 그런데 이것은 논의의 주안점이 아니었다. 그들은 가격에 상관없이 내가 생산할 수 있는 것은 모조리 납품받고 싶어했다.

나는 새로이 대규모 양봉장을 마련하는 데 그들이 재정적으로 도움을 줄 수 있는지 궁금했지만, 그 아이디어는 아직 좀 더 신중하게 생각해볼 필요가 있어서 참았다. 내 꿀을 M&S(막스 앤 스펜서)라는 브랜드로 판매할 텐데, 혹시라도 내가 신념을 버릴까 봐 조심스럽다. 슈퍼마켓들은 거래처 통제가 상당히 심하고 소규모 생산자들을 쥐어짜는 것으로 잘 알려져 있다. 그래서 비록 그 제안이 현금 유동성 측면에서는 매력적이지만, 그렇게 했다가 내가 정말 행복하다고 느낄지 확신이 서지 않았다.

지금 납품하는 소규모 식품점들은 모두 감탄스러울 정도로 그 지역 고유의 특색이 있으면서도 탄탄하기 때문에 나는 그들과 일하는 것이 즐겁다. 그러나 만약 내가 M&S와 거래를 체결한다면, 그들을 저버릴 수밖에 없다. 친구들이나 동료 양봉가들은 나의 사업에 늘 똑같은 비판을 한다.

배포가 크지 못하다는 것이다. 나는 어떤 브랜드를 통해서 다양한 제품을 출시하기보다는, 가내공업 수준에 안주할 위험이 있다. 하지만 사실 나는 소규모 양봉이 더 편하다.

적어도, M&S와 회의했다는 사실은 양봉작업이 대규모 바이어에게 주목받지 못한 채 사라지지는 않았음을 보여준다. 결국, 나는 좀 더 곰곰이 생각해보고 몇 주 후에 내 입장을 알려줘도 되겠느냐고 물었다. 그러나 마음속으로는 이미 거절하기로 한 상태였다.

M&S는 마블 아치(Marble Arch)[192]에 있는 본점부터 시작해서 각 지점 옥상에 있는 벌들을 모두 살펴보고 싶어했는데, 이 과정을 상당히 중요하게 여겼다. 수도에는 수십 개의 백화점이 있으므로, 이는 모든 자치구 옥상 위에서 벌을 키우고 싶은 나의 포부를 실현하는 절호의 기회가 될 수도 있다. 그러나 이 모든 것을 내 능력으로 제대로 감당하지 못할까 봐 다시 걱정되었다. 그들은 고객들이 매장 내에서 벌침에 쏘일 경우, 보건안전 담당자들이 어떻게 할 것인가에 관한 계획도 이미 다 세웠다고 했다. 비록 아무리 타당한 일일지라도, 너무 지나치게 사무적이 되는 건 아닐까 하는 의문이 들었다.

나는 전에도 이런 종류의 관심에 맞닥뜨린 적이 있는데, 굳이 심드렁한 반응을 빨리 보일 필요는 없다는 생각이 들었다. 의뢰인들이 매우 조직적이면, 일의 시행 여부를 논의하는 이런 초기 회의에도 더러 관계자들과 팀들이 모두 참석한다. 다른 면에서는 더 부드러운 접근이 필요하다. 그래서 나는 토론하는 직원들에게 그들 건물에 벌이 있으면 무엇이 기대되고

---

[192] 런던 하이드파크의 동북쪽 문.

어떤 놀라운 이점이 있는지 구체적으로 이야기한다.

위층? 아래층![193]

이스트 엔드에 있는 델리 다운스테어즈(Deli Downstairs)는 현재 내 꿀을 판매하는 독자적인 소규모 식품점 중 하나이다. 전직 배우이자 시나리오 작가인 테오 프레이저 스틸이 부인 새라와 함께 시간을 내서 이 깔끔한 식품점을 운영한다. 그들의 복고풍 가게 문으로 들어가자마자, 기막히게 맛있는 것들이 맞이한다. 그러니 빈속으로 들어가서는 안 된다.

그 상점이 예전에 말했던 여배우 집에서 멀지 않아서 한동안 빈번하게 들락거렸다. 소풍도시락 거리를 장만하려고 잠깐씩 들르기도 했다. 나는 거기에서 파는 소시지 롤과 테오의 어머니가 만든 고등어 파테[194]를 유달리 좋아한다. 어느 날 지나가던 테오가 나의 작업복을 언급하면서(내 예상에 그는 내가 부랑자처럼 보인다고 생각한 것 같다) 나더러 뭐하는 사람이냐고 물어본 것을 계기로, '이성애자인 남성 간의 친밀한 관계'가 우리 사이에 꽃피기 시작했다. 내가 그곳을 나서기도 전에 그는 자기 상점에 내 해크니 꿀을 갖춰놓겠다고 했다.

몇 주 후 그가 친절하게도 직접 엄선한 고급스러운 간식, 프렌치토스트를 이용한 꿀이 든 바클라바(Baklava)[195]를 뚝딱 만들어서 우리 집에 왔다. 이 요리는 만들기도 간편하고 정말 맛있다. 마침 오피스텔에 와있던

---

[193] 델리 다운스테어즈에서 다운스테어즈(downstairs)는 '아래층'이라는 뜻이다.
[194] 고기나 생선을 곱게 다져서 양념한 것. 차갑게 해서 빵 등에 펴 발라 먹는다.
[195] '패스트리의 여왕'이라고 불리는 터키의 달콤한 디저트.

소녀들이 무척 좋아했다. BBC2의 벌에 관한 임시 프로그램인 〈TV 꿈같은 세상〉을 새 오피스텔에서 촬영 중이었다. 그래, 맞아. 우리는 이런 걸 매번 먹고 있지…….

 바클라바 프렌치토스트

호주의 카페를 다룬 어떤 기사에서 이 요리에 관한 글을 본 적이 있다. 사진이나 설명도 없었지만, 이름만으로도 흥미를 불러일으키기에 충분했다.
이 조리법은 꿀을 벌집째로 사용하기 아주 좋다. 맛도 환상적이고 보기에도 아주 근사하다. 해크니 마쉬스(Hackney Marshes)[196]에서 가져온 스티브의 꿀을 사용했다.

재료:
꿀 5테이블스푼, 물 1테이블스푼, 오렌지 ½개 껍질 간 것, 피스타치오와 호두 다진 것 한 줌, 계피가루 약간, 좋은 식빵 2조각, 달걀 1개, 우유 1테이블스푼, 좋은 바닐라 농축액 2방울, 소금 약간, 튀김용 버터

먹기 직전에 곁들여 내놓을 것:
작은 정사각형 모양으로 자른, 소밀 1조각, 오렌지 껍질 간 것, 마스카르포네 (mascarpone)[197]

꿀 4테이블스푼을 물과 오렌지 껍질 간 것과 함께 작은 팬에 넣고, 시럽 같은 농도로 걸쭉해질 때까지 끓인다. 그런 다음 불에서 내리고 오렌지 껍질을 제거한다.

견과류와 계피가루, 남은 꿀 1테이블스푼을 그릇에 담고 섞는다. 섞은 것을 식빵 2조

---
[196] 런던 최대의 유원지.
[197] 부드럽고 순한 크림치즈.

> 각 사이에 펴 바른다.
> 달걀, 우유, 바닐라 농축액과 소금을 얕은 그릇에서 섞는다. 여기에 식빵을 살짝 담근다. 팬에 버터를 조금 녹이고 빵 양쪽 면이 노릇노릇해질 때까지 굽는다.
> 꿀 시럽, 네모난 소밀 1조각, 럭비공 모양인 마스카르포네 치즈 한 덩어리를 곁들여 낸다.

포장 및 상표 붙이기

크라우치 엔드(Crouch End)에 있는 버드젠스(Budgens)[198] 상점은 현재 자기네 건물 옥상을 지역주민이 채소를 생산할 수 있도록 제공하며, 앞으로 그곳에서 꿀벌을 키울 계획을 세우고 있다. 상점 측에서 내 꿀을 판매하기 위해 주문하면서, 내가 꿀단지에 수하물처럼 꼬리표 방식의 라벨을 다는 것은 상관이 없지만, 바코드는 부착해달라고 요청했다. 전에는 한 번도 바코드를 사본 적이 없는데, 막상 경험하니 굉장히 복잡했다. 먼저 바코드를 사서 등록한 다음에, 라벨을 제작해야 한다.

다행히 대부분 양봉가는 가을에 바코드를 부착하는 경우가 거의 없으므로, 자초지종은 다루지 않겠다. 나는 양봉을 시작했을 때 처음 수확한 꿀을 그 건물에 있는 모두에게 나누어주었다. 일을 수월하게 할 수 있도록 양해해 준 데 관한 보답이었다. 그런데 누구든지 자기가 생산한 꿀을 판매하려고 한다면 라벨을 제작할 때, 소비자를 기만하는 일이 없도록 마

---

[198] 식료품 체인점.

련한 엄격한 상품표시 규정을 준수해야 한다.

나는 법망을 피하려고 여전히 라벨을 부착하지 않고 꿀을 판매하는 양봉가들을 알고 있다. 라벨을 붙이는 아이디어는 이론상으로만 좋은 게 아니라, 실제로도 소비자와 생산자를 모두 보호한다는 이점이 있다. 최근에는 외국 꿀의 라벨을 떼어내고 영국산이라고 속여 판매한 예도 있다.

생산량이 많든 적든 상관없이, 주위 사람에게 꿀을 답례로 선물하면 특별한 보람이 느껴질 것이다. 친구들과 가족들과 이웃들 모두, 내 생각엔 치과의사만 제외하고 기뻐할 것이다.

꿀은 치아 전문가들 사이에서는 그다지 인기가 없다. 양봉가의 치아에 문제가 많다는 것은 주지의 사실이다. 그들은 늘 꿀을 달고 살기 때문에, 그것도 벌통에서 바로 맛보기 때문에 특히 더하다. 그런 다당류는 모두 치아의 사기질(沙器質)을 파괴하는 역할을 한다. 나도 일을 하면서 손가락을 계속 핥아 먹은 덕택에, 이를 엄청나게 많이 해 넣었다.

나는 상업적으로 양봉하는 사람이므로 꿀 포장과 판매 방법 숙지는 당연하다. 그뿐만 아니라, 아무런 소득이 없는 겨울을 지내고도 봄에 다시 투자할 수 있을 정도로 충분한 자금을 마련해야 한다. 지금은 크리스마스 시즌을 대비해서, 수확물을 선물할 뿐만 아니라 판매로 전환하는 방법을 생각할 시간이다.

상상력 부족으로 영국에 있는 대부분 꿀단지의 포장이 낙후한 것이 늘 안타까웠다. 매력적이지도 않고 우중충한 1940년대 스타일을 벗어나지 못한 상태였다. 유럽에서는, 특히 프랑스와 스페인, 이탈리아에서는 꿀을 고급제품으로 인식해 좋은 가격에 팔며, 그것을 생산하는 데 들어간 노력과 헌신을 반영해서 적절하게 포장한다.

  스피탈필즈 마켓에서 처음으로 가판대를 운영한 초창기부터, 무지하게 비싼 유리병에 꿀을 담는 것으로 변화를 모색했다. 처음으로 꿀단지를 포장하려고 한다면, 양봉장비 제조업체에서 라벨을 구하기보다는, 장인의 솜씨를 지닌 제작자에게서 영감을 구하길 권한다. 디자인은 간단명료하게 하라. 교구목사와 티파티를 묘사한 시골생활처럼 우리 양봉가가 당연히 하고 있으리라고 여기는 이런 평온한 전원생활을 반영하는 형편없는 디자인만큼은 정말 보고 싶지 않다.

  얼마 전 나는 올드 스트리트(Old Street)에 있는 어떤 디자인 회사에서 제안을 받았다. 그 회사는 지난 크리스마스에 내게서 소밀을 샀는데, 올해 내 꿀 포장을 무료로 디자인해주겠다고 제안했다. 상품포장을 다양하게 개발해서 자기네 고객을 새로 유치하는 데 활용하겠다는 내용이었는데, 나로서도 좋은 일이다. 꿀단지의 초기 디자인들이 계몽적이면서도 신선해서 좋긴 했지만, 인쇄하는 비용이 많이 들어서 여전히 부담스럽기는 했다.

  몇 년 전, 나는 시험 삼아 육각형 상자를 디자인했다. 몇몇 친한 친구들이 기꺼이 도와주었다. 뉴욕에서 보았던 시험관 샘플에서 영감을 얻어서 영국의 여섯 가지 꿀의 특징을 나타내도록 디자인했다. 이것은 큰 성공을 거두어서 꿀 상자를 수백 개나 팔았지만, 제작하는 데 시간 소모가 너무 컸다. 올해는 농산물 직판장으로 돌아가서 내가 공급하는 식품점의 숫자를 늘리는 데 주력하고 싶다. 그러나 1년 중 이 시점에 소비자들이 이상적인 선물로 여겨 선풍적인 인기를 끌 새로운 상품을 소개하는 편이 좋을 수도 있다. 큰 상점들은 이미 크리스마스에 판매할 상품들을 결정한 상태다.

 오로지 꿀 판매로 얻은 수입에만 의존하는 것은 더 이상 바람직하지 않다. 특히 양봉철 성과가 부진하고 벌들이 질병으로 고통받을 때는 저축해놓은 돈도 금세 사라져버릴 수 있다. 그래서 나는 꿀과 밀랍으로 만들 다른 제품들을 알아볼 작정이다. 그리고 예전 제품들을 현대적으로 개선해서 활기를 되찾으려고 한다. 테이트 미술관 측에서 열의를 가지고 함께 제품을 개발하고 싶어한다. 나는 비누와 입술용 크림, 초를 제작하고 싶다.

제품 판매하기

 9월 말이면, 런던 시장 경기는 호전할 것이다. 여름에는 아주 많은 사람이 휴가를 보내거나 도시를 벗어나서 시장이 조용하지만, 가을과 크리스마스 사이에는 물건들을 내다 팔 황금기이다.

 어떻게 하면 가장 손쉽게 제품을 판매할 수 있을까 아무리 궁리해보아도, 시장에서 성공하려면 엄청나게 헌신하는 수밖에는 다른 도리가 없다. 시장에 나오기만 하면 오래되고 쓸데없는 물건도 단박에 팔 수 있다는 생각은 버리는 것이 좋다. 고객 말에 귀를 기울일 줄 알아야 한다. 그리고 너무 당연한 소리 같겠지만, 자신이 파는 제품을 반드시 세심하게 점검해야 한다. 사실은 나도 실수한 적이 있다. 밀랍으로 만든 초에 심지를 잘못 넣은 바람에, 어떤 고객의 집을 불태울 뻔했다. 그 여성이 심지가 잘못 박힌 것을 발견하고 곧장 나에게 돌아와서 설명해준 덕분에, 다행히 꿀을 약간 공짜로 주는 선에서 그녀를 달랠 수 있었다.

꿀과 관련한 제품 중에는 흥미롭게도 오래 가지 못한 것들도 있다. 테디베어 모양의 꿀단지나 밀랍으로 만든 가구용 광택제가 담긴 예쁜 깡통 같이, 특별히 눈길을 끌기 위해 만든 허울뿐인 제품들은 모두 시중에서 사라져버렸다. 누구나 이케아(IKEA)[199]에서 가구를 사려고 하는 세상에 가구용 광택제가 필요한 사람이 있기나 할까? 경험이 풍부한 상인이라면 제대로 팔리지도 않을 상품에 매달려 시간을 허비하지는 않을 것이다.

시장 판매를 위한 황금률

◆절대 앉지 마라.

월드컵 경기 중이라 시장이 죽은 듯이 한산할 때, 딱 한 번 앉은 기억이 있다.

◆항상 바쁜 모습을 보여라.

라벨을 붙일 빈 병들을 시장에 가져간다. 어느 정도는 주중에 일할 시간이 부족해서이기도 하고, 또한 어차피 해야 할 일이기도 하다. 그런 일이라도 하고 있으면 가게에 손님이 없어 파리만 날리는 것처럼 보이지 않는다.

◆잊지 말고 판매대 앞쪽을 자주 점검하라.

꿀을 최상의 상태로 진열해서 고객들에게 매력적으로 보이게 하는 일은 매우 중요하다.

---

[199] 스웨덴의 다국적 가구기업으로 좋은 디자인과 싼 가격, 손수 조립할 수 있는 가구로 유명하다.

◆ 무사안일에 빠지지 마라.

누구나 매주 똑같은 액수의 돈을 벌지는 못한다. 날씨를 비롯한 여러 가지 요인에 따라 달라질 수 있다. 공휴일이나 주요행사로 손님들이 많이 오지 못하는 날들도 있기 마련이다.

◆ 다른 상인들에게 친절하게 대하라.

마실 차를 가져올 때나 휴식이 필요하면, 서로 번갈아 가판대를 돌봐주도록 하라.

◆ 소비자에게 일관성을 유지하라.

한결같이 좋은 제품을 가지고 시장에 나타나라. 손님에 따라 가격을 바꾸어 부르지 마라. 그러나 지역의 부랑자나 주머니에 여유가 없는 사람에게는 꿀을 선물로 주라.

◆ 당연히 고단할 거라는 예상을 해라.

시장에서 종일 열심히 일하고 나면 소파에서 벗어나기 힘들 정도로 고단하다.

◆ 친근한 어조로 말하되, 과도하게 친한 척하며 건방진 말투로 실언하지 않도록 주의하라.

◆위생적으로 보이게 하라.

손톱과 작업복이나 앞치마를 청결하게 유지하라. 나도 물건 파는 사람이 지저분해 보이는 가판대에는 가지 않는다(나한테서 이런 말이 나오다니 재미있다).

◆마지막으로 일을 즐겁게 하되, 이것은 절대로 취미가 아니라는 사실을 잊지 마라.

그렇게 일을 시작하자마자, 장사에 생계를 의존하는 다른 상인들의 존경을 잃을 것이다.

스피탈필즈 이후에 두 번째로 장사를 시작한 시장은 런던 파머스 마켓(London Farmer's Markets)[200]이라고 불리는 네트워크의 일종으로 핌리코(Pimlico)에서 열리는 시장이었다. 그곳에서 판매할 자격을 얻으려면, 런던에서 100마일[201] 이내에서 생산해야 하며, 전담팀의 조사를 받아야만 한다. 그곳에서는 내가 최초로 꿀을 판매했는데, 내 가판대는 지금도 여전히 같은 자리인 거대한 플라타너스 아래에 있다. 겨울에는 이 나무가 비를 가려주고, 따뜻한 계절에는 나뭇잎 사이사이로 스며든 햇빛이 꿀단지에 아롱거려 생기 있어 보인다. 이런 점이 참 좋다.

내 세 번째 가판대는 엄청난 인파로 붐비는 보로 마켓(Borough Market)[202]에 있었다. 내가 그곳에 자리를 얻기까지는 꽤 여러 해가 걸렸다. 결정되기

---

200 일종의 농산물 직거래 장터로 일주일에 한 번 정도 열린다.
201 160.9킬로미터.
202 먹을거리 천국이라고 불릴 정도로 큰 규모의 식료품 시장. 매주 목, 금, 토요일에 장이 열린다.

까지 견해 차이로 내분이 일어나기도 할 만큼 상당한 진통을 겪었다. 네 번이나 신청했지만 모두 거부당했다. 상가 측에서 꿀은 매일 먹는 품목이 아니며, 매주 구매하거나 소비하지 않으리라는 편견에 사로잡혀 있었다. 이건 정말 말도 안 되는 생각이다. 우리 할머니는 꿀을 일주일에 한 병씩 드실 정도로 좋아하셨다. 게다가 그 시장에도 이름에 허니 넛(honey nut)이라는 표현이 들어간 각종 제품이 널려있었다.

내 신청이 번번이 기각되자, 심지어 자유민주당 소속으로 버몬지와 올드 사우스워크(Old Southwark) 지역 하원의원인 사이먼 휴즈가 나를 지지하는 편지를 써주기도 했다. 떡값이 오고 간 적도 없는데 말이다. 매번 힘들게 지원할 때마다, 판매할 모든 제품의 견본을 제출해야 했으며 이 유서 깊은 매매의 터전에 과연 내 제품이 자리를 차지할 만한 가치가 있는지를 설명하는 상세한 기록을 요구받았다.

2002년 9월, 마침내 나는 토요일 아침마다 가판대를 사용할 수 있는 허가를 받았다. 철교 아래 사우스워크 대성당의 그림자가 드리워진 장소였다. 시장에서 엎어지면 코 닿을 만한 곳에서 제품을 제공할 수 있어서 무척 신이 났다. 판매가 아주 잘되어 내 사업을 성공적으로 만들 거로 믿었다.

처음 몇 개월간은 재미도 있고 수익성도 좋았다. 친한 친구도 여러 명 사귀었으며, 상인들과의 동료애에도 무척 깊어졌다. 내 옆 가판대에는 콜체스터(Colchester) 근처에서 3대째 굴을 채취하는 리처드 헤이워드가 있었는데, 지금은 내 아들의 대부이다. 이 사람은 거구에다가 치아는 대문짝만 하지만, 성품은 무척 온화한 사람이다. 그는 이따금 나에게 차를 사주

9월_ 303

고, 내가 양봉작업으로 바빠서 늦을 때에는 가판대에 상품을 진열하는 일을 도와주기도 했다.

그는 칼에 엄지를 찔리지 않고도 생굴을 까는 요령뿐만 아니라, 평범한 샬럿 비네그레트 드레싱(shallot vinaigrette dressing)[203]을 정말 맛있게 배합하는 비법도 알려주었다. 당시에는 주로 농장에서 생산한 우유와 고기를 그냥 팔기만 하지 않고, 상품을 다양화하려고 노력하는 소규모 생산자들이 많았다. 그날의 하이라이트는 다른 생산자들이 생산한 치즈, 고추, 타조고기, 케이크 같은 상품과 자신의 생산품을 맞바꾸는 순간이었다. 돈을 주고받지 않는 물물교환을 나는 요즘도 여전히 시장에서 즐긴다. 게다가 사람들이 언제든지 꿀을 원하는 것 같아서 정말 다행이다.

상인들 사이에는 다른 사람을 서로 소중히 여기는 윤리강령 같은 것이 있다. 잠깐 차를 마시러 갈 때 가판대를 대신 봐준다거나, 보통 서로 필요할 때 상부상조하는 것이다. 예전에 어쩌다가 내 밴에 요구르트 음료를 판매하는 가판대가 걸린 줄도 모르고 시장통에서 밴을 끌고 다닌 적이 있다. 사람들이 모두 나를 향해 손을 흔들기에, 시장 노점상들이 얼마나 친절한지 마냥 감탄했다. 다행히 그 가판대 음료들은 플라스틱병에 담겨서 파손된 것은 하나도 없었고, 가판대 주인도 매우 이해심 많은 사람이었다.

초창기에는 날씨가 너무 춥지만 않으면, 벌이 들은 관람용 벌통을 시장 세 군데에 모두 가지고 다녔다. 그러면 항상 가판대에 사람들이 구름떼처럼 몰려들었다. 물릴 정도로 늘 똑같은 질문을 받긴 했지만, 시장이란 곳은 말을 퍼뜨리기에 정말 좋은 장소다. 가장 흔히 받은 질문은 '당신도 벌

---

[203] 식초에 갖가지 허브를 넣어 만든 샐러드용 드레싱. 샬롯은 양파와 비슷하게 생긴 양념 재료로, 대부분 자주색에 길쭉한 럭비공 모양이다. 양파보다 작고 단맛이 더 강하다.

에 쏘이나요?'였다.

그 후 나의 멋진 아들이 태어났다. 그래서 나는 직업상 몇 가지 계획을 추려내고, 파자마를 몇 벌 마련했다. 늘 타고 다니던 트럭이 갑자기 더 이상 쓸모가 없어졌다. 누구라도 소형 오픈트럭에 아기용 카시트를 장착하고 싶지는 않을 것이다.

나는 점차 보로 마켓에 환멸을 느꼈다. 이 시장은 캠든 마켓(Camden Market)이 걸었던 길을 답습했다. 시장 운영은 매우 정략적으로 이루어졌으며, 간단한 요깃거리에만 관심 있는 여행자들로 가득했다. 런던 꿀이 참신해서 한동안 잘 팔리긴 했지만, 그 시장에 자리를 잡았던 주된 이유가 꿀을 많이 팔기 위해서만은 아니었다. 내가 처음 진출했던 당시만 해도 그 시장은 소규모 생산자가 자기네가 생산한 상품을 팔고 또 다른 생산자들을 만나는 장소였다. 하지만 이제는 그런 정신이 사라졌다고 느꼈다. 18개월이 지났을 때, 나는 떠날 결심을 굳혔다. 그래서 오래된 오픈트럭을 지하철 기관사에게 팔고 자가용을 한 대 샀다.

벌을 키우면서 꿀을 충분히 생산하고 있다면, 수확물을 시장에서 판매하라고 진심으로 권한다. 그럴 때, 몇 가지 지침만 준수하면 된다. 때로는 양봉협회가 여러 양봉가의 생산품들을 모아서 축제나 행사에서 가판대를 운영하기도 하는데, 그럴 때 참여하는 것도 좋다. 이런 행사를 통해 자연스럽게 판매로 이어지기도 한다.

벌 모양 택시

　벌들을 홍보하는 데 훌륭한 역할을 한 것 중에는 벌 모양 택시도 있었다. 2년 전에 사우스 뱅크에 있는 로열 페스티벌 홀(Royal Festival Hall)[204]에서 개최한 곤충 관련 예술 축제인 '페스티벌(Pestival)'에 참가하기 위해 디자인한 차다. 그 행사에 참여해줄 수 있겠느냐는 요청을 받으면서, 전화기 옆에 있던 종이쪽지에 문득 떠오르는 대로 벌 모양 택시를 그렸다. 내게 있던 런던의 검은 택시가 지금까지 소유한 차 중에서는 가장 나빴지만, 벌 모양으로 바꾸기에는 더할 나위 없이 좋은 디자인이라는 생각이 들었다. 더욱이 런던의 택시운전사들과 내 벌들은 둘 다, 수도 런던 여기저기를 연결하며 분주하게 돌아다닌다는 공통점이 있다.

　그 택시는 결국 내가 스케치한 디자인을 토대로, 웰컴 트러스트(Wellcome Trust)[205]의 후원을 받아 예술가들이 멋지게 만들어냈다. 내부에 와이드 스크린 TV를 설치해서 내가 제작한 짤막한 영화를 상영했으며, 조수석에는 관람용 벌통을 장착했다. 차체를 검은색과 금색 줄무늬 모피로 덮고 보닛에는 스펀지를 섞어서 만든 눈을 달아서 아주 멋져 보였고, 엄청나게 히트했다. 내부에서 보여준 영화에는 방글라데시에서 꿀을 찾아 나서는 장면과 잠비아에서 꿀을 채취하는 장면, 런던에서 양봉하는 장면이 담겼다. 원래 택시는 운행 중에 다섯 명이 타도록 디자인했음에도,[206] 전람회 때는 어린이가 열네 명이나 타고, 두 명은 보닛 위에 늘어진 더듬

204　템스 강 근처의 음악회장으로 주 연주회장은 청중 3,500명을 수용할 수 있다.
205　생명의료과학에 관한 대중 이해도를 높이기 위해 설립한 민간재단으로 대중과 소통하기 위한 다양한 프로그램들을 선보인다.
206　영국의 블랙캡(Black cab)은 7인승으로 최대 다섯 명이 마주보고 탈 수 있는 구조다. 앞쪽은 두 명이 탈 수 있는 접이식 좌석이고, 뒤쪽에는 세 명이 탈 수 있다. 승객과 택시운전사 사이는 유리로 막혔다.

이를 붙잡고 매달리는 진풍경을 연출하기도 했다.

서글프게도 그 택시는 지금 자동차 안전검사를 통과하지 못해서 런던 북부에 있는 차고에 세워져 있다. 되살려보려고 각고의 노력을 기울였지만, 운행하지 못하고 먼지만 뒤집어쓰고 있다. 정말 멋진 계획을 세웠는데 정말 아쉽다. 그 택시를 가지고 학교와 기업체를 방문해서, 영화 〈B(벌)〉를 보여주며 벌에 호의적인 입소문이 퍼지도록 하고 싶었다. 벌 택시는 소유권 다툼에도 휘말린 상황이다. 택시를 제작할 때 웰컴 트러스트의 후원을 받았기 때문에 부분적으로는 그들의 소유이기도 한데, 내가 사용할 권리가 있는지 미심쩍다. 그래서 벌 택시의 미래에 먹구름이 잔뜩 드리워지고 말았다. 만약 내가 자금을 좀 더 구할 수만 있다면, 따로 하나 만들고 싶다. 벌 모양 택시들이 사방에 돌아다니며 벌을 홍보한다면 그보다 더 좋을 수는 없다.

내 베스파 스쿠터를 개조하는 것이 한 가지 대안이 될 수도 있다. (어차피 베스파가 이탈리아어로 말벌이라는 뜻이라) 벌처럼 보이게 만들기 쉽긴 하지만, 유감스럽게도 지금 코츠월드(Cotswolds)[207]에 있는 스쿠터는 사이드카를 장착한 상태다. 사이드카 제조회사에 스쿠터를 가지고 간 날 아침에는 정말 쑥스러웠다. 터프한 모습으로 오토바이를 탄 사람들 모두가 나를 에워싸고 고전적인 스타일의 내 스쿠터를 뚫어지게 바라보았다. 그들은 거기에서 일하는 사람들이었는데, 텁수룩한 수염에 몸에는 문신을 새겼다. 다행히 그들은 오래된 내 스쿠터를 좋아했고, 호감이 있다는 표시로 그곳 자동차 주차장에서 오토바이를 타고 내 주위를 윙윙거리며 맴돌았다.

---

[207] 잉글랜드 서남부의 구릉지대.

나는 사이드카에 벌통과 장비를 묶을 수 있도록 평평한 대를 설치할 계획을 세웠다. 민첩하게 차량 사이를 누비며 잘 빠져나가서, 교통혼잡 부담금을 피할 거로 기대한다. 런던으로 돌아오는 중에 어떤 마을의 시장에 들렀다가 엄청나게 큰 세탁물 바구니를 파는 것을 보고 아주 좋은 아이디어가 떠올랐다. 벌통을 담아서 옮길 수 있도록 사이드카에 바구니를 얹는 방법이었다. 마침 나한테는 뚜껑이 달린 고풍스러운 호텔 세탁물 바구니가 하나 있었다. 아주 안성맞춤이었는데 영화 〈월레스와 그로밋(Wallace and Gromit)〉[208]의 한 장면 같았다.

모든 양봉가가 해야 할 일:
* 양봉철이 끝나감에 따라, 일시적으로 한파가 닥쳐오더라도 걱정 없도록 완벽하게 대비했는지 벌들을 점검하는 일은 중요하다. 벌통 입구에 소문 마개와 쥐막이를 설치하고, 약해진 봉군들이 비축해놓은 식량이 충분한지 살펴보라.
* 약한 봉군들이 겨울을 잘 넘길 수 있도록 두 개의 봉군을 합칠 수도 있다.
* 건축용 단열판으로 벌통 지붕의 보온재를 만드는 것을 고려해보라. 단열판에 단단한 스펀지를 대고 포일로 싸서 벌통 사양기 위에 얹으면 된다. 겨우내 벌들이 포근하게 지낼 수 있도록 돕는 환상적인 단열재 역할을 할 것이다.
* 채취한 꿀을 시장에서 판매하는 것은 어떨지 생각해보라.

---

208 영국에서 제작한 클레이애니메이션 영화로, 런던에 사는 엉뚱하고 순진한 발명가인 주인공 월레스와 그의 귀엽고 충직한 애견 그로밋의 우정과 연대감을 기초로 한 작품이다. 〈양털도둑〉편에서 주인공은 오토바이에, 강아지는 사이드카에 타고서 범인의 추격을 따돌리는 장면이 나온다.

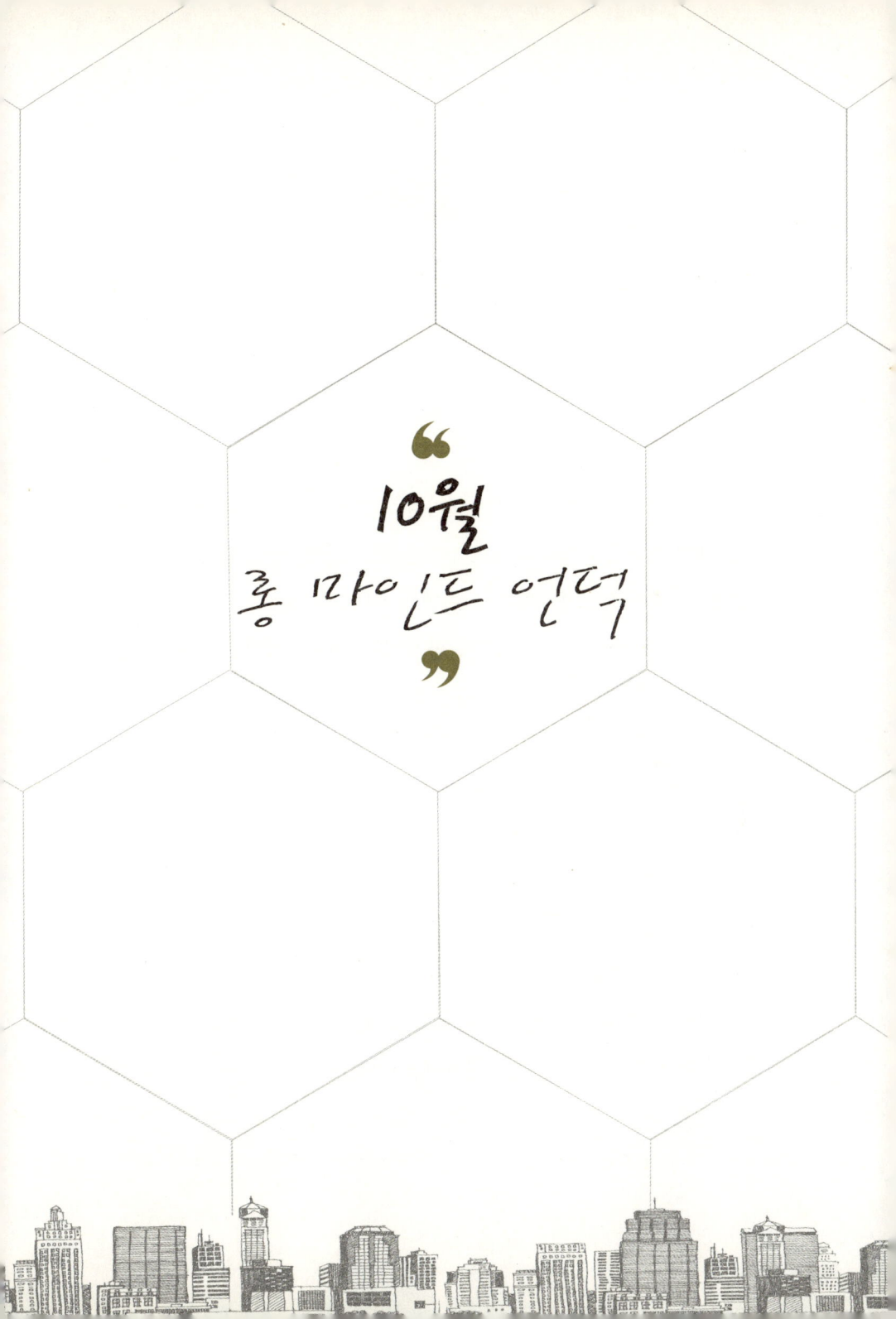
"10월
롱 마인드 언덕"

    10월 첫째 주에, 슈롭셔에서는 50마일[209]이나 되는 구간을 행진하는 행사를 개최한다. 고사리와 헤더로 뒤덮인 작은 언덕들을 수없이 오르내리느라 무척 힘든 도보여행이다. 롱 마인드 하이킹(Long Mynd Hike)은 완주하는 데 하루 밤낮이 꼬박 걸린다. 용기 없는 사람들에게는 적합하지 않은 경주다.[210]

    친구들은 내가 그 언덕을 속속들이 아니까 나더러 한번 참가해보라고 늘 부추긴다. 하지만 나는 이 경기에 참가하고 싶은 적이 한 번도 없었다. 그동안 벌을 돌보는 고된 작업을 쉼 없이 해온 탓에 10월이면 완전히 녹초가 되기 때문이다. 이동양봉은 완력으로 되는 일이 아니다. 나는 그다지 튼튼하지도 않고 마른 편이지만, 기진맥진한 상태를 몇 주 동안이고 참아가며 일을 해낼 수 있을 정도로 강단이 있다. 그러나 이제는 내가 더 이상 젊지도 않거니와, 몇 년 동안 싸고 달콤한 케이크로 힘을 내며 고된 양봉을 계속해온 징후가 이미 몸에 나타나는 것이 느껴진다. 그래도 항

---

209 80.47킬로미터.
210 매년 10월 첫째 주 토요일 오후 1시에 출발해서 24시간 이내에 완주해야 하는 하이킹. 18세 이상만 참가 가능하다.

상 톰 빈이 헤더 수확기마다 기꺼이 함께 가서 도움을 주어서 든든하다.

경기가 시작하기 전에 슈롭셔의 황야지대에 있는 내 벌들을 모두 옮겨야 한다. 임시변통으로 중간기록 점검소 겸 카페가 생겨서 지친 참가자들이 달콤한 차와 따끈한 수프를 먹을 수 있는데, 우리 아버지와 아버지의 친구분들이 배치되어 운영했다. 밤새도록 꼬마전구를 따라온 사람들이 요란하게 쾅쾅 울려대는 디스코 음악 소리에 이끌려 보호구역에 속속 도착했다. 그중에는 걸어오는 사람들도 있고 뛰어오는 사람들도 있다. 내 벌들을 옮기지 않으면, 총 50마일에 달하는 고난의 길 중 그들이 통과하는 45마일 지점의 길목이 가로막힐 것이다.

그러면 참가자들이 양봉장을 둘러싼 위험한 늪지대를 지나가든지, 아니면 칠흑같이 깜깜한 형편에서 벌통과 맞닥뜨리는 난감한 상황이 벌어질 수밖에 없다. 기운을 보충할 디스코텍을 향해 비틀거리며 걷는 기진맥진한 하이킹 참가자들에게는 상당히 위험할 수도 있다.

또한, 고도가 1,600피트[211]나 되는 지역에 벌들을 겨우내 내버려두는 것은 아주 치명적이다. 벌들이 감당하기에는 너무 춥고 으스스한 기후가 이어진다. 이 고지대에 있는 여왕벌들은 지금쯤 산란을 멈추고 이미 가을 폐업을 시작했을 것이 분명하다. 그러므로 기후가 더 따뜻한 곳으로 옮겨야 한다. 아직은 계절이 충분히 무르익지 않았으므로, 고도가 낮아서 온화한 날씨가 좀 더 계속될 가망이 있는 곳으로 이동하는 것이 좋다.

계곡 다른 쪽에 사는 어떤 도예가는 자기 오피스텔 뒤편에서 벌들을 키우면서 바람이 벌통 속으로 흘러들어 가는 것을 방지하기 위해, 각 벌통

---

[211] 487,68미터.

앞쪽에 창유리를 한 장씩 기대어 놓곤 했다. 이렇게 하면 벌들이 매우 혼란스러워할 거로 생각했지만, 실제로는 효과가 좋았다. 어차피 겨울에 벌들은 벌통을 떠나는 일이 극히 드물고, 안개와 습기를 피해 몸을 웅크린 채 벌통 안에 머무른다.

전에는 벌들을 겨울에도 슈롭셔 황야지대에 그대로 두었는데, 그것은 실수였다. 거센 바람이 휘몰아치고 이른 봄에 구할 수 있는 꽃가루도 너무 적어서 벌들이 잘 지낼 수 없었다.

현재 내 벌통들은 오래된 방목지에 킹이의 벌통들과 나란히 놓였다. 말발굽 모양으로 배열한 낡은 목재 화물운반대 위에 올렸다. 들판 한가운데에는 주름진 검정 양철로 지은 오래된 오두막이 있다. 이 오두막은 한때는 고가의 참가비를 내고 황야지대에서 뇌조를 사냥하는 부티 나는 수렵회에서 사용하던 것이다. 그런데 지금은 다 허물어져 가서 주로 미성년자들이 몰래 술 마시는 아지트로 이용한다. 에든버러 공작 상에 도전하는 참가자들을 위해 제공했던 말쑥한 자연발효화장실도 오래전에 없어졌다.

이곳은 황야지대치고는 둘레에 몇 마일이나 나무가 우거져서 벌들이 안전하게 보호받는 유일한 양봉장이다. 이는 아주 먼 거리에서도 벌통들이 잘 보인다는 걸 뜻한다. 1년 내내 도보여행자들이 삼각점처럼 벌통에 이끌려 온다. 또 다른 커다란 장점은 벌들이 문자 그대로 여기 헤더 덤불 한복판에 앉아있어서 언제든지 헤더를 이용할 수 있다는 것이다.

나는 1970년대 이후로 줄곧 이곳에 왔다. 오두막의 기우뚱한 지붕 위에 올라가서 소변을 보는 것이 스카우트단인 에릭 록(Eric Lock) 1대에 입단하는 세리모니였는데, 우리 가족은 그 일을 아직도 생생하게 기억한다.

요즈음에도 이곳은 박싱 데이(Boxing Day)[212] 산행에 가장 알맞은 목적지다. 남부 슈롭셔의 외딴곳에 있는 수많은 계곡 중의 하나인 애쉬스 할로우(Ashes Hollow)를 굽이굽이 돌아 올라가면, 안갯속에서 갑자기 나타나 환영한다.

북쪽으로는 험준한 바위투성이의 스티퍼스톤즈(Stiperstones) 산등성이가 있는데, 안개가 깔릴 때면 악마가 돌의자에서 지낸다고 전해지는 곳이다. 헤더가 아주 형편없이 빈약해져서 더 이상 벌들을 끌고 가는 것은 무의미하다고 느낄 때까지 벌들을 두곤 했던 곳이다.

헤더딱정벌레는 산기슭에 계속 엄청난 피해를 줘왔는데, 담당 정부기관은 딱정벌레가 사멸했다는 결론을 내리지 못했다. 10년 전 스티퍼스톤즈에 헤더가 만발했던 시절 사진들을 여전히 간직하고 있는데, 지금 이곳은 메마르고 황량해 보인다. 이 언덕들은 롱 마인드처럼 관리가 잘되지 않았다.

전에도 오스트랄라시안 종의 황금색 게으름뱅이들로 어려움을 겪었는데, 올해 젊은 여왕벌 몇몇이 이들과 짝짓기를 하고 말았다. 애석하게도, 내가 벌들의 무분별한 연애를 완벽하게 막을 수는 없다. 지금은 오스트랄라시안 종의 유전자를 지닌 봉군이 조금 있다. 비록 그들이 사는 큰 육아소비가 헤더와 가까운 곳에 있을지라도, 워낙 일하길 꺼리는 벌들이라 굶어 죽을 지경이 되기 전까지는 별 소용이 없다. 맛있는 헤더 숲 한복판에 벌통이 있지만, 패스트푸드나 선호하는 게으른 황금색 벌들은 간신히 살아나갈 것이다.

---

212 크리스마스 뒤에 오는 첫 평일을 공휴일로 지정한 날로 상자에 선물을 담아 이웃에게 나누어주는 전통에서 비롯했다. 영국에서는 과거에 여우사냥을, 현재는 축구, 경마 등 스포츠 활동을 많이 한다.

기막히게 좋은 버섯들

벌통들을 차에 싣기 전에, 이 시기에 내가 좋아하는 활동을 잊지 않고 마음껏 하려고 한다. 소나무와 관목이 우거진 황야지대에서 버섯을 찾아내는 일이다.

트럭 계기판 위에 내가 보물처럼 아끼는 것들을 여러 가지 놓았다. 그중에는 살무사 허물도 있고, 이름 모를 말린 꽃들과 가면올빼미 날개 깃털을 비롯한 각종 부드러운 깃털들이 있다. 그뿐만 아니라 삼중 낚싯바늘이 달리고 불이 들어오는 모조미끼도 있는데, 이것은 강둑에 있는 어떤 나무에서 발견한 것이다. 하지만 뭐니 뭐니 해도 가장 중요한 것은 안토니오 카를루치오가 지은 〈버섯에 관한 모든 것(Complete Mushroom Book)〉[213]이라는 책이다.

여행 다닐 때마다 늘 지니고 다녀서, 손때가 잔뜩 묻고 햇빛에 색이 다 바래버렸다. 그렇지만 여전히 계절에 상관없이 돈 안 들이고 맛있는 음식을 대접할 수 있는 중요한 정보를 제공하며, 내가 치명적인 재앙을 피하도록 도와준다. 이제껏 나는 운이 좋았다. 이 책 덕분에 몸에 해롭다고 밝혀진 버섯을 결코 먹은 적이 없으니 말이다.

버섯의 왕자격인 그물버섯은 유난히 맛있어서, 그것을 찾아다니는 일조차 비밀로 하는 것이 전통이 되었을 정도로 악명 높다. 그물버섯이 나는 위치를 정확히 알려주지 않는 나를 용서하라. 대개 슈롭셔 황야지대의 이끼류와 헤더 숲 사이에 나타난다는 것 정도는 말해줄 수 있다.

그물버섯을 하나라도 발견하면, 매우 흥분할 수밖에 없다. 나는 이번 철

---

[213] 저자가 60여 년간 쌓아온 버섯에 관한 노하우를 압축한 책으로, 갖가지 버섯 종류와 특성, 동서양 요리법을 골고루 활용한 손쉬운 조리법을 소개한다.

에 처음으로 찾아낸 반구형의 낙타색 예쁜이를 조심스럽게 따자마자, 경의를 표하기 위해 머리 위로 들어 올리고 덩실덩실 춤을 추었다.

이것은 나중에 캠프용 버너로 그물버섯 리소토를 만들어서 킹이, 톰과 함께 먹을 것이다. 그물버섯에 버터 한 조각을 넣고 볶은 다음, 풍미가 좋은 그물버섯 우린 물을 넣고 밥을 한다. 누구에게나 변함없이 사랑받는 요리여서, 매년 황야지대를 떠나기 전에 꼭 만들곤 한다.

기진맥진한 양봉가들의 기운을 북돋우기 위한 톰의 묘책은 버섯전문가인 로저 필립스를 통해 알게 된 '불타는 고슴도치(Flaming Hedgehogs)' 버전이다. 톰은 고슴도치버섯[214]을 사용하지만, 그 버섯을 확실하게 구분하지 못하겠다면, 좋은 품질의 밤나무버섯[215]으로 요리를 만들어도 괜찮다. 약간의 칼바도스[216]에 버섯을 넣고 불을 붙이면 지글지글 거리며 불타는 고슴도치처럼 보일 것이다. 그런 다음 크림을 약간 얹어준다. 우리는 대개 그릇과 포크는 생략하고 그냥 프라이팬 둘레에 모여서 빵 조각을 뜯어서 진한 소스를 찍어 먹는다.

북런던에서는 주로 숲 속의 닭고기[217]를 찾아다닌다. 이것은 거대한 책장형 균류[218]로 밝은 주황색과 유황색이며, 마늘을 넣고 요리하면 스테이크 같은 맛이 난다. 놀랍게도 버섯에서 고기 맛이 나는 것이다. 솔즈베리 평원에서 나는 버섯 중에는 크림색의 거대한 댕구알버섯[219]이 최고다. 축구공 크기만큼 자랄 수 있는 이 어마어마하게 큰 기형버섯들은 베이컨

---

[214] 우리나라의 노루궁뎅이버섯. 고슴도치버섯 중에는 식용이 불가능한 것도 있으므로 유의해야 한다.
[215] 양송이버섯과 거의 비슷하게 생겼지만, 밤색을 띤다.
[216] 사과주를 증류해서 만든 브랜디.
[217] 우리나라에서는 덕다리버섯이라고 부른다. 이 버섯을 찢어보면 닭고기 가슴살을 찢는 것 같은 느낌이다.
[218] 나무줄기 따위에 선반 모양으로 겹쳐나는 육질(肉質)·목질(木質)의 담자균.
[219] 너무 커서 괴물버섯으로 알려져 있다. 조선시대 화포인 대완구(댕구)의 포탄을 댕구알이라고 불렀으며 축구공이 없던 시절 짚으로 만든 공도 댕구알이라고 했는데, 버섯의 크기가 축구공만큼 커서 이런 이름이 붙었다.

기름을 두르고 익혀서 양념을 잘하면 아주 훌륭한 요리가 된다. 런던에서 나는 것으로는 흰주름버섯이 좋으며, 심지어 봄에 도시의 주차장 바닥에 깔아놓은 나무껍질 부스러기 사이에서 올라오는 곰보버섯도 괜찮다.

이런 각종 버섯은 나처럼 방랑생활을 하는 사람에게는 대단한 별미다. 나는 생활방식 때문에 종종 야생에서 먹을 것을 구한다. 그래서 올리브유와 프라이팬 같은 필수품들을 조수석 아래에 늘 갖고 다니다가, 연중 아무 때나 어떤 매력적인 것들을 발견하면 제임스 본드 스타일의 서류가방에 넣어놓은 캠프용 버너로 요리한다.

또한, 런던에서는 블랙베리와 딱총나무 열매, 달래로 계절에 맞는 큰 기쁨을 얻는다. 버몬지 독헤드 근처 템스 강에서 잡은 농어가 맛있다는 이야기를 많이 들었다. 하지만 나는 조그만 시냇물에서 밀수업자라고 불리는 작은 제물낚싯대로 낚아 올린 민물송어를 더 좋아한다. (손수 만든 제물낚시를 사용하는데, 잃어버리지 않으려고 트럭의 차광판에 핀으로 고정해놓았다. 내가 애용하는 바늘은 파리에 갔을 때 배가 잔뜩 부른 사자 갈기를 직접 뽑아서 만든 것이다.) 팬에 버터를 두르고 이 얼룩덜룩한 귀염둥이 송어들을 구우면 참 맛있다.

치체스터 박사의 손녀이자 톰의 예비신부인 라라 버네이스가 만든 케이크 맛은 더 이상 자세한 설명이 필요 없을 정도로 환상적이다.

라라의 헤더 꿀 케이크[220]

나의 톰이 스티브와 데이비드와 합류해서 가을 헤더 꿀을 대규모로 수확하고, 겨울철을 대비해 벌들을 남쪽으로 옮기려고 떠날 때마다 일주일간 지내면서 먹으라고 당분이 풍부한 고열량 과일 케이크를 보내는 것이 연례행사가 되었다. 여러 가지가 조금씩 골고루 들어서, 그들이 일하다 멈추거나 잘 시간조차 없을 때, 케이크로라도 연명하도록 하려는 것이다! 이 조리법은 매년 진화한다.

2차 당밀(dark molasses) 85그램[221], 지난 철에 수확한 헤더 꿀 250그램, 야생자두주 100밀리리터(재료가 있다면 직접 만든 것을 사용하라), 오렌지 2개 껍질 간 것과 즙, 렉시아 건포도(Lexia raisins)[222] 350그램, 씨 없는 포도 말린 것 100그램, 부드럽게 말린 무화과를 가위로 자른 것 140그램, 부드럽게 말린 자두 다진 것 150그램, 무염버터, 다진 생강 2티스푼 가득, 계피가루 2티스푼 (막대계피를 직접 갈아서 사용하면 맛이 기가 막히다), 고급 코코아 2테이블스푼, 헤이즐넛 150그램, 밀가루 75그램, 통밀가루 75그램, 아몬드가루 50그램, 베이킹파우더 1½티스푼, 베이킹소다 1½티스푼, 방사 달걀 3개 푼 것, 맛있는 다크초콜릿 바 큰 것 1개

오븐을 섭씨 150도로 예열한다. 폭이 넓고 높이가 높으며 둥근 모양인 바닥이 분리되는 케이크 틀에 유산지를 깔고, 기름을 두르고, 코코아 가루를 살짝 뿌린다.
설탕, 꿀, 야생자두주, 오렌지 껍질과 즙, 과일, 버터, 양념과 코코아를 커다란 냄비에 담는다. 섞은 것이 녹을 때까지 가열하고, 10분 동안 끓인다. 불에서 내려서 식힌다. 그동안 헤이즐넛을 지퍼백에 넣고 방망이로 잘게 부순다. 나는 톰이 만들어준 아주 좋은 두툼한 밀대를 사용한다. 그런 다음에 헤이즐넛을 그릴에 넣고 몇 분 동안 굽는다. 밀가루, 아몬드가루, 베이킹파우더[223], 베이킹소다와 구운 헤이즐넛 100그램을 섞는다.

---

220 이 부분은 라라 버네이스가 직접 썼다.
221 사탕수수나 사탕무에서 설탕을 정제한 후 두 번째 추출한 부산물로, 1차 당밀에 비하여 단맛은 덜하며, 약간 탄 듯한 캐러멜 향이 난다. 색과 향을 내기 위한 기본 당밀이다. 1차 당밀은 light molasses, 3차 당밀은 blackstrap molasses다.
222 기름침지법으로 건조한 건포도. 올리브유의 얇은 기름층이 뜬 묽은 알칼리액에 포도를 담갔다가 햇볕에 직접 건조한다. 색은 중간 정도의 갈색에서 암갈색에 이르며 조직과 풍미가 부드럽다.
223 베이킹소다(중탄산나트륨)에 산성염과 전분을 섞어 만든 팽창제.

이것과 달걀 푼 것을 과일 혼합물에 넣고 잘 섞어준다. 다 섞은 것을 케이크 틀에 붓는다.

케이크 틀을 오븐에 넣고 1시간 45분~2시간 동안 굽거나, 케이크 윗부분이 단단해지고 노릇노릇해질 때까지 굽는다. 잘 익었는지 확인하려면, 젓가락으로 케이크의 가운데를 찔러보면 된다. 젓가락을 뺄 때 반죽이 조금 묻어나오면 오븐에 좀 더 두어야 한다.

케이크를 틀에 담긴 채로 식히는 동안, 초콜릿을 이중냄비에 넣고 녹인다. 녹인 초콜릿을 잘 저어서 윤기 나게 해주는 것이 좋다. 그것을 케이크 위에 펴 바르고, 남아있던 헤이즐넛 부순 것을 뿌려준다.

이건 중요한 일을 할 때 먹으면 최고다!

황야지대를 떠나며

올해도 우리는 황야지대를 조심스럽게 살짝 빠져나갔다. 이곳에 도착했을 때와 마찬가지로 조용하게 떠났다. 벌통을 세웠던 자리에 풀이 눌려서 생긴 밝은 노란색 네모난 자국 외에는, 우리가 원정 왔던 흔적은 아무것도 남지 않았다. 여기저기에 생긴 조각보 같은 자국들은 곧 회복될 것이다.

킹이와 나는 꿀을 언제 채취할지 고려하는 중이다. 예상 수확량이 그다지 많지는 않지만, 실망스러울 정도는 아니다.

내 꿀과 킹이의 꿀 모두 크리스마스 시즌에 여러 시장에 내놓아 상당히 많은 런던 주민에게 공급할 예정이다. 우리가 내려가는 오솔길 경사가 25도나 되어서 벌들의 상태를 수시로 확인했다. 다행히 산들바람 덕분에 시원해서 벌들이 차분하게 잘 있었다. 벌통들이 흔들리지 않게 파래박 묶는 노끈으로 묶어놓았다. 더군다나 나처럼 대충 두 번 묶는 매듭이 아니라, 킹이가 제대로 된 매듭법으로 묶어서 더욱 안심된다. 그렇지만 우리는 보통 스트레톤 생수공장 옆에 멈춰서 짐을 다시 한 번 더 점검하고, 겸사겸사 그 공장 외벽에 무료로 사용할 수 있도록 설치한 수도꼭지에서 상쾌한 생수를 빈 물병에 받아서 채운다.

나는 킹이가 수확한 몫에 적정한 가격을 매길 것이다. 그는, 내가 공정하게 처신해서 자기에게 마땅한 비용을 지급할 것으로 믿고 있다. 그에게 돈은 중요한 문제가 아니다. 킹이도 나와 마찬가지로 벌을 옮기는 여행을 하면서 서로 담소를 나누고 정감 어린 농담을 주고받으며 함께 지내는 생활을 무척 좋아한다.

그는 내가 시골에서 보내는 시간이 점점 줄어들어서 유감스러워했다. 감동적이긴 하지만, 내가 도시에 있는 벌들을 돌보는 데 매진하고 또 거기 사는 아들 네드와 시간을 보내느라고 어쩔 수 없다는 형편을 그도 잘 안다.

나는 온 힘을 들여서 킹이네 벌들의 상태가 최상이 되도록 해놓고 슈롭셔를 떠났다. 지금은 벌통마다 새로 육종한 여왕벌과 건강하게 개량한 품종의 벌들이 들어있어서, 다음 양봉철이 되면 봉군이 대대적으로 번성할 것이다. 그가 벌들을 정성껏 보살피리라는 건 확실하다. 그리고 혹시라도 그가 직접 만든 벌통에서 나온 벌들이 분봉하면, 어디가 됐든 그는 자전거를 타고 쏜살같이 쫓아가서 찾아내고 말 것이다.

떠날 때 나는 이 계절의 보물 한 무더기를 중절모에 담아서 내 무릎 위에 올려놓았다. 그것은 바로 이제 끝물인 야생 윔베리(wimberry)였다. 이것은 오직 슈롭셔에서만 웜베리라고 알려졌으며[224], 블루베리보다는 크기가 작다. 주로 양지바른 산비탈에서 무척 힘들게 따서 모아야 하기 때문에, 요즘에 런던에서 판매하기에는 수지타산이 맞지 않는다. 고단한 일과를 마치고 웜베리 진액을 마시면, 당분이 신속하게 공급되어서 아주 좋다.

나는 벌들을 우리 부모님 댁 근처 과수원에 다시 가져다 놓았다. 여기는 내 양봉장 중에서도 내가 무척 좋아하는 장소다. 아주 오래된 사과나무와 배나무들이 즐비한데, 울퉁불퉁하거나 흠집 있는 과일을 언제든지 마음대로 먹어도 되고, 임대료는 꿀로 내기로 계약했다. 그 훌륭한 농부는 자기가 관리하는 땅에 벌들을 위해서 심은 나무가 무엇인지 나에게 늘 퀴즈를 내곤 한다.

이 벌들은 겨우내 여기에 남겨둘 것이다. 이들은 슈롭셔에 있는 나의 유일한 벌들로 혹시라도 런던에 있는 벌들에게 무슨 일이 생기기라도 하면 안전망 역할을 할 것이다. 그렇게 되면, 봄에 여기 있는 봉군을 새로운 여왕벌과 함께 나누어, 수도 런던에 더 많은 봉군을 만들 것이다.

고층건물 생활의 위험

도시로 돌아오자, 벌들이 화밀을 구하려면 높은 고도에서 출발해야 한다는 점이 걱정되었다. 특히 테이트 모던 미술관 옥상에 있는 벌들이 신경 쓰인다. 나의 도시양봉장 중에서 가장 높은 12층 꼭대기에 있기 때문이다. 그나마 우묵한 곳에 있어서 보호되긴 하지만, 벌들이 위험을 무릅

---

[224] 월귤. 흔히 빌베리(bilberry)라고 한다.

쓰고 나선형을 그리며 나가다가, 자칫 맹렬한 맞바람을 맞고 날아가 버릴 수도 있다. 여기는 모진 비바람을 막을 것이 거의 없어서 겨우내 상당히 춥게 지낼지도 모른다.

벌통들을 벽에서 몇 발자국 떨어진 곳에 있는 받침대 위에 살살 내려놓았다. 하얗게 칠한 벽은 봄에 이미 벌들의 배설물로 군데군데 줄무늬가 생겨버렸다. 이곳은 고도가 높아서 해가 낮게 뜨기 때문에, 겨울에 따스한 햇볕을 최대한 누릴 수 있도록 벽에서 거리를 띄워놓는다.

또 다른 걱정거리는 벌통들이 거대한 스테인리스스틸 배관 바로 옆에 있다는 점이다. 터빈 홀(turbine hall)[225]을 데우는 어마어마하게 큰 보일러들이 이 배관을 통해 하늘로 따뜻한 공기를 내뿜는다. 그러면서 벌통 둘레가 따뜻해져서 벌들이 실제보다 더 따뜻한 날씨라고 혼동할 염려가 있다.

그래서 나는 옥상의 이 벌통들을 좀 더 안전하게 런던 남부에 있는 미술관의 예술품 보관실로 옮기는 건 어떨까도 생각해보았다. 하지만 그렇게 하면, 결국 벌들은 완전히 혼란에 빠질 것이다. 이번 겨울에는 벌들을 옮기지 않고 그냥 제자리에서 위험을 감수하고 견디는 수밖에 없다. 단열을 위해 스티로폼으로 벌통들을 둘러싸고 위에 벽돌을 놓아서, 벌들이 확실하게 아늑하게 지내도록 했다.

뉴욕에서는 양봉장이 황량하고 외딴곳에 멀리 떨어져 있어서 대부분 벌이 겨울을 넘기지 못한다. 혹독한 기온을 견뎌낼 가망이 없으므로 매년 봄마다 새로운 벌을 배달받을 수밖에 없다.

뉴욕의 양봉 권위자인 데이비드 그레이브스의 말에 따르면, 벌들이 겨

---

[225] 폐기한 발전소를 미술관으로 개조하면서 생긴 공간으로, 높이 35미터, 길이가 152미터나 된다.

울에 버틸 수 있는 최고 높이는 26층이라고 한다. 그보다 더 높으면 벌들이 번성하지 못한다. 벌들은 지나치게 높은 곳으로 올라오면서 자기들이 모은 화밀을 에너지원으로 써버린다. 나는 옥상에서 키우는 벌들은 특히 튼튼하고 원기 왕성해야 한다고 생각한다. 외딴곳에 있어서 겪을지도 모르는 역경을 극복하고 손실을 견뎌내는 일은 대단히 번성해서 엄청나게 규모가 큰 봉군만이 할 수 있다.

나는 언제나 높은 고도에 있는 양봉장에는 새롭거나 젊은 여왕벌과 성숙해서 확실히 자리 잡은 봉군들을 갖다놓으려고 한다. 그래야만 이런 상황에서도 벌들이 최선으로 반응해서 꿀 생산이 풍작이 될 가능성이 가장 크다. 봉세가 약한 봉군이나 핵군은 그다지 잘 지내지 못할 것이다.

나의 벌들은 지금 올해의 마지막 유밀기를 맞이하는 중이다. 겨울을 지내기 위해 (즉, 벌의 처지에서는 꿀을 이용해 겨울을 지낼 요량으로) 벌통에 꿀을 가득 채울 기회다. 날씨가 시원해져서 벌들이 더 이상 계상에는 가지 않고 육아소비로 돌아가면, 남쪽으로 이동하려고 한다. 벌이 들어있지 않은 계상은 제거하기가 훨씬 더 수월하다.

지독한 담쟁이덩굴

지금 런던 북부의 숲은 순식간에 퍼져 나가는 담쟁이덩굴로 뒤덮여있다. 거대한 미국삼나무 한 그루는 작은 묘목들을 비롯해서 한참 성장 중인 나무들을 전부 죽였다. 이 괴물은, 예전에 묘목이었을 때 피터의 딸이 그의 생일 선물로 가져온 것이다. 그러나 실제로 어떤 새로운 식물이 성장하지 못하도록 질식시켜 죽이는 것은 바로 담쟁이덩굴이다. 이 시기에 여기 도착해서 트럭 문을 열면, 곧바로 담쟁이덩굴의 화밀 냄새가 진동한다. 정말 대단한 악취다.

내가 계상을 아직도 벌통 위에 두었기 때문에(그다지 좋은 생각이 아니다), 벌들은 최고로 좋은 여름 꿀을 야금야금 먹고 그 대신 새로 하얗게 드러난 벌집에 악취 나는 담쟁이덩굴 꿀을 거대한 무지개 모양으로 채우고 있다.

나는 전에 북부 이탈리아의 소마리바 델 보스코(Sommariva del Bosco)에서 열린 벌꿀축제에 참석했다가, 꿀맛을 기가 막히게 구분하는 권위자를 만난 적이 있다. 그녀는 꿀의 종류마다 각기 다른 풍미를 소름이 끼칠 만큼 상세하게 묘사하는 능력이 있었다. 참나무 냄새가 난다, 지나치게 숙성했다, 퀴퀴한 냄새가 난다, 흙내가 난다 같은 표현뿐만이 아니다. 그녀가 했던 말 중 가장 인상적인 것은 '축축한 가랑이'와 '냄새나는 속옷' 같은 표현이다. 사실 이 단어들이야말로 담쟁이덩굴 꿀을 가장 잘 표현했다. 그 꿀은 정말 너무나 불쾌한 냄새가 난다.

유채꽃 꿀과 마찬가지로, 담쟁이덩굴 꿀은 콘크리트처럼 굳는다. 날씨가 갑자기 추워지면 벌들의 위장에서 굳어서 벌들이 죽을 수도 있으므로 양봉가들은 담쟁이덩굴 꿀을 벌통에서 발견하는 즉시 제거한다는 이야기를 들었다. 이따금 봄에 육아소비에 그냥 버려진 담쟁이덩굴 꿀을 발견하는데, 내 생각에는 벌들조차도 결국 그 꿀이 좋지 않다는 사실을 깨닫는 것 같다.

만약 벌들이 담쟁이덩굴 꿀을 과도하게 만드는 현장을 발견한다면, 그 꿀을 어떻게 처리할지 난감할 것이다. 그 꿀을 모아서 파는 사람들도 더러 있긴 하다. 그러나 나는 그럴만한 가치가 없는 꿀이라고 생각한다. 대신 봄에 벌들이 저장해놓은 꿀이 부족할 때 먹이로 주려고 그냥 모아둔다.

🐝 월동준비

양봉가가 꿀을 제거하고 난 다음 이번 달에 가장 우선시해야 할 일은 벌들이 겨울철을 지낼 수 있도록 대비하는 것이다. 벌통마다 여왕벌이 있는지, 벌통 입주자들이 따뜻하게 지낼 만큼 충분히 단열이 잘되는지, 저장해놓은 꿀은 충분한지, 그리고 마지막으로 쥐막이를 설치했는지 점검해야 한다. 그리고 꿀벌응애를 처리하기 위해서 벌통에 화학약품이 묻은 가느다란 작은 조각들을 설치해놓았다면(나는 이 방법을 사용하지 않지만), 지금 제거해야 한다.

벌통을 들어서 무게를 느껴서 벌통에 꿀이 충분한지 판단하는 방법이 있는데, 유감스럽게도 경험이 풍부해야만 제대로 측정할 수 있다. 자칫하다가 벌통이 기울어져서 꿀이 쏟아질 수도 있으므로, 아직 벌통에 시럽을 보충하지 않았다면 더욱 조심해야 한다.

보통 벌통이 너무 가벼워지게 내버려두는 것보다는 벌들에게 먹이를 너무 많이 주는 편이 차라리 더 낫다. 확신이 서지 않는다면 겨울에 벌통을 폐쇄하기 전에, 벌집 윗부분에 퐁당을 약간 문질러놓아서, 벌들이 그것을 쉽게 찾을 수 있도록 한다. 비닐봉지로 덮거나 지퍼백을 사용해서 퐁당이 마르지 않고 촉촉한 상태를 유지하도록 하되, 반드시 벌들이 지나다닐 틈은 열어놓아야 한다.

간혹 나는 이 시기에 벌들에게 설탕시럽을 대접하기도 한다. 날씨가 온화한 남동쪽 양봉장에서는 일반적으로 벌들이 가을에 꿀을 많이 저장해 놓아서 그럴 일이 별로 없다. 그러나 습도가 높고 날씨가 혹독한 곳에 있는 벌들은 지원이 필요할지도 모른다. 유사시를 대비해서 오래된 1리터들이 물병 여러 개에 시럽을 가득 담아서 벌통 근처에 갖다놓는다. 그런데 우연히 내 벌통에 들어와 살던 황금색 잡종 벌들이 어느새 시럽이 담긴 병을 둘러싼 모습을 종종 보았다. 그 벌들은 다른 벌이 앞서 어렵게 구해서 저장한 꿀들을 먹어치우면서, 벌통을 폐쇄하기 직전까지 악착같이 봉세를 확장한다. 이것이 내가 영국에서 이 벌을 가장 좋아하지 않는 또 다른 이유다. 그래서 나는 항상 어두운색 웨일스 여왕벌을 새 여왕벌로 모시려고 한다.

생쥐는 볼펜 하나 굵기 공간만 있어도 통과할 수 있다는 이야기를 예전에 사귀던 여배우의 둥실둥실하게 생긴 삼촌에게 들은 적이 있다. 그는 렌토킬(Rentokil)[226]에서 중요한 직책을 맡아서 이 방면에 대해서 잘 알았다. 쥐막이를 설치하는 목적은 벌통 입구를 좁혀서, 생쥐가족이 아니라 오로지 벌들만 겨우 드나들도록 하려는 것이다. 쥐막이는 대부분 양봉자재상한테서 살 수 있다. 나무 조각을 쐐기 모양으로 비스듬히 자른 것이나 구멍 난 함석 조각을 벌통 입구에 끼워놓는 것도 괜찮다.

그렇게 하지 않았다간 생쥐들이 벌통 안으로 들어가서 자기네 보금자리를 꾸릴 염려가 있다. 날씨가 추워지면 벌들이 무리지어 모여있기 때문

---

[226] 영국의 해충구제 회사.

에 생쥐가 들어와도 신경 쓰지 않는다. 봄에 벌들이 깨어나면 생쥐가족이 비참한 최후를 맞이할 거로 생각했는데, 다음 해에 벌통을 점검해보면 벌통이 생쥐 천지인 경우가 많았다. 생쥐들은 벌들이 저장해놓은 꿀을 훔쳐 먹어서 벌들을 굶어 죽게 할 뿐만 아니라, 벌집까지 여기저기 뜯어 먹어서 멋대로 구멍을 만들어버린다.

이제는 벌들에게 작별인사를 할 시간이다. 1월이 올 때까지는 그들을 다시 방문하지 않을 것이다. 상업적으로 양봉하는 나는 겨울을 대비해 벌통마다 꼭대기에 큼직한 돌을 얹어두려고 한다. 벌통을 제대로 재우는데 유용하며, 겨울바람에 지붕이 날아가는 일도 방지한다. 옥상에 있는 양봉장은 아예 미늘 톱니바퀴 원리를 이용한 끈(ratchet strap)[227]으로 벌통과 지붕을 하나로 묶어버린다.

올해는 10월 초에도 여전히 날씨가 포근해서, 가을이면 늘 하던 봉군 점검을 가까스로 뒤로 미루었다. 벌통에서 마지막으로 꿀을 채취하느라고 너무 바쁘다. 포근한 날씨가 좀 더 이어지면, 벌통마다 유충과 벌통 상태가 어떤지만 간단하게 점검할 것이다. 봄에 아무 데나 팬케이크 같은 헛집을 짓는 것을 방지하기 위해 벌집끼리 딱 붙여놓는 것이 좋다. 가장자리에 넓어진 공간에는 견본용 판자를 채워넣어서 춥지 않도록 해야 한다. 이렇게 하면 바깥쪽 벌집도 좀 더 아늑하게 지낼 수가 있다. 이것은 벌들이 겨울에 최상의 상태로 지내는 데 꼭 필요한 조치 중 하나다.

이 시기 여왕벌은 겨울에 자기를 돌보게 될 벌들을 낳기 시작한다. 이

---

[227] 케이블 타이처럼, 한쪽 방향으로만 회전하고 반대 방향으로는 돌지 못하는 톱니바퀴 원리를 이용한 끈.

벌들은 여름에 먹이를 찾아 나서는 일벌들보다 일하는 강도가 덜하기 때문에 수명이 더 길어서 6개월까지 산다. 초봄에 새로운 세대가 출현할 무렵까지 이 벌들이 계속 활동한다는 의미다. 지금보다 더 추운 겨울에 봉군이 생존하기 위해서는 이 벌들이 꼭 필요하다. 그들의 숫자가 충분해야만 벌통이 일정한 온도를 유지할 수 있다.

계상 안에 있는 설치류

설치류는 겨울에 심각한 해를 입힐 수 있으므로 빈 계상을 보관할 때는 항상 조심해야 한다. 설치류는 모두 꿀 자체를 무지무지 좋아해서 꿀을 채취하기 전에 그들이 벌통에 들어가기라도 했다가는 벌집까지 몽땅 먹어치우고 말 것은 두말할 나위도 없다. 그런데 그들은 빈 계상도 엄청나게 좋아한다. 달콤한 냄새가 남아있기 때문이다. 그러므로 양봉철을 마감하려고 계상을 치우기 전에, 먼저 계상을 철저하게 싸놓는 것이 득이 된다. 나는 해로운 동물이 벌통으로 못 들어오게 하려고 거대한 비닐 랩을 사용한다. 그중에서도 집쥐가 최악이다. 그나마 생쥐들은 벌통 안에 걸린 벌집틀 사이에 보금자리를 만들어서 단지 주거지를 점령하는 정도지만, 집쥐들은 뭐든지 갉아 먹는 걸 유난히 좋아해서, 벌통을 전체적으로 망가뜨린다.

양봉강좌

양봉강좌를 다시 해볼까 생각 중이다. 이것은 비교적 한가한 시기에 가장 성취감을 느낄 수 있는 일 중 한 가지다. 내 강좌를 들으러 온 사람 중에는 전국 방방곡곡을 다니며 강좌를 듣는 의욕이 대단한 학생들도 있었다. 스코틀랜드와 남부 프랑스같이 먼 곳에서 온 사람들도 있었고, 와이트 섬(Isle of Wight)[228]에서 당일치기로 온 사람들도 있었다.

수업은 모두 네 시간 동안 하는데, 먼저 도시에서 양봉하는 이야기를 하고, 그다음에는 꿀맛을 보는 시간이 이어진다. 나는 이런 강좌를 '맛보기 시간'이라고 부른다. 왜냐하면, 이 기회를 통해서 학생들이 양봉을 과연 계속 더 하고 싶은지 알아볼 수 있기 때문이다.

워낙 다룰 내용이 많아서 네 시간을 채우는 일은 어렵지 않다. 참가자가 지나치게 많지 않지만, 이해하기 쉽도록 간략한 정보를 제공하면서 솔깃하게 만들어 양봉을 취미 삼아 하고 싶도록 이끄는 것이 기술인 듯하다.

혁신적인 디자인

나는 늘 양봉장비를 신중하게 선택해야 한다고 말하곤 한다. 양봉가라면 누구나 양봉장비를 선택할 때 보이지 않는 위험이 도사릴 수 있다. 특히 요즘은 양봉을 취미로 하는 경우가 늘면서 새로이 멋지고 근사한 디자인과 모양을 갖춘 벌통들이 계속 생겨난다. 전통적인 벌통 구조를 토대로 만든 벌통도 있고, 매달린 막대기에 벌들이 집을 짓도록 해놓은 것도 있

---

[228] 영국에서 가장 큰 섬으로(거제도 크기) 아름다운 휴양지로 명성이 높다.

다. 이런 구조의 벌통에서는 꿀을 수확하기 어려우므로 꿀 생산보다는 벌을 키우기 위한 용도로 쓰인다.

간단한 상자처럼 단순한 구조라도 벌통이 될 수는 있다. 건조하고 아늑하며 안전하기만 하다면, 벌들은 번성할 것이다. 나는 벌들이 구두상자나 양동이, 심지어 쓰레기통에도 집을 지은 것을 본 적이 있다. 그들은 용기 뚜껑에 팬케이크 같은 야생의 하얀색 헛집 덩어리를 지어놓고도 아주 행복해한다. 다만 야생벌집과 함께 벌들을 관리하는 것은 어지간히 힘든 게 아니다.

가장 논란의 소지가 많고 혁신적인 디자인은 비하우스(Beehaus)의 제품들이다. 오믈렛(Omlet)이라고 불리는 회사에서 만든 플라스틱 벌통으로, 이 회사에서는 선명한 색깔의 닭장도 생산한다. 유행의 첨단을 달리기 때문에 가격도 싼 편은 아니다. 벌통은 당연히 나무로 만들어야 한다고 생각하는 보수적인 구세대 양봉가에게 이 회사의 플라스틱 벌통은 대단한 파문을 일으켰다. 양봉가들은, 나무 벌통이 아니어서 습기가 차고 겨우내 따뜻하게 유지할 만큼 충분히 단열도 되지 않을 거라고 미루어 짐작하며 비하우스의 제품을 신뢰하지 않으려고 한다.

개인적으로 나는 그 벌통을 좋아한다. 도시정원이나 옥상에서 양봉하는 경우에는 이 제품이 전통적인 벌통보다 유리한 점이 많다. 벌통이 매우 길쭉해서 공간이 많아 분봉이 일어날 염려가 적다. 또한, 벌통을 둘로 나눌 수 있는 구조라서 인공 분봉 같은 조작을 시행하기도 더 쉽다.

비하우스는 양봉의 모든 측면을 고려해 세심하게 제품을 만들며, 특히 도시나 작은 정원에서 양봉하는 사람이 직면할지도 모르는 어려움을 제품에 잘 반영한다. 심지어 약탈을 일삼는 말벌들이 벌통을 강탈하는 일을 방지하기 위해, 여름에 끼워 넣을 특별한 출입문도 포함한다. 무엇보다 좋은 점은 허리가 아프지 않도록 벌통에 근사한 다리를 달았다는 점이다. 별일 아닌 것처럼 들릴지도 모르겠다. 하지만 앞서 언급한 바와 같이, 양봉가의 허리는 벌집을 점검하느라고 끔찍하게 혹사당한다. 이 제품은 허리를 많이 구부리지 않고도 편하게 일할 수 있어서 내 표를 얻었다.

벌꿀 품평회

10월은 벌꿀 품평회가 한창 열리는 시기다. 먼저 지역협회 수준에서 대회를 치르기 시작해 전국벌꿀품평회(National Honey Show) 준비를 한다. 전국대회는 런던에서 개최하곤 했는데, 지금은 웨이브릿지(Weybridge)에 있는 호텔에서 열린다.

품평회에서 점점 더 외양으로 꿀맛을 판단하는 성향이 강해져서, 착잡한 심정이었다. 만약 꿀단지에 공기방울이 하나라도 있거나, 겉이 끈적거리거나, 뚜껑이 꽉 닫히지 않았으면 전시에서 탈락한다. 이렇게 외적인 요소들을 고려한 후에만 꿀을 맛보는 것은 전적으로 잘못된 방법이라고 생각한다. 그렇긴 하지만, 지역에서 전시한 나의 런던 벌집은 장미 리본을 여러 개나 탔고 행사도 아주 재미있었다.

새로운 사무실, 새로운 거래

이달 말까지는 옛날 제혁공장 자리에 있는 새로운 양봉본부에 사무실 공간을 마련하느라고 바빴다. 꿀은 위험성이 낮은 음식임에도, 위생적인 환경이 필요하다. 나처럼 어디에서 어떻게 꿀을 포장할지 신중하게 고려해야 한다.

예전에는 양봉트럭을 사무실로 썼는데, 스마트폰과 현대기술 덕분에 가능한 일이었다. 그러나 사업규모가 점차 커지면서, 트럭만으로는 감당하기 어려워서 이제는 적당한 건물이 필요했다. 한쪽 구석에는 책상을 짜서 놓았고 (개인적으로 기상관측기를 설치하면, 여기에서 컴퓨터 영상을 관찰할 것이다), 다른 쪽 구석에는 채밀기를 두었다. 또 다른 구석 바닥에는 스테인리스스틸을 깔아서 깨끗이 닦은 다음, 꿀을 병에 담거나 벌집을 자를 것이다. 벌집을 담은 상자들은 쉽게 운반하도록 카트에 실어놓았는데, 혼동하지 않도록 벌집의 생산지와 생산일을 상자 겉면에 분필로 써놓았다.

도시 소매업체인 하비 니콜스(Harvey Nichols)[229]에서 빅뉴스를 들은 것과 타이밍이 딱 맞아떨어졌다. 백화점 측은 내게 본부로 쓰는 적절한 사무실을 갖추라고 당연히 요구할 것이다. 그 백화점은 내 벌들이 생산한 꿀로 만든 신제품을 출시하고 싶어했다. 내가 생산한 제품들을 일단 영국의 여섯 개 지점과 더블린(Dublin)[230] 지점에서 출시할 것이며, 결국 전 세계에서 판매할 것이라는 말을 하비 니콜스 측에게 들었다. 입이 쩍 벌어졌다. 의도하지는 않았지만, 고급식료품 사업에 발을 들여놓았다. 앞으로 모든 게 더 필요할 것이다. 더 많은 자원봉사자와 더 많은 계획은 물론이고,

---

[229] 1831년에 설립한 백화점으로 런던에 본점이 있으며, 영국과 홍콩, 두바이 등 세계 주요도시에 지점이 있다.
[230] 아일랜드의 수도.

확실히 더 많은 벌이 필요할 것이다.

프레젠테이션을 할 때, 그 백화점이 콘월(Cornwall) 주[231]에 있는 트레고스난(Tregothnan) 영지에서 생산한 마누카 꿀을 판매한다는 사실을 알게 되었다. 이 꿀은 뉴질랜드에서 돌풍을 일으킨 품목으로, 피알 머신(PR machine)[232]이 마누카 꿀은 오직 오스트랄라시아에서만 생산할 수 있다고 강력하게 이의 제기한 상황이다. 현재 콘월에서는 마누카 꿀을 제한적으로 생산하며, 아주 조그만 4온스짜리 병을 50파운드[233] 이상으로 판매한다.

하지만 고급스럽고 제한된 양만 공급해서 높은 가격을 요구하는 꿀이 마누카만 있는 것은 아니다. 중동에는 인삼 같은 특별한 성분을 시럽형태로 벌들에게 먹여서 만든 꿀이 있는데, 특히 유명인사들이 선호한다고 한다. 그런데 이 벌들은 자유롭게 밖으로 나가서 먹이를 구해올 수가 없다. 마치 허니 월드(honey world)[234]처럼 벌들이 전혀 밖으로 나가지 못하는 공장형 사육방식으로 생산하기 때문에, 나로서는 완전히 비정상적이라는 생각이 든다.

하비 니콜스 측에서 런던 꿀뿐 아니라 영국 전역에 있는 다른 도시에서 생산한 꿀도 납품받고 싶어했기 때문에, 나는 훨씬 더 신이 났다. 이것이 야말로 도시 꿀에 관한 나의 청사진을 전국적으로 대중에게 펼칠 수 있는 절호의 기회이다. 거의 성취할 수 있는 일이라고 느껴서 더욱 흥분했다. 모든 과정을 일사천리로 진행했다.

---

231 영국 남서부의 주.
232 호주의 웹디자인 회사.
233 약 113그램 짜리 병에 든 꿀을 약 8만 6천 원에 판매하는 상황.
234 꿀뿐만 아니라, 꿀을 활용한 바디로션, 핸드로션 제품으로 유명한 뉴질랜드 브랜드.

현재는 수도 외곽에 있는 몇몇 작은 식품점들이 나의 런던 꿀을 전부 사들이고는 있지만, 하비 니콜스는 이것을 새로운 수준으로 이끌어갈 것이다. 만약 모든 것을 전적으로 나 혼자 해나갈 수 없다면, 이 지역들에서 함께 작업할 생산자들을 찾아야만 할 터인데 전국적으로 양봉하는 사람들이 급증하는 추세여서 정말 다행이다.

그 백화점의 지점이 있는 브리스틀(Bristol)[235]에는 수많은 도시양봉가가 공존한다는 사실을 이미 안다. 그곳에 사는 여교장을 방문한 어느 날 아침, 나의 양봉트럭은 벌들로 온통 둘러싸였다. 내 트럭이 벌들을 끌어들이는 자석 역할을 하리라고는 생각조차 못했는데, 꿀 냄새에 찌들었음이 틀림없다. 그런데 꿀 냄새에 찌든 나는 사람들의 인기를 끌지 못했다. 아무래도 브리스틀에서 먼저 조사를 시작해야겠다. 도시 꿀을 생산하는 다른 도시들에 위성 양봉장을 마련한다는 아이디어가 정말 마음에 든다.

하비 니콜스와 계약하지 않더라도 이미 사업을 실제로 꽤 확장한 상태였는데, 막상 암스테르담(Amsterdam)[236]까지 옥상양봉 프로젝트 협의를 제안하니 흥분을 감출 수가 없었다. 잠깐, 내 여권이 어디에 있더라?

---

235 영국 서부에 있는 항구도시.
236 네덜란드의 수도.

10월 Tip

모든 양봉가가 해야 할 일:

* 지금쯤 벌들은 겨울을 대비해 꿀을 충분히 저장해놓았어야 한다. 벌통을 들어서 무게를 점검해보라. 필요하다면 약간의 퐁당을 넣어둔다.
* 만약 8월에 꿀벌응애 처리를 하지 않았다면, 벌이 동면에 들기 전에 반드시 모조리 박멸해야 한다.
* 세찬 바람에 벌통 지붕이 날아가지 않고 벌들이 춥지 않도록, 지붕 위에 무게가 충분히 나가는 물건을 올려놓아라. 나는 벽돌이나 무거운 돌을 사용한다. 이렇게 하면 벌통을 폐쇄했다는 사실을 상기하게 된다.
* 벌들이 최소한의 햇빛이라도 충분히 이용하고 습기가 차지 않도록, 벌통 위에 드리워진 나뭇가지는 잘라낸다. 나는 간단한 작업을 할 때는 전지가위를 사용하고, 좀 더 굵은 가지를 자를 때는 가지치기용 톱을 사용한다.
* 겨우내 사용하지 않을 장비는 거둬들여서, 안전하고 건조하며 설치류가 침입할 염려가 없는 장소에 보관하라.
* 10월 말에 전국벌꿀품평회가 열린다. 만약 지역협회에서 전시했는데 전국대회에도 도전하고 싶다면, 한번 시도하되, 준수해야 할 엄격한 지침이 있다는 것을 기억하라.

> 11월
> 겨울을 지낼
> 걱정

　벌써 눈이다. 이게 믿어지는가? 남동 지방은 눈이 살짝 덮인 정도지만, 그래도 고민 된다. 벌통 입구에 쌓인 눈을 치우고 싶은 마음이 굴뚝같지만, 이렇게 얇게 덮인 눈은 대개 그냥 둔다. 아직 벌들은 벌통 철망 바닥을 통해 숨을 쉴 수 있다. 하지만 머지않아 폭설이 내리면 문제가 달라진다. 그건 차원이 전혀 다른 문제다. 그럴 때는 신속하게 눈을 제거한다. 벌들이 혼란을 일으켜서, 새로이 밝아진 하얀 세상이 치명적인 위협이 될 줄도 모르고 돌진해 나올 염려가 있다. 아직은 쉽게 판단하기가 어렵다. 여태껏 양봉이 간단하다고 말하는 사람은 아무도 없었다! 수북하게 쌓인 눈은 기온이 떨어졌을 때 벌통에 누비이불을 덮은 것처럼 벌들이 아늑하게 지낼 수 있도록 해준다.
　빌어먹을 이 계절은 어느새 현관문을 두드리는데, 나는 런던에서 벌통에 월동준비를 하느라고 고군분투하고 있다. 아직도 벌꿀은 대부분 벌통 위에 그대로 있다. 낑낑거리며 계상을 제거해서 깨끗한 판자 위에 내려놓으면서도, 아래쪽 육아상자에 있는 벌들은 괴롭히지 않았다. 이는 내가 지금 보호보다는 보온을 위해서 장갑을 꼈으며, 복면포도 쓰지 않았다는 의미다. 그렇지만 보통은 키우는 벌의 행동과 특성을 충분히 이해할 때까지는 중무장한 상태로 작업하길 권한다.

이와 관련해서 친구들에게 전해 들은 바로는, 에스더가 또 한 편의 미니드라마 같은 일을 겪었다고 한다. 그녀가 런던 북부의 주말농장에 있는 자기 벌통에 겨울을 지낼 만큼 충분한 꿀이 있는지 점검하다가 벌어진 일이었다. 용케 바지 속으로 들어간 벌이 팬티를 뚫고 침을 쏘았다고 한다. 또다시, 어이쿠!

듣자하니 그녀가 바지를 펄럭이고 팔을 휘저으며 주말농장을 가로질러 돌진하는 장면이 목격되었다고 한다. 이번에는 교훈을 얻었을까? 벌들은 추울 때 사람에게 달라붙어서 바지 속으로 기어 올라가는 습성이 있다. 그러므로 갖추어야 할 보호장비를 생략하지 마라. 바지는 양말 속으로 집어넣고, 아무리 잠깐 점검하더라도 작업복과 복면포를 착용하라. 꿀 저장량을 점검할 때 벌들이 쏘지 않아서 그 후에도 살아 있다면, 분명히 그만큼 벌들에게도 이롭다.

내가 월동준비한 걸 말하자면, 아이고, 아직 쥐막이조차 설치하지 못했고 게다가 거의 모든 일이 밀렸다. 보통 때 같으면 지금쯤 오래되어서 검게 변한 육아소비를 재활용하는 작업을 시작했을 것이다. 이것은 아마추어 양봉가가 해내기에는 버거운 작업이지만, 나는 아직 멀쩡한데도 비싼 벌집을 버리는 일을 아주 질색하므로 힘들어도 꼭 한다. 특별 제작한 철제 상자 바닥에 물을 약 6인치 정도 담는다. 그 아래에 버너를 켜서 어마어마한 양의 증기를 만들어, 오래된 벌집이 벌집틀에서 떨어지도록 하는 것이다. 한 번에 조금씩밖에 못 하므로 여러 번 되풀이해야 하는 힘든 일이다. 1월에는 이 벌집을 베이킹소다로 살균세척 해야 한다. 소규모 생산자들처럼 차라리 벌집을 버리는 게 속 편하겠다는 생각이 들 것이다. 만약 벌집을 팽개치기로 했다면, 나중에 그것들이 어딘가에서 벌들을 끌어모으는 존재가 될지도 모르므로 꼭 꼼꼼하게 부수어서 버려야 한다. (여름에는 벌집을 한 번에 여러 개씩 녹일 수 있는 일광채랍기[237]를 사용한다.)

아무튼, 아직은 이 작업을 할 시간이 없다. 너무 바빠서 허둥지둥하는 상황에서, 몇몇 벌통이 이미 꿀벌응애로 심각하게 해를 입었음을 알았다. 가을에 담쟁이덩굴밭에서도 봉세가 꽤 강하고 번성했던 건강한 봉군이었는데 이런 일이 벌어졌다. 추운 날씨 탓에 벌통들을 충분하게 점검하는 일도 어려운데, 이제는 어떻게 해야 할지 확신이 서지 않았다.

사실, 너무 일찍 이 정도 추위가 닥치면 꿀벌응애의 위험성은 더해질 수밖에 없다. 철이 지나면서 벌들은 수많은 계상과 육아실로 퍼져 나가서 상당히 큰 규모의 가족을 이루었다. 그런데 추워지기 시작해서 이제는 모든 벌을 한 상자 속으로 몰아넣어야 하는데, 그러면 응애들도 모이게 된다.

나의 유일한 바람은? 양봉철이 끝난 상태에도 벌들이 안전하게 지낼 수 있도록 충분히 건강한 벌들을 키우는 것이다. 다음 점검은 옥살산 처리를 하는 1월에나 할 것이다.

이것은 개인적으로도 큰 고민거리이다. 나는 벌을 무척 좋아해서 그들을 보호하기 위해 안간힘을 쓰며, 벌들이 고통받게 놔두고 싶지 않다. 동

---

[237] 직사광선을 이용해 벌집을 녹여서 함유한 밀랍 성분을 추출하는 기구.

시에, 그들은 나의 사업체이기도 하다. 나의 주 수입원이다. 그래도 나는 강력한 화학약품을 대량으로 이용하는 처리법에 더 이상 의존하고 싶지 않다.

화학약품을 쓰지 않는 해결책이야말로 긍정적이고 계몽적인 조치이기 때문에 좋다고 생각할지 모르겠다. 그러나 이는 심각한 위험을 초래한다. 다른 무엇보다 현격하게 많은 사상자가 발생할 것이 확실하다. 기생충 같은 존재와 싸울 능력이 없는 약한 봉군들은 강력한 화학약품의 도움이 없으면 살아남지 못한다. 결국, 나는 엄청난 손실을 볼 수 있다.

이렇게 연약한 봉군들을 희생시키는 일이 나쁘지 않다고 믿는 사람들도 더러 있다. 그것은 진화론을 곧이곧대로 적용한 생각이다. 더 튼튼하고 회복력이 강한 벌들이 남아서 질병치료가 잘되는 좋은 유전자를 가진 벌들이 생존한다는 것이다. 합리적일지도 모른다. 그러나 제기랄, 이것은 사랑의 매나 다름없다. 그리고 나의 양봉정신에도 어긋난다. 내가 신처럼 벌들의 생명을 좌지우지하는 것이 싫다.

현재 응애에 대한 회복력이 빠른, 더 강인한 벌 품종 연구가 여러 연구소에서 이루어지는데 이런 연구를 더욱 권장해야 한다. 내 봉군 중에도 다른 벌보다 질병에 잘 걸리지 않고 어떤 해로움에든지 대항하도록 타고난 것처럼 보이는 녀석들이 있다. 그래서 나는 벌들을 주문할 때 의식적으로 품종을 확인한다.

또한, 시중에 나온 약물과 세정제도 덜 잔인한 종류가 느는 추세다. 그중에는 그을음에서 채취한 가루도 있다고 들었다. 들자하니, 굴뚝에서 사는 야생 봉군들이 상대적으로 응애 감염률이 낮다는 게 밝혀진 후로 개발한 제품이라고 한다. 모두 고무적인 개발품이다. 그러나 벌들에게 얹혀 살면서 잔혹하기 이를 데 없이 벌들을 죽이는 존재인 응애를 지속해서 점검할 필요가 있다는 사실만큼은 그 어떤 것으로도 바꾸지 못한다.

벌꿀 포장하기

지금 내 작업실은 벌의 노동으로 얻은 열매를 가공해서 포장하는 일로 한창이다. 서둘러 마련한 사무공간이 생산의 중심지가 되었다. 주문 받은 대로 부지런히 벌집을 절단할 준비를 만다나와 함께 하고 있다. 벌집을 좀 더 쉽게 자를 수 있도록, 그다지 환경친화적이라고 생각하진 않지만 파티오 히터(patio heater)[238]로 나무계상들을 살짝 따뜻하게 해준다. 그러면 신선한 벌집을 연상하는 향기가 옛날 제혁공장이었던 이 건물 복도로 퍼져 나간다.

만다나의 일은 해도 해도 끝이 없다. 자원봉사자들은 갓 자른 벌집 덩어리를 상자에 담고, 새롭게 디자인한 포장 띠를 상자에 끼우는 일을 한다. 오래된 도배용 탁자 위에 벌집을 담은 상자들을 계속 쌓다 보니, 너무 무거워서 탁자가 아래로 휘어져서 무척 아슬아슬하다. 당장은 B&Q[239]의 최고급 제품들로 대충 버티는 수밖에 없다. 그러나 조만간 좀 더 내구성이 강한 장비를 갖출 것이다. 출장연회 철거회사에 주문해놓은 스테인리스 스틸 작업대가 도착하면 포장이 훨씬 수월할 것이다. 또한, 전에 몸담았던 사진 에이전트 측에서 나무등치같이 굵은 무쇠다리가 달린 어마어마

---

[238] 노천카페 같은 곳에서 많이 볼 수 있는 야외용 가스난로.
[239] 세계적인 DIY(Do It Yourself의 약어로, 가정제품을 직접 제작·수리·장식하는 것) 전문점.

하게 큰 탁자를 제공하기로 했다. 그 탁자에서 작업하면 바닥에 꿀을 조금도 흘릴 염려가 없다.

포프 거리(Pope Street)의 적재구획에 있던 아직 자르지 않은 벌집이 가득 들은 계상들을 이 건물 바깥쪽에 설치한 구식 승강장치에 싣고 대롱대롱 매단 채 3층까지 끌어올린다. 상당히 위험한 작업이다. 만약 받침대를 너무 빨리 올리거나 갑자기 덜컹거리기라도 하면, 가뜩이나 부서지기 쉬운 벌집이 틀에서 쉽게 분리되어 꿀이 도로로 흘러내릴 염려가 있다. 그래서 이 작업만큼은 반드시 내가 직접 도맡아 한다.

이는 미관상 문제 때문이기도 하다. 벌통을 끌어올리다가 벌집이 흔들리거나 서로 부딪히면 흠집이 생겨서 잘라놓아도 신통찮아 보인다. 납품하는 상점들이 점점 느는데, 매력적이고 말끔한 상태의 소밀을 납품하려면 무엇보다 부지런해야 한다.

나는 매출을 늘리고자 여러모로 노력한다. 점주들에게 소밀을 주문하도록 권장하는 이메일을 보내거나 전화를 걸기도 한다. 처음에는 벌집이 팔릴 거라고 확신을 하지 못해서 주저하는 사람들도 있는 반면, 좀 더 모험적인 사람들도 있다. 제품포장 사진을 보고는 제품을 빨리 받고 싶은 마음을 트위터를 통해 열광적으로 표현하기도 한다.

개방형 작업실

나는 거짓말을 못한다. 그런데도 벌들의 생존 자체를 이용해서 돈을 번다니 참 특이한 것 같다. 현재는 모든 수익을 벌들의 복지에 환원하고 있다. 집약적인 농업기술을 선호하는 사람처럼 소득을 극대화하기 위해 벌들이 한계에 이를 때까지 노동력을 착취하는 짓만은 정말 피하고 싶다. 벌들이 기진맥진해서 녹초가 되지 않도록 늘 섬세하게 균형을 맞추려고 한다. 이것은 돈에 관한 문제가 아니며, 지금까지 결코 그랬던 적도 없다.

그렇다면 무슨 문제란 말인가? 나는 정말 다양한 소비자에게 제품을 공급하면서 윤리적이고 친환경적으로 사업을 경영하려고 애쓴다. 변화가에 있는 저명한 백화점들에 꿀을 납품하는 일도 짜릿할 정도로 대단히 기쁘지만, 새로 마련한 개방형 작업실에 직접 들르는 버몬지 주민에게 판매하는 일도 정말 즐겁다.

나의 새로운 기지가 몰트비 거리(Maltby Street)의 먹자거리 한복판에 자리 잡은 것은 순전히 천운이다. 현재의 거대한 보로 마켓에 (나처럼) 환멸을 느낀 장인급의 소규모 생산자들이 자기들 나름대로 단체를 구성했다. 우리는 요즘 한 달에 딱 하루 토요일 오전에만 작업장을 여는데, 네드가 판지에 직접 그린 벌 그림을 우리 출입구에 간판처럼 붙여놓았다.

개방형 작업실이 믿기지 않을 정도로 인기를 끌고 있다. 사람들은 꿀과 벌집을 가공하는 장소를 직접 둘러보기를 좋아한다. 이곳에 오래된 양봉 도구와 서적, 장비들을 진열해놓고, 우리 할머니가 양봉하는 모습이 담긴 커다란 사진도 잊지 않고 걸어서 미니 박물관처럼 꾸몄더니, 내가 벌들을 존중하는 게 느껴진다며 좋아했다.

나는 실제로 벌꿀을 판매하는 상점 주인이 되고자 했지만, 좌절했었다. 늘 내 점포를 갖고 싶어하다가, 12년 전에 보로 마켓에서 기가 막히게 멋진 아르 데코(art deco)[240] 스타일의 건물을 눈여겨 봐두었다. 애석하게도 크로스레일(Crossrail)[241] 개발의 일환으로 지금은 철거했는데, 그렇지 않았더라면 쇼핑의 명소가 되었을 것이다. 하지만 어차피 임대료가 어마어마해서, 나는 시종일관 임대료를 충당하느라고 고급제품으로 악전고투를 벌였을 것이다. 다행히 내 사업은 나의 실정에 맞게 점진적으로 유기적인 성장을 이룩하였고, 지금 내 작업실은 드디어 늘 바라던 대로 한 달에 한 번씩 미니 상점 겸 박물관이 된다.

배달하기

한 해를 마감하며 미친 듯이 바쁜 일과를 감당하는 중에도, 상당한 양의 꿀을 직접 배달하려고 노력했다. 런던 꿀벌집 소문이 퍼져 나가면서, 시내 전역의 식품점에서 들어오는 주문이 날로 늘어난다. 크리스마스 시즌에 가능한 한 많이 팔고 싶은데, 그러려면 더 많은 시장에 배달하기 위해 더 많이 돌아다니고 판촉도 더 많이 해야 한다.

배달이야말로 가장 보람차고 만족스러운 경험이지만, 고객들에게 신선한 제품을 전달하려면 꽤 많은 시간을 쓰게 된다. 제품 대부분이 팔리는 주말 이전에 적은 인원으로 배달하려면, 계획을 정말 잘 세워야 한다.

물류 문제가 가장 골칫거리다. 나는 이동 중에도 주문을 받는 경우가 종종 있어서 만일을 대비해서 필요한 양보다 더 많이 포장해서 싣고 다

---
[240] 기하학적 무늬와 강렬한 색채가 특징인 장식미술의 한 양식.
[241] 2017년 개통을 목표로 건설 중인 런던의 광역철도. 매일 150만 명의 이용객에게 한 시간 내 통근생활권을 제공할 것으로 예상한다.

닌다. 그리고 신속한 배달을 위해 각각의 양봉장 둘레에 전략적인 경로를 미리 계획한다. 여러 번 사용해서 꾀죄죄해진 상자에 주문받은 상품을 담고 끈으로 묶어서 납품하는데, 고객이 커피나 다과를 대접하면 기꺼이 받아들인다. 포장재는 최소화하고 가능한 한 재활용을 많이 하려고 의식적으로 노력한다. 하지만 꿀 상자만큼은, 깨끗하고 남 앞에 내놓아도 손색이 없으며 절대 끈적거리지 말아야 한다는 정도는 알고 있다.

처음 시작하는 사람들의 처지를 헤아리기에, 고객들이 신용거래를 요청할 때는 가능한 한 협조하고 싶다. 적절하게 균형을 유지하려고 노력은 하지만, 지금은 간접비가 훨씬 더 많이 들어서 무척 신경 쓰인다. 그나마 탄탄한 고객인 포트넘 앤 메이슨에서 소밀을 1천 개나 주문받아서 상당히 위로가 된다. 그 주문을 소화하기 위해서는 나의 도우미 군단이 밤을 꼬박 새워서 벌집을 자르고, 종일 포장한 다음에, 그 모든 것을 직접 들고 여섯 개나 되는 계단참을 내려가야 한다. 그러나 아무리 많아도 한 번만 배달하면 되고, 그에 대한 보수를 받을 것을 알기에 힘이 난다.

여기에 이사 온 지 얼마 되지는 않았지만, 만약 사업규모를 계속 확장한다면, 아무래도 1층에 새로운 장소를 물색해야 할 것 같다. 그것 외에는 다른 도리가 없다. 지금 내 종아리 근육에는 알통이 잔뜩 배겼다. 게다가 나만 땀을 흘리고 마는 문제가 아니다. 작업실 건물에 내부 승강기가 없다는 것은 딱하게도 택배기사들이 꿀단지와 상자, 장비들을 모두 건물 꼭대기 층까지 힘들여서 옮겨야 한다는 뜻이다.

무분별한 기물파손

　11월에 듣게 되는 섬뜩한 뉴스가 때 이른 한파만은 아니다. 10여 군데나 되는 식품점에 또 한 차례 배달을 마치고 돌아오자마자, 내 벌통 몇 개가 훼손되었다는 보고를 받았다. 이번이 처음은 아니다.

　13년 전, 나의 양봉제국을 막 확장하기 시작하던 무렵에, 내가 처음으로 상업적으로 운영하던 양봉장 중 하나가 오래된 변전소 안에 있었다. 사용하지 않고 있는 녹지공간을 양봉장으로 쓸 수 있게 해달라는 나의 청원을 런던 전력청(London Electricity Board)이 받아들인 것이다. 다른 여러 공기업은 자기네 땅은 계속 사용 중이어서 임대하기 어렵겠다고 변명하는 내용의 답신만 무수히 많이 보내왔다. 하지만 전력청의 임대 담당부서는 가장 호의적인 반응을 보였다. 그쪽 대표가 나와 함께 런던 남동부의 수많은 양봉장을 둘러보고는 플럼스테드(Plumstead) 근처의 한 곳으로 낙찰을 보았다.

　그곳은 몇 에이커나 되는 드넓은 땅으로 야생동물의 천국이나 다름 없었으며, 벌들이 아주 좋아 열광하는 것 같았다. 그곳에서의 양봉사업은 큰 성공을 거두었다. 봄에는 가벼운 꽃향기가 느껴지는 꿀을, 여름에는 스카치캔디 향이 나는 꿀을 생산했는데, 벌들이 하도 부지런히 다녀서 근처에 있는 거대한 월계수 숲이 흔들거릴 정도였다. 벌들에게 작업장과 창고를 따로 마련해주어야 하지 않겠느냐는 말이 나올 정도로 꿀을 많이 생산해냈다.

　제멋대로 길게 자란 풀밭에 두었던 낡은 벌통들에는 2년 만에 봉군이 스무 개 이상으로 늘어났다. 그 양봉장은 아무런 조처를 하지 않아도 저절로 번성하는 것처럼 보였다. 그곳은 벌들에게는 안식처였다. 그 당시 나는 경험이 부족해서 모든 일을 직감적으로 처리했음에도, 봉군들은 놀라우리만큼 튼튼하고 왕성하게 번식했다.

너무 좋아서 믿기지가 않을 정도였다. 정말 그랬다. 나는 순진하게도, 양봉장 외곽에 뾰족뾰족한 철조망 울타리가 쳐졌고, 주위에는 수천 볼트의 전류가 흐르는 전기시설이 있어서 벌들이 안전하다고 믿었다. 고압선 때문에 발생하는 전자기파가 벌들에게 해로울 것이라고 비관적인 전망을 하는 사람들도 있었지만, 정작 벌들은 접근하기 쉬운 지상 1층 높이에 벌통을 설치한 것 때문에 죽음으로 내몰렸다. 누군가 벌통에 불을 지르는 바람에 벌들은 어처구니없는 죽음을 당했다.

화마가 할퀴고 간 자리를 보니 기가 막혔다. 벌통은 잿더미가 되었고 검게 그을린 못 몇 개와 토막 난 철조망, 그게 다였다. 벌들은 전혀 가망이 없었다. 일단 벌통에 불이 붙었다 하면 순식간에 활활 타오르는데, 벌통 입구로 밀랍과 꿀이 줄줄 흘러나와서 양초의 촛농이 녹아내리는 것 같았을 것이다. 겨우 벌통 두 개만 건졌다. 그나마 살아남은 벌통들도 부분이 검게 그을렸다. 몹시 후텁지근한 6월 어느 날 아침에 벌통을 발견했을 때, 난파선에서 살아나온 벌들은 짐작한 대로 방어적이면서도 공격적인 태도로 마구 날아다녔다.

나는 이 참혹한 현장을 보고 털썩 무릎을 꿇으며 차마 말하기 창피하지만, 기어이 눈물을 보이고 말았다. 도대체 누가 이런 짓을 저질렀으며, 어떻게 이렇게 삼엄한 보호망을 뚫고 접근했는지 도무지 이해할 수가 없었다. 살아남은 벌통 두 개는 그날 저녁에 반즈(Barnes)에 있는 나의 새 양봉장으로 옮겼다. 살아남은 벌통 중 하나는 몇 달 후에 유럽부저병에 감염되어 담당 정부기관이 파괴했고, 벌집들은 태워서 땅속에 묻었다. 그 이전이나 이후에나 내 벌들이 그런 질병에 걸린 적은 단 한 번도 없었는데, 아마도 방화사건으로 생긴 트라우마가 유발한 것이 아닐까 싶다. 나는 아직도 그 변전소 양봉장의 열쇠가 있지만, 그곳으로 다시는 돌아가지 않을 것이다.

다행히도 이것이 내가 지금까지 겪었던 가장 큰 손실이었지만, 계절적 손실, 즉 겨울 이후 봄까지 발생하는 사망자 수 집계에 비할 바는 아니다. 나는 이 기간에 대개 한 움큼의 벌들을 잃지만, 앞으로 훨씬 더 나쁜 경우가 생길 수도 있다. 겨울을 지내며 60퍼센트가 넘는 벌들을 잃는 사람들도 있다고 하던데, 내 경우 최악의 기록은 30퍼센트였다. 어쨌든, 지난 양봉철의 경험을 토대로 다음 철을 대비해 실행계획을 수립해야 한다. 손실을 만회하기 위해 새로운 봉군을 만들고, 젊고 건강한 여왕벌들을 보좌할 일벌들을 충분히 확보해야 한다.

기물을 파손하는 동물들

그런데 가장 최근인 올해 11월에 기물파손주의자들의 공격을 받다니? 라이터로 불이나 지르는 애송이의 소행이 아니란 말인가? 정말 아니다. 전혀 예기치 못했던 곳에서 습격을 받고 있다. 하늘나라, 아니 최소한 하늘에서. 강조하는데 나는 새를 사랑하는 사람이다. 단 한 마리 새도 결코 해치고 싶지 않다. 올해 포트넘 백화점 옥상에서 붉은 솔개 한 마리가 나를 덮치듯 스쳐 지나간 적이 있는데, 몹시 짜릿했다. 런던 동부에서는 제비갈매기가 둥지를 트는 모습을 지켜본 적도 있고, 타워브리지 근처에서는 황조롱이 한 마리가 내 옆을 쏜살같이 미끄러지듯 지나가기도 했다. 나와 새들의 사랑은 아주 오랫동안 계속되었다. 어렸을 때 나는 꼬마 조류학자나 다름이 없었다. 늘 새들을 관찰해서 일지에 기록하고, 밤에는 횃대로 돌아오도록 새들을 부르곤 했다.

하지만 청딱따구리에 관해서는, 피로 물든 모가지를 기꺼이 비틀어버리고 싶다. 여름철이면 이따금 이 사악한 깃털 달린 악당이 땅바닥에서 개미들을 쪼아 먹는 모습을 볼 수 있다. 그 정도는 참을 수 있다. 그런데 날씨가 선선해지면서 그 맛있는 먹이들을 더 이상 찾아보기 어려워지자, 그놈들은 벌통이라는 패스트푸드점으로 향한다. 그놈들은 벌통을 정말로 깨부수고 벌들에게 접근한다. 다른 종류의 딱따구리들은 절대 그렇지 않은데, 녹색인 이놈들은 간교하고 교묘하다.

날씨가 더 서늘했을 때 버몬지에서 푸른 박새들이, 응가를 하거나 잠시 물을 먹으려고 이따금 벌통에서 나오는 벌을 쪼아 먹는 모습을 본 적이 있다. 그러나 이 특이한 청딱따구리는 차원이 다르다. 그들은 벌통 입구는 놔둔 채, 곧장 벌통 옆구리에 구멍을 뚫는다. 그러면 잠에서 깬 벌들이 침입자와 싸우기 위해 그 구멍으로 나오는데, 이 교활한 침략자는 진공청소기로 빨아들이듯이 그들이 나오는 족족 다 잡아먹어 버린다.

이따금 이런 맹공격을 받고도 살아남은 나무벌통에 실패한 공격의 흔적으로 마치 기관총에 맞은 것처럼 여기저기 구멍이 숭숭 난 것을 볼 수 있다. 그러나 핵군상은 버틸 재간이 없다. 그것들은 통조림 깡통 따듯이 지붕이 열려서 스티로폼과 함께 양봉장 여기저기에 흩뿌려져 있다. 특히 깃털 달린 그 조그만 녀석은 과도한 식탐 때문에 또다시 돌아오는 경우가 많으므로 봉군들은 이러한 트라우마를 견뎌내기 위해 악착같이 노력할 것이다.

둘레에 청딱따구리가 있는 건 아닌지 의심쩍으면, 구멍이 육각형인 철조망으로 벌통을 덮어두라. 나는 과일을 담는 그물망을 덮어본 적도 있고, 심지어 도로 공사에 사용하는 밝은 주황색 그물을 사용한 적도 있다. 그러나 그 포식자들은 워낙 영리해서 기어이 이 보호망을 뚫는 방안을 이끌어내고야 만다. 때론 그물망 아래로 기어들기도 하고, 때론 부리로 쪼아 찢기도 한다. 그러므로 금속제 그물망을 사용하되, 철조망 틈으로 부리가 벌통에 닿지 않도록 어느 정도 거리를 두고 덮어야 한다.

말레이시아의 열대우림 한가운데에 있는 양봉장에서 벌잡이새의 공격을 막기 위해, 가장자리에 장대를 세우고 거대한 그물을 덮어씌운 것을 본 적이 있다. 꽤 아름다운 이 새들은 전기 진동기처럼 빠른 날갯짓을 하는 식충 조류다. 그들은 벌통에 구멍을 내기보다는, 집게 모양의 부리로 벌들을 퍼먹는다. 작년에 나는 잉글랜드 북부에 이 새 한 쌍을 들여왔다는 소식을 들었다. 그 지역 양봉가들은 정말로 견뎌내기 힘들며, 왜 벌들의 숫자가 줄어드는지 의아했을 것이다. 나는 제발 그 새들이 남쪽까지 퍼지지 않기만을 바랄 뿐이다. 잉글랜드 북부의 기후가 그나마 그 새의 번식을 억제할 수 있지 않을까 생각한다.

내가 듣기론, 오소리 역시 벌통을 파괴할 수 있다고 한다. 그러나 아프리카 상황과 달리, 영국에서는 아직 오소리가 꿀 때문에 벌통을 훼손했다는 이야기를 들은 적은 없다. 슈롭셔에서는 오소리가 2미터가 넘는 높은 철조망 담도 쉽사리 기어오른다. 이 철조망은 소들이 가려운 곳을 벌통에 대고 비비다가 벌통을 훼손할 염려가 있어서 소떼에게서 벌들을 보호하기 위해 쳐놓은 것이다. 오소리들이 이 철조망을 넘어가는 이유는 단지 이 철조망이 그들이 좋아하는 옥수수밭으로 가는 길목에 있기 때문이다. 런던 북부에 있는 내 양봉장 근처에는 여우굴 옆에 오소리굴이 하나 있다. 그런데 계속해서 굴이 퍼지는 것으로 보아, 오소리들이 거기에 사는 것이 틀림없다. 오소리들이 호박벌의 보금자리[242]를 찾기 위해 비옥한 땅을 파헤치고, 말벌의 보금자리[243]를 찾느라고 비탈면을 파헤친 흔적이 상당히 많이 생겼다. 지금까지 내 벌통들은 건드리지 않았다. 계속 지켜봐야 한다.

옥상에 있는 벌통들은 대부분 약탈자에게서 안전하지만, 설치류는 예외이므로 쥐막이를 장착할 필요가 있다. 겨울잠을 자는 여왕 말벌이 있으면 그냥 꺼내서 뭉개버리면 된다.

포근한 8층

나는 포트넘 앤 메이슨 백화점 옥상에 있는 벌통 입구를 쥐들은 드나들지 못하고 조그만 벌들만 통과할 수 있을 정도로 참나무 조각으로 좁혀두었다. 지금까지 딱따구리가 벌들을 괴롭힌 적은 없다.

또한, 화려하게 장식한 벌통 정면을 떼어서 실내로 들여놓았다. 습기 때문에 나무가 부풀거나 페인트칠한 데에 금이 가는 것을 방지하려는 조치

---

[242] 호박벌은 벌집을 따로 만들지 않고 땅 밑이나 쥐구멍, 새둥지같이 이끼와 풀이 많은 곳에 집을 짓고 산란한다.
[243] 말벌은 땅속에서 군집생활을 하며, 땅에서도 천정에 붙은 집을 짓는다.

다. 8층이나 되는 높은 곳에 있는데도 이중벽 구조인 벌통이라 겨우내 단열이 대단히 잘되는 편이다. 그렇긴 해도 벌들이 훨씬 더 아늑하게 지낼 수 있도록 내부 틈을 스티로폼으로 채운다. 그런 다음 커다란 갈고리가 달린 막대기를 사용해서 지붕을 벌통 밑바닥에 연결해두면, 벌통 무게가 수백 킬로그램이나 되므로 지붕이 날아갈 일이 거의 없다.

프로필이 화려한 이 벌들을 위해 달콤하고 끈적끈적한 퐁당 한 덩어리를 벌집를 꼭대기에 얹어두는 것으로 마지막 접대를 한다. 아직은 이 벌들이 고급스러운 펜트하우스에서 계속 잘 지내지만, 그래도 다음 달에 마지막으로 한 번 더 점검하러 올 것이다.

레스토랑 배달

나의 조카 루크는 지금 나와 함께 현장실습 중이다. 그는 아주 쾌활한 녀석이며 열다섯 살짜리 개구쟁이지만, 마지막 점검을 하는 시기에는 좋은 동료이기도 하다. 훌륭한 주방장인 미카엘 바이스에게 꿀을 배달하는 임무를 그 애에게 맡겨서 보낸다. 미카엘의 레스토랑은 금융지구에 있는 꼬끄다흐장(Coq d'Argent)이다. 작년에 어떤 요리 프로그램에서 만난 이후로, 그는 줄곧 우리 꿀을 사용한다. 일주일에 소밀 서너 개를 주문해서, 그것으로 여러 가지 요리를 만들어낸다. 간단하지만 기가 막히게 맛있는 드레싱을 만드는 조리법을 나에게 이메일로 보내왔다.

매콤한 런던 꿀 드레싱

안녕하세요. 스티브.

저는 신선한 꿀을 참 좋아하는데, 어렸을 때 살던 곳 가까이에 있는 양봉가를 두 명이나 알고 있으니, 정말 운이 좋은 편입니다. 바게트로 프렌치토스트를 만들어서 버터를 바르고 신선한 꿀을 끼얹은 음식은 제가 방과 후 즐겨 먹던 간식입니다.

2년 전에 런던 꿀을 발견한 이래로 줄곧 런던 꿀을 메뉴에 사용해왔습니다. 제가 그 꿀을 가장 좋아하는 이유는 산지에 따라 다양한 풍미와 질감이 있기 때문입니다. 벌집 형태 그대로 아주 작게 자른 조각을 치즈와 함께 접시에 담아내기도 하고, 드레싱에 사용할 수도 있으며, 마지막 순간에 광택을 낼 때나, 단지 소스를 마무리하려고 사용하기도 합니다. 우리는 그것을 디저트에도 사용합니다.

현재 스티브가 생산하는 런던 꿀보다 더 좋은 꿀은 정말 없더군요.

재료:

강황 ½티스푼, 커민(cumin)[244] ½티스푼, 생강 분말 ½티스푼, 스타아니스(star anise)[245] 가루 (혹은 스타아니스 통째로 1개), 카레 가루 ½티스푼, 라임 1개, 레몬 1개, 설탕 50그램, 꿀 150그램, 부드러운 버터 100그램

준비한 향신료를 평평한 그릇에 담고 180도에서 3분 동안 볶는다.
라임과 레몬 껍질 간 것을 준비하고, 즙을 짜서 설탕과 함께 팬에 담는다. 즙과 설탕 섞은 것을 가열해서 황금색의 걸쭉한 시럽이 되도록 졸인 다음에, 고운체로 거른다. 꿀과 볶은 향신료를 더 넣고, 2분 동안 살짝 끓인다. 상온에서 식히고 버터를 섞는다.

이것을 구운 돼지고기나 비둘기고기, 닭고기와 함께 내놓으면 환상적입니다.
스티브, 당신은 이런 요리를 많이 드셔 보셔서 잘 아실 겁니다.

미카엘 드림

---

[244] 인도카레에 절대 빠질 수 없는 향신료로 약간 쓴맛이 나며 은은한 감귤향이 난다.
[245] 별 모양의 작은 열매로 향신료로 쓴다.

나의 조카는 미카엘의 레스토랑에 배달하는 첫 임무를, 길을 좀 헤매긴 했어도 용케 잘해냈다. 수도 런던에서 처음으로 혼자 임무를 수행한 것인데, 작업실에서 20분이면 갈 거리를 3시간이나 걸려서 다녀왔다. 그렇지만 도시의 휘황찬란한 불빛도 실컷 보았고 환상적인 주방장도 만나지 않았는가.

아늑한 **봉구**

지금쯤, 전국적으로 양봉장 둘레의 기온이 떨어지면서, 벌들이 여왕벌 둘레에 공 모양으로 단단히 모여 지내기 시작할 것이다. 따뜻하게 지내기 위해 모인 무리 중앙에 여왕벌을 두어 포근하게 지켜주는 것이다. 만약 여왕벌이 아직도 알을 낳고 있다면, 산란 속도는 급격하게 감소한 상태겠지만, 얼마 되지 않는 유충들을 보호하기 위해 벌들은 히터 역할을 할 수밖에 없다.

다른 벌통의 벌들은 봉구 온도를 일정하게 유지하려고 파르르 떠는 반면에, 이 벌들은 벌집에 열을 발산하기 위해 벌방에 곤두박질해서 파고들어 몸을 부르르 떤다. 동시에 그들은 움직임을 줄여서 에너지 소비를 최소화하는데, 저장해놓은 꿀의 양이 충분하기만을 바랄 뿐이다. 어차피 다가오는 계절에는 벌들이 소비하는 꿀의 양도 감소한다.

이런 벌들은 연약한 봉군이 되는데, 그대로 내버려둘 수밖에 없다. 벌의 사활은 누구도 어쩔 수 없다. 양봉가는 벌의 건강과 안전을 위해 이미 할 수 있는 온갖 노력을 해왔다. 벌들이 봄에 다시 번성하길 바랄 뿐이다.

친환경 식품

이번 달에 나는 더 나은 식량과 농업을 위한 연대인 '서스테인(Sustain)'과 함께하는 모임에 초대를 받았다. 이들은 11년 전 미친 짓으로 치부하던 도시양봉에 대한 나의 발상을 지지해준 대단한 단체다. 초창기의 히피 분위기에서 확대 발전해 현재는 자체 프로젝트뿐만 아니라 지방정부와 중앙정부를 위한 다양한 장려책들을 운영하고 있다. 그중에서도 〈수도에서 재배하기(Capital Growth)〉 프로젝트는 대대적인 성공을 거두었다. 수백 개의 작은 단체, 학교, 공동체가 자체적으로 식량재배 그룹을 설립하기 위해 보조금을 신청하며, 작은 채소밭들이 도시 전역에 상당히 많이 생기고 있다.

지금 그들에게는 유력한 우방이 생겼다. 바로 런던 시장이다. 그는 더욱 더 나은 공동체와 교육 프로젝트의 하나로 수도 전역에 벌통을 50개 배치하는 데 필요한 자금을 지원할 계획이 있다고 한다. 이 모임은 그 계획에 관해 내가 더 많은 정보를 알 좋은 기회이다.

일부 양봉가들은 즉각적인 지식을 갈망하는 새로운 부류의 양봉가들을 우려하면서, 이미 관심이 시들해졌다고 여겨지는 도시에서 이 계획이 가져올 발전에 대해 미심쩍게 바라본다. 그러나 나는 잘 운영하기만 한다면, 대단히 성공적인 결과를 가져올 수 있다고 믿는다. 다만 최근 양봉이 유행의 대세가 되고, 벌들의 이미지에 관한 인기가 날로 증가하는 점을 시장이 정치적으로 이용할까 봐 거리낄 뿐이다.

그 모임의 전망이 매우 밝다는 이야기를 전해 듣고 흐뭇해졌으며, 나도 확실히 그 프로젝트에 일조하고 싶어졌다. 반드시 적당한 교육자들을 고용해서 런던에 새로 생긴 이 공동체를 가르쳐야 하며, 그룹들이 이 거대한 수도에서 양봉하는 데 수반하는 막중한 책임을 기꺼이 짊어지도록 하는 것이 정말 중요하다.

다행히 높은 수준으로 교육할 수 있는 인력이 부족하지는 않다. 이 직업에 갓 입문한 사람 중에도, 자신들이 이 분야에 정통하기 때문에 터무니없이 높은 보수를 받고 교육할 수 있다고 여기는 사람들이 더러 있기는 하다. 심지어 좋지 않은 측면만 주목하다가, 양봉감독관이 된 사람이 있다고 들었다. 그들이 양봉체험을 규제하는 쪽으로만 주력할까 봐 우려된다. 그랬다간 나의 생활이 더 어려워질 것이 뻔하다.

애석하게도 예산이 부족하고 인기도 별로라면, 공정하게 말해서 감독관들은 상대할 만한 적수다. 양봉가들이 벌통 개수와 소재지를 관계 당국에 등록하도록 권장하고는 있지만, 뉴질랜드처럼 법정 의무사항은 아니다. 하지만 그렇게 되어야 한다. 이렇게 인구가 밀집한 나라에서, 특히나 도시에는 상당히 많은 벌통이 서로 아주 근접해서 질병이 자꾸 증가한다. 벌 자체가 드물어서 내 벌들을 쉽게 알아볼 수 있고, 그들이 어디에서 먹이를 구하는지 매우 쉽게 볼 수 있던 시절, 내가 버몬지 여기저기를 오래된 자전거를 타고 다니던 무렵과는 판이하다.

이번 양봉철에는 달라졌다. 그것도 매우 달라졌다. 나는 사람들의 관심과 활동이 어마어마하게 증가했다는 것을 여러모로 실감했다. 경험이 없는 양봉가들이 내게 조언을 듣고 싶다는 메시지를 자동응답기에 남기는 경우도 빈번해졌고, 내가 시내에서 목격한 분봉의 숫자도 급격히 증가했다. 나는 관리를 제대로 못 해서 올해 여러 차례 분봉을 일으킨 양봉장을 적어도 하나는 알고 있다. 공교롭게도 그 양봉장은 소호의 한복판에 있어서 통근하던 사람 수백 명이 그 벌떼들을 목격했으며, 그들 중 대다수가 휴대전화로 촬영했다.

  시장과의 파트너십은 다음 달에 런던 벌에 관한 대규모 세미나의 하나로 로열 페스티벌 홀에서 출범할 것이며, 지역 꿀 시음장도 개설할 예정이다. 그것은 성황리에 열릴 것이며, 왜 이렇게 야단인지 알고 싶어하는, 필시 몇 년 동안 양봉을 해왔을 성숙한 양봉가들이 최근 입문한 사람들과 더불어 멋진 조합을 이루리라고 예상한다. 기막히게 재미있을 것이다. 도시양봉계의 새로운 얼굴들을 빨리 보고 싶어 못 참겠다.

모든 양봉가가 해야 할 일:
* 다음 시즌을 철저하게 연구하라.
* 벌통들이 외부에서 아무런 손해 없이 잘 지내는지 보기 위해, 이따금 양봉장을 점검하라.

> 12월
> 회복을 위한
> 시간

    시골에서 상업적인 양봉가로 일할 때는 12월이 되면 몇 주간은 심신을 회복하기 위해 푹 쉬면서, 미련스럽게 잔뜩 먹어대며 지냈다. 지금까지 1년 내내 휴가 한 번 제대로 보낸 적이 없어서 이런 시간은 꼭 필요하다. 나는 깨어있는 시간은 모두 벌에게 투자해야 했다. 그래서 12월은, 일에서 탈출해서 그동안 쥐만 득시글거렸던 나의 녹색 소파에 늘어진 채 휴식을 즐길 수 있는 편안한 시간을 예고하는 달이었다.

    한 해를 마무리하는 시간을 보내면서도 계속 벌 걱정을 떨쳐버리지 못했다. 하루 내내 밖에서 지내다가 한밤중에야 기진맥진해서 눈을 감아보지만, 꿈에서도 보이는 건 모두 벌집 둘레를 미친 듯이 날아다니는 벌들뿐이었다. 계속 악몽을 꾸다가 거의 공황상태에 빠질 지경이었다. 내가 적절한 조처를 했던가? 먹이는 충분히 주고 온 걸까? 벌들이 질병에 걸린 건 아닐까?

    그러나 그 정도면 충분했다. 안달복달도 그만둘 때이다. 크리스마스는 칭찬받고 보상받는 시간이었다. 맑았지만 매서운 추위를 무릅쓰고 양봉장 주인에게 꿀을 갖다 주러 나갔다. 부분적으로는 임대료 대신이기도 했지만, 부분적으로는 농경지를 방목장으로 오인해서 차를 몰고 갔던 일과 내 벌들이 짚으로 지붕을 덮은 헛간에 집을 지었던 일을 사과하는 의미도 담겼다.

벌꿀 선물은 감사의 표시이기도 했다. 진정으로 감사하는 마음을 담았다. 양봉장 주인인 조와 앤이 야생화와 서양지치를 비롯해서 벌들이 좋아하는 여러 가지 식물들을 심어서, 나의 벌들이 꽃가루가 적을 때 맘껏 즐길 수 있도록 해준 데에 관한 답례품이었다. 내가 운전하다가 사고를 일으킬 때마다, 그들이 보여준 사려 깊은 행동에 고마운 마음을 담은 보답이기도 했다. 그들은 한밤중에도 배수로에 빠진 내 트럭을 빼내기 위해 기꺼이 4륜 구동차나 트랙터를 동원하기도 했다. 꿀은 그들이 베푼 것에 비하면 정말 약소하다. 꿀은 이 땅에서 나온 것이자, 내 마음속 깊은 곳에서 우러나온 것이다.

이 무렵에는 응접실이나 부엌에서 위스키와 집에서 만든 민스파이(mince pie)[246]를 맛보며, 밀이나 우유, 꿀 가격 이야기나 하며 지냈다. 조와 앤의 집 부엌에서 주사위놀이를 하며 조의 술 실험의 실험쥐 노릇을 하기도 했다. 야생자두주는 내가 좋아하는 술이지만, 그가 담근 술이 댐슨(damson)[247] 보드카인지 자두위스키인지는 전혀 알 수 없었다. 조의 여러 헛간에 세든 사람 모두 부엌에 모여 세계 정치부터 벌의 처지를 비판하는 조의 의견에 이르기까지 별의별 이야기를 하며 즐겁고 편안한 시간을 보냈다.

---

246 잘게 다진 고기나 말린 과일 등을 넣고 만든 작고 동그란 파이로, 영국에서는 크리스마스 때 즐겨 먹는다.
247 인스티티아 자두.

그들은 늘 관대하고 겸손했다. 언젠가 앤이 그녀의 아버지가 입던 해리스 트위드(Harris Tweed)[248] 재킷을 깔끔하게 세탁해서 내게 크리스마스 선물로 준 적도 있다. 나는 아직도 이 옷을 겨울옷장에 잘 보관해놓았다. 가디언지 온라인에 올린 유튜브를 보면 내가 이 옷을 입고 있는 모습이 나온다. 그런데 올겨울에는 포트넘 옥상에서 복면포를 옷깃 속에 끼워 넣고 양봉하고 있다. 얼핏 보기엔 멋지지만 아주 어이없는 복장이다. 어쨌든 포트넘 백화점의 신사로는 그럴싸하다!

데이비드는 내년 봄에 새로운 봉군을 40개나 주겠다고 제안했다. "공짜로?"라고 내가 묻자, 그는 "그럼"이라고 대답했다. 그의 설명으로는, 자기가 양봉사업을 확장할 때 어떤 거장이 그에게 새로운 봉군을 40개나 주었는데 이제는 이 선물을 넘겨줄 시기가 되었다는 것이다. 이는 넓은 도량을 갖추어야 할 수 있는 일이다. 나도 언젠가는 새로이 양봉을 시작하는 사람에게 이 전통을 이어나갈 수 있기를 기대한다. 내가 그렇게 할 수 있도록 이 직업이 번성하기만을 바랄 뿐이다.

🐝 가끔 양봉장 점검하기

12월까지 시골 지역 벌들은 내 통제를 벗어나 있었다. 벌들은 자기들끼리 그럭저럭 꾸려나갔는데 고군분투하는 봉군에게 간섭했더라면, 오히려 그들의 생존을 위협했을 것이다. 비바람에 많이 노출된 지역에 있는 양봉장의 벌통 지붕이 날아가지는 않았는지, 또는 누가 벌통을 뒤엎지는 않

---

[248] 트위드의 귀족이라 불리는 세계 최고의 울 원단 중 하나. 몸은 하얗지만 얼굴은 검은 스코틀랜드 양의 털로 만들며, 복원력과 내구성이 우수해서 세월이 지나도 변하지 않아 오래 입을 수 있다.

았는지 점검하기 위해 다녔는데, 벌들이 날아다니는 모습은 보이지 않았다. 어디에 있는 벌이라도 나처럼 긴장성 동면상태에 빠져 방해받기를 원치 않는 좀비 같았다.

양봉장이 멀리 떨어진 곳에 있다면, 12월 중에 최소 한 번은 방문해서 벌들이 여전히 안전하고 아늑하게 잘 지내고 있는지 살펴보기를 권한다. 길 잃은 가축이 건드렸는지 아니면 지나가던 트랙터가 무성한 잡초 때문에 미처 벌통을 발견하지 못해 부딪혔는지 모르겠지만, 벌통이 받침대에서 떨어져서, 비바람에 무참하게 노출된 벌들을 발견한 적이 있다. 나는 나무나 풀에서 물이 떨어져 벌이 젖는 일이 없도록 조치하면서, 울타리와 문도 수리하곤 했다.

설사 한겨울에 벌통이 떨어져 엎어졌다고 하더라도 제때 발견하기만 한다면, 특히 지붕이 그대로 얹힌 상태라면 벌들을 구할 수 있고 벌집을 고칠 수도 있다. 그러나 이런 시련을 겪고 살아남은 벌들은 분명히 봄철에 매우 방어적인 태도를 보일 것이다.

벌들은 벌통 밖에서 일어나는 일에 별로 개의치 않는 것 같다. 슈루즈베리가 내려다보이는 언덕에 있는 내 양봉장은, 부터 나는 꿩 사냥꾼들이 머리 위로 푸드덕 날아오르는 새들을 향해 총을 쏘는 장소가 되곤 했다. 벌집 주변에 탄피가 많이 흩어져있었지만, 벌들은 총소리에 전혀 놀라지 않은 것 같다. 벌들은 살육에는 관심 없다는 듯 공 모양으로 단단히 모인 상태 그대로 꿈쩍도 하지 않았다.

나는 벌통 몇 개를 들어서 무게로 대충 저장한 꿀의 양을 가늠한다. 양봉가들이 원격으로 벌통 무게를 모니터할 수 있는 장치들이 시중에 나와 있기는 하지만, 아직은 가격이 꽤 비싼 편이다. 그 장치는 벌통 바닥에 설치하는데, 입력 정보를 휴대전화를 통해 컴퓨터로 전송한다. 특정 소프트웨어가 (벌통의 무게가 늘었으니) 외딴곳에 있는 양봉장에 계상을 빨리 가지고 가라든가, (벌통의 무게가 대폭 줄어들어서 벌들이 굶어 죽게 생겼으니) 시럽을 보충해주러 달려가라는 신호를 보낸다.

침입자가 벌통을 열면 경고신호도 보내고, 누가 훔쳐가더라도 GPS로 추적할 수 있다. 신문기사에서 본 바로는 벌통 도둑이 증가하며, 도둑맞음을 막기도 어렵다고 한다. 나는 벌통을 쉽게 식별할 수 있게 해놓았다. 그것은 마치 광란의 파티에 수녀가 있는 것처럼 눈에 확 띈다. 밝은 노란색 벌통에 런던 허니 컴퍼니라고 물감으로 찍어놓았다. 벌통들은 이탈리아에서 샀는데, 외형이 꽤 독특해서 혹시 최악의 상황이 발생하더라도 쉽게 추적할 수 있을 거로 믿는다.

12월이 되어 나도 동면에 들어가기 전에 최종적으로 어떤 점검을 했던가? 벌통 출입구를 살펴보고, 죽은 벌들로 막히지 않도록 틈에 낀 이물질들을 잔가지 같은 걸로 제거해주었다. 출입구가 막히면, 날씨가 풀렸을 때 벌들이 빠져나오지 못해서 봉군 전체가 폐사한다. 막대기로 뚫을 때는 조심해야 한다. 세게 쿡쿡 찌르다 보면 무례하게 벌들을 깨울 수 있다. 지금 같은 휴지기에는 벌침에 면역이 덜 되어서, 쏘이면 훨씬 더 아프게 느껴질 것이다.

휴식과 반성

마침내, 모든 일을 끝내고 12월에야 한숨 돌리고 평범한 일상으로 돌아왔다. 1년 내내 시달린 육체적 스트레스와 긴장에서 나의 몸을 회복할 기회였다. 새벽에 일어나는 일에서 탈출하자, 조바심 낼 일도 몸살 날 일도 등이 구부정해질 일도 없어졌다. 보트의 노로 만든 내 4주식 침대[249] 양 옆에는 돛으로 쓰는 오래된 천이 드리워졌는데, 이 무렵에는 이 침대에서 잠자는 것이 내 풀타임 직업이 되었다. 침대의 참나무 장식판자는 엘리자베스 왕조풍으로, 추운 겨울날 나의 도피처로 제격이다. BBC 인터넷방송이 영국기상청의 시간대별 일기예보를 밀어내고, 내 노트북의 홈페이지가 되곤 했다.

이 시기는 지난 양봉철을 반성하고 더 잘할 수 있었던 항목을 되짚어보는 기회이기도 하다. 실패했던 기술이나 조작을 검토하고, 아울러 성공적인 결과를 거두었던 여러 이동양봉장의 여정을 흐뭇하게 떠올렸다. 성공적이었던 꿀 생산량에 흡족해하면서, 내가 전략을 잘 짠 덕분이라고 자부심을 느끼기도 했지만, 사실은 날씨도 좋았고 벌들이 젊고 건강해서였다는 사실을 인정할 수밖에 없다.

데이비드와 나는 웨일스에 있는 그의 조그만 오두막에서 난로 앞에 앉아 다음 해 계획을 세우곤 했다. 원대한 계획이었다. 이런 군대식 회의는 몇 시간씩 걸리기 때문에, 집에서 만든 사과주와 데이비드의 주특기랄 수 있는 양파를 곁들인 간 요리가 빠지는 법이 없었다. 그가 가장 잘 만드는 다섯 가지 음식 중 하나로, 팬 하나로 조리하는 일품요리라서 설거

---

[249] 네 모서리에 기둥이 있고 덮개가 달린 큰 침대.

지거리가 별로 없을 뿐만 아니라, 해마다 바로 이맘때 야외에서 쉽게 만들 수 있다.

이왕 음식 얘기가 나왔으니 말인데, 나는 도로에서 자동차에 치여 죽어서 냄새(gamey)^{250}가 나기 시작한 사슴고기나 꿩고기를 잔뜩 넣고 보리와 콩을 섞어서 요리한 스튜를 좋아한다. 후식으로는 버터가 듬뿍 들어간 케이크를 먹곤 했다. 쉬는 틈을 이용해서 토끼고기 파이를 만들어 냉동고에 채워두기도 했는데, 이 파이의 주재료는 슈루즈베리 외곽의 리튼 에스테이트(Leaton Estate) 경사지에서 사냥꾼 배리와 함께 돌아다니며 흰담비를 이용해 사냥한 토끼였다.

저녁식사를 마치고 나면, 탁탁 소리를 내며 타오르는 커다란 장작불 앞에서 오래된 양봉서적들을 읽거나, 이런 경우를 대비해 예전에 읽고 잘 이해하지 못해서 장작바구니에 버려둔 찢어진 신문을 꺼내 들고 또다시 읽다가 잠이 들곤 했다. 시간이 남아돌다 보니, 심지어 욕조에서 TV를 보는 방법까지 개발해냈다. 매우 기발하지만 실용적이진 않은 방법인데, 욕실 수도꼭지 위에 있는 커다란 빅토리아 왕조풍의 거울에 비친 화면을 보는 것이다. 낙원이 따로 없었다. 뿌옇게 김이 서린 거울을 발가락으로 쓱쓱 문지르면, 고양이들은 욕조 옆에 걸터앉아 내 발가락을 톡톡 치며 장난하길 좋아했다. 몇 시간 동안 물에 푹 담근 채 있다가 일어나면, 집에서 담근 독한 벌꿀술 기운 탓인지 약간 어찔어찔했다. 피부는 살짝 익어 핑크빛이 돌고 말린 자두처럼 쪼글쪼글했다.

온통 거칠거칠하고 굳은살이 많이 배긴 내 손은 보들보들하고 야들야

---

250 식도락가들이 특히 좋아하는 향미라고 한다.

들해졌다. 그러나 무엇보다도 가장 뿌듯했던 것은 내 바지였다. 바지 허리가 다시 딱 맞았던 것이다. 벨트 구멍이 겨울철 위치로 왔다는 것은 마음대로 실컷 먹고 내 멋대로 편하게 지낼 수 있는 축복받은 시기를 지내고 있다는 아주 기분 좋은 징표이기도 했다.

크리스마스를 앞둔 **열기**

그러나 그건 그때 얘기고, 지금은 사정이 바뀌었다. 한해의 피로를 풀었던 목가적인 12월은 아득한 추억이 되었고, 이제는 크리스마스의 맹공격에 대비해야 한다. 크리스마스 시즌의 호경기는 앞으로 돈벌이가 없는 기간에도 양봉프로젝트를 계속할 수 있는 자금을 축적하고, 새로운 장비구매와 사업확장을 위한 충분한 자금을 마련할 기회다. 런던에서는 한가하게 빈둥거릴 시간이 없다.

내 작업장에는 이제 지극히 위생적으로 꿀을 병에 담는 생산설비가 만들어졌다. 꿀을 25킬로그램 이상 담을 수 있는 농축기로 알려진 스테인리스스틸 숙성탱크를 이용해서 사랑스러운 황금빛 꿀이 담긴 병을 수백 개나 대량으로 생산할 수 있다. 숙성탱크 꼭대기에는 필터가 있어서 발효하면서 차오르는 거품을 병에 담기 전에 걸러낸다. 그 기구들은 비싸긴 해도 제값을 톡톡히 한다.

숙소에 양봉도구를 두는 사람이 나 혼자만은 아니다. 심지어 유명인사들도 그렇게 한다. 여름에 포트넘 양봉장을 방문했던 BBC 방송의 앵커인 빌 턴불은, 계상은 거실에 두고 채밀기는 부엌에 둔다고 한다. 그의 부인은 크리스마스에는 그것들 위에도 장식용 꼬마전구를 두른다며, 이제는 도구들이 가구의 일부가 된 것 같다고 말했다. 나는 그의 말을 들으며 좁디좁은 버몬지 오피스텔에 꿀과 장비를 잔뜩 보관한 게 생각나서 키득거렸다. 주요 장비들은 부피가 크더라도 꼭 집안에 들여놓을 필요가 있음을 당신도 지금쯤은 깨달았을 것이므로, 고려해봄 직하다.

내 작업장 한쪽 구석은 꼬리표와 상표를 붙이는 조립구역이다. 두 공정은 오염을 방지하려고 칸막이로 분리해놓았다. 나는 물비누통과 손 씻는 구역에서 지내는 시간이 많아졌으며, 재고처리일지도 꼼꼼하게 작성한다. 또한, 법적으로 꼭 표시해야 하는 유통기한과 제조번호를 찍어주는 기계인 프라이스 건(price gun)[251]에도 유난히 관심이 간다. 얼마 전부터 꿀 담는 일을 도와주고 있는 베썬은 툭하면 총싸움이라도 하듯이 프라이스 건을 공격적으로 쏘아댄다. 그가 MI6[252]에 들어갈지 몰디브에서 역사 선생님을 할지 진로를 고민하기에 나는 그 두 가지를 합쳐보라고 권했다.

한 번 더 양봉장비 염가판매 기회를 이용해보는 것도 좋을 듯싶다. 해마다 이 무렵에는 저렴한 '2등품'이지만, 꽤 괜찮은 장비를 구할 수 있다. 대개 최상품보다 울퉁불퉁한 나무로 만들어지긴 했어도, 품질이 좋은 편이고 가격은 더욱 저렴하다. 나는 유럽의 벌통 제작회사에서 산 벌통을 사용하는데, 그 회사는 대량으로 주문하면 훨씬 더 유리한 조건을 제시한다. 내년 초에 물건이 도착하면 서툰 솜씨로 벌통을 조립하느라고 미친 듯이 네일 건(nail gun)[253] 공격을 개시할 것이다.

---

251 방아쇠를 당기면 다이얼로 맞춰놓은 숫자가 찍힌 스티커가 튀어나와 물건에 달라붙도록 만든 장치.
252 Military Intelligence Section 6. 영국의 비밀정보기관으로 대외안보를 담당한다. 국내안보는 MI5.
253 못 박는 기계.

크리스마스 시장

이번 달에 런던은 온통 축제 분위기다. 수많은 크리스마스 시장이 열리는데 어디에 참석하고 무엇을 갖춰야 할지 빈틈없이 준비해야 한다. 수수료로 매일 일정액을 내는 곳도 있고, 매출액의 일정비율을 내는 곳도 있다. 요즘 꿀이 선물용으로 크게 히트하는 것은 놀랄 만한 일도 아니다. 특히 할머니, 할아버지를 위한 선물이나 허니 넛 제품이 인기가 좋다. 작년에는 선물용품으로 꿀의 인기를 과소평가한 덕분에, 오전 10시가 되기 전에 물건이 다 팔려서 더 가지러 집으로 가야만 했다. 매진이라 뿌듯하긴 했지만, 그렇게나 빨리 매진될지는 몰랐다.

시장은 지금이 가장 바쁘고 규모도 가장 클 때다. 노점상들은 더 좋은 자리를 차지하려고 암암리에 경쟁과 로비가 치열하다. 거위, 자고새, 꿩 같은 사냥감 주문을 받는 사람들과 더불어, 집에서 만든 크리스마스 푸딩과 케이크를 파는 사람들을 다시 보아 반갑다. 독특한 기운과 매력이 가득 넘치는 행복하고 기분 좋은 품목들이다. 나는 그것들이 참 좋다. 크리스마스 무렵의 쌀쌀한 아침에 쇼핑객들의 입김을 보면 찰스 디킨스(Charles Dickens) 소설에 나오는 런던의 뒷골목 같다는 느낌이 든다.

우리는 손님들이 따뜻하게 데운 찻잔으로 손을 녹일 수 있도록 꿀을 넣은 따끈한 레몬차를 판다. 그렇긴 해도 이맘때 사람들이 쇼핑을 나오게 하려면 날씨가 특히 중요하다. 자고로 크리스마스 직전 토요일에 매출이 가장 높다. 누구나 이때는 주머니가 돈뭉치로 꽤 불룩해지기를 기도할 것이다.

그런데 이럴 줄 누가 알았겠는가. 올해 날씨는 정말 끔찍하다. 한낮까지 계속된 폭설로 사우스 켄싱턴(South Kensington)에 새로 생긴 시장에도 손님이 뜸하다. 그리고 쌓인 눈의 무게 때문에 차양이 삐걱거리고, 내 꿀병 라벨도 눈송이가 녹으면서 얼룩이 졌다. 집에 갈 일이 걱정이었지만, 아직 배달할 물건이 있어서 일찍 짐을 챙겨서 낑낑거리며 언덕 위에 있는 야외 주차장으로 내 승합차를 가지러 갔다.

후륜구동 택시들은 눈으로 진창이 된 켄싱턴교회 거리에서 미끄러져 제대로 나아가지도 못했다. 나는 행운아다. 내 승합차는 전륜구동인데 수백 킬로그램의 꿀과 양초를 뒤에 실은 덕분에 꼭대기까지 쉽게 올라갔다. 가게 주인들은 나를 반갑게 맞았다. 하지만 내 일이 다 끝나려면 아직 멀었다. 버몬지로 돌아가서 커다란 밀랍탱크도 데우고 양초도 더 많이 만들어야 한다. 이런 것이 로맨틱하고 즐겁고 재미있게 들릴지 모르겠지만, 오늘 밤엔 그 모든 일을 나 혼자 해야 한다.

우리는 항상 밀랍으로 직접 만든 향초를 가판대에 쌓아놓고 판다. 나는 단순하고 전통적인 모양을 만들어서, 조금씩 겹치게 올려서 독특한 원뿔 모양으로 쌓는다. 어차피 모든 촛대 크기와 맞는 것은 거의 불가능해서, 더군다나 핌리코(Pimlico)[254]에서 파는 멋진 은촛대에는 맞지 않으므로 나는 딱 두 가지 크기만 만든다.

시장 가판대에서 처음 팔은 양초는 종이처럼 얇은 밀랍을 간단하게 돌돌 말아서 만든 거였지만, 요즘에는 양초를 실리콘 주형틀에 넣어서 만든다. 시중에는 별의별 주형틀이 다 나와 있는데, 아마도 희한한 취미를 가진 사람들을 위한 제품이겠지만, 볼썽사나운 남근 모양도 있고 벌거벗은

---

[254] 매주 일요일 오전 10시부터 오후4시까지만 판매하는 벼룩시장으로 골동품 같은 것들을 아주 저렴하게 구입할 수 있다.

남녀가 껴안은 모양을 만드는 끔찍스러운 틀도 있다. 사람들이 책상 위에 왜 그런 것들을 두고 싶어하는지 나는 도통 모르겠다.

내가 밀랍으로 만들어서 파는 양초가 수도 런던의 가정을 품위 있게 밝혀주기를 바란다. 나는 런던에서 생산한 밀랍과 꿀을 사용해서 도시노동자들의 마음을 정화하고 치유할 수 있는 상품들을 연구한다. 어쨌든, 포트넘 씨와 메이슨 씨가 300년 전에 피커딜리에 밀랍을 파는 백화점을 시작한 것과 일맥상통하는 셈이다.

내 소득은 무척 일관성이 없고 내가 통제할 수 없는 다양한 요인들에 좌우되는 편인데, 사실상 올해는 수입을 꿀 생산에 덜 의존하는 법을 터득했다. 화장품을 포함해 몇 가지 새로운 상품 개발을 모색 중이다. 이러한 일을 통해 더 폭넓고 안정적인 경제적 기반을 마련하고, 런던 허니 컴퍼니가 유명상표로 변모하기를 바란다. 물론 코카콜라나 나이키처럼 될 수 없다는 건 너무 잘 알지만, 핵심은 그게 아니다. 과거에는 야망을 크게 품지 않았기 때문에 고통을 겪었다.

복고풍으로 세심한 마무리를

먼저 이탈리아제 커다란 유리항아리에 조심스럽게 자른 벌집 덩어리를 넣은 제품을 팔기 시작했다. 소밀을 담는 것은 힘든 작업이지만 선물용 꼬리표를 붙이고 예쁜 리본을 달면 보기에도 아주 인상적이다. 12월 초에 시장 가판대에서 이 제품을 판매해봤을 때 크게 히트했다. 영국에서는 유럽산 아카시아 꿀이 들은 벌집을 쉽게 살 수 있다. 그 꿀은 엉기는 속도가 느려서 오래도록 맑은 상태를 유지하므로, 그 잠재력을 충분히 발휘하도록 벌집을 전시한 경우가 많다.

데이비드는 이미 포트넘에 납품하려고 커다랗고 멋진 용기에 황금빛 웨일스 꿀을 담은 상품을 생산하는데, 그것은 크리스마스에 대단한 성공 사연을 만들었다. 물론 나는 런던 꿀을 사용해서 고급스러운 크리스마스 선물을 만들고 있다.

이 모든 추가적인 작업과 상품 개발로, 수많은 꿀병과 선물상자에 예쁜 리본을 다느라고 미친 듯이 일해야 하므로 일손이 추가로 많이 필요하다. 사기는 하늘을 찌르지만, 아무리 손놀림이 빠른 사람일지라도 좁디좁은 동굴 같은 작업실 구석에 갇혀서 정신없이 일하다 보면 막판엔 지칠 수밖에 없다. 하지만 달리 무슨 방도가 있겠는가? 취미로 양봉을 아주 열심히 하는 사람들을 위해서 꿀을 병에 담고 라벨을 만드는 장비가 분명히 있긴 하지만, 이렇게 훌륭하고 멋진 마무리 솜씨는 기계로 대체할 수가 없다.

12월이 지나면서, 옛날 제혁공장 자리에 있는 내 작업실은 온통 붉은 리본과 황금빛 꼬리표로 넘쳐난다. 대량으로 구매하길 조심스러워하던 식품점들이 그들의 금기를 깨고 물건이 다 팔리면 신속하게 재주문하는 형태로 전환했다. 이제는 수요를 감당하기조차 버겁다. 환영할 만한 일이지만, 아직도 힘든 일이 남았다. 고정 고객들의 기대를 저버릴까 두려워 새로운 판매점에 공급하는 데에 한계를 그을 수밖에 없다.

나는 작업실에서 무거운 계상을 옮길 때 계상을 한 번에 여덟 개 쌓을 수 있는 평상형 카트를 여러 대 사용한다. 계상이 섞이는 것을 방지하려고, 생산한 양봉장 별로 각기 다르게 다시 한 번 더 분필로 표시한다. 벌집에서 흘러나오는 꿀을 받을 수 있도록, 시멘트를 혼합할 때 사용하는 건축용 플라스틱 쟁반을 각 카트의 맨 아랫부분에 나사로 고정했는데, 이것은 조금 더 비싼 가격에 이용할 수 있는 옵션이다.

이것들은 예전에 기타리스트였다가 현재는 예술가로 활동하는 내쉬가 만들었다. 그는 창의성에는 아주 천재인데, 고리 형태의 오래된 놋쇠 옷걸이와 화물운반대의 나무를 재활용해서 멋진 진열대를 뚝딱 만들어내기도 했다. 심지를 구부려 동그랗게 만든 양초를 고리 부분에 매달고, 대장장이 헨리가 만든 커다란 벌 모양 장식을 꼭대기에 붙여서 대담하게 마무리했다. 진열대는 두 사람이 들어야 겨우 들어 올릴 수 있는데, 바람이 많이 부는 날에도 끄떡없이 잘 서 있어서 야외시장에서는 꿈의 진열대라고 해도 과언이 아니다. 가판대에 사람들의 왕래가 뜸해서 돈벌이가 영 신통치 않을 때 생각해낸 계단식 가판대도 무척 도움이 된다. 눈높이에 상품을 전시하면 판매에 도움이 되므로 꿀병들은 오래된 벌통 위에 올려놓고 소밀은 모양이 잘 보이도록 바구니에 담아놓는다.

우리는 매주 주말에만 시장에서 파는데, 주문은 연일 폭주한다. 아무리 바쁘더라도 주문받은 모든 상품의 품질을 보장할 수 있어야 한다고 늘 다짐한다. 출고하는 모든 상품 상자마다 온 정성을 쏟으려고 노력한다. 커다란 갈색 포장지 롤을 풀어서 주문받은 상품이 한층 더 안전하도록 포장한 다음, 벌 모양을 새긴 주소 라벨 도장을 찍고, 생산자 정보를 정성스럽게 직접 적어 넣는다.

그렇다. 이것은 시간 소모도 크고 구닥다리일지도 모르겠다. 그러나 누군가가 나의 상품을 열어보았을 때 자신이 주문한 꿀단지에 라벨과 꼬리표가 같은 방향으로 가지런히 배열된 것을 본다는 생각만으로도 기쁘다. 이것이 강박증의 초기 증상일지는 모르겠지만, 고객들이 주문한 상품을 온갖 정성을 다해 만들어냈다는 사실을 방증해주는 것으로 생각한다.

또한, 우리가 앞치마를 두르고 전통적인 저울을 사용하는 것과 더불어, 옛날 소포처럼 '갈색 포장지와 노끈'을 고집하는 것도 모두 나의 복고적인 철학의 일환이다. 튼튼한 소포용 누런색 종이로 포장한 상품에 수하물 꼬리표를 달고 멋지게 라벨을 찍은 것도 그런 철학을 반영한 것이다. 이런 상품이야말로 더 깔끔하고 깨끗한 전시가 필요한 백화점에 딱 맞는다.

런던 꿀벌 정상회의

양봉의 최전선 격인 판매 이야기는 잠시 미뤄두고, 오랫동안 기다려온 런던 꿀벌 정상회의(London Bee Summit)로 화제를 돌려보자. 이 모임에는 양봉과 관련한 목공예 달인들도 참석한다. 몇 년 동안 만나지 못했던 양봉가들과 만나서 이야기를 나눌 수 있는 절호의 기회다. 비바람이 몰아치는 테이트 모던 미술관 옥상에서 보리스 런던 시장의 양봉 육성계획 착수를 알리는 '보리스의 꿀벌들!'이라는 구호를 제창하고, 페스티벌 홀로 자리를 옮겼다. 두 행사 모두 언론인 로지 보이콧이 사회를 진행했는데, 어렸을 때 그녀의 아버지가 슈롭셔에서 양봉을 했다는 이야기를 듣고 무척 반가웠다.

런던의 양봉가들은 비공식적으로 열리는 꿀맛경연을 위해 꿀을 가지고 참석해달라는 권유를 받았다. 아주 멋진 일이었다. 다른 말이 필요 없다.

정말 멋진 일이었다. 꿀병의 모양과 크기가 가지각색이었는데 전국벌꿀품평회의 엄격한 지침과는 완전히 대조적이었으며, 참석자들이 가장 맛있는 벌꿀에 투표하도록 했다. 나는 할러웨이(Holloway)[255]에서 생산한 진한 꿀을 뽑았는데, 맛이 유달리 깊고 독특했다. 그 꿀을 가져온 양봉가는 밀원이 무엇인지는 모른다고 했다. 역시나 그 꿀이 뽑혔다.

이것은 나로 하여금 생각에 잠기게 했다. 런던의 모든 자치구에 양봉장을 만들겠다는 나의 꿈은 아직 이루지 못했지만, 각종 런던 꿀의 맛보기 포장상품을 생산하는 것도 괜찮겠다는 생각이 들었다. 꿀을 무지무지 좋아하는 사람들에게 정말 좋은 선물이 될 것이다. 나는 내가 맛본 것 중 괜찮았던 꿀을 가져온 양봉가들의 전화번호를 정신없이 받아 적었다.

아마도 본보기로 맛본 벌꿀에 취한 탓인지, 나는 런던에서 키우는 벌들이 올해 얼마나 잘해냈으며 꿀을 얼마나 많이 생산했는지 주절주절 떠들어댔다. 정말 모든 것이 순조롭게 이루어지고 있다. 그러나 정말 솔직한 심정을 말하자면, 벌들이 잘 있는지 여전히 신경이 쓰이는 건 어쩔 수가 없다.

마감 시간

나는 좀 더 낙관적으로 마감을 정했다. 크리스마스이브, 낮 12시. 끝마칠 시간이다. 시곗바늘이 양손을 번쩍 들어 12시를 가리킬 때까지 마지막 주문을 처리해야 한다. 이제 새해까지는 아무 일도 없으리라. 나는 슈롭셔로 가서 내 사랑하는 누나와 크리스마스 정찬을 요리하고 내가 지금

---

[255] 런던 북부에 위치한 영국 최대의 여성교도소.

껏 최대한 노력을 다했음을 알리려는 듯 쿵 하고 쓰러질 것이다.

하지만 아직 슈롭셔에 가지 못했다. 일을 다 끝내지 못했다. 나의 시장 가판대에 상품을 배치할 만한 충분한 경험이 있는 사람들을 구하느라고 애쓰는 중인데, 그런 사람들은 꼬박 하루를 하는 일은 맡으려고 하지 않는다. 다행히, 과거에도 그랬듯이 언제나 믿음직스러운 만다나가 맡아줄 것이다.

사실상, 요즘은 꽤 많은 상품이 그 자체의 가치만으로도 잘 팔리고 있어서 꿀 표본이나 판촉물은 좀 더 경기가 좋지 않을 때 사용하려고 지금은 제공하지 않는다. 그 대신 가치가 높은 상품들을 갖춰놓았는데, 그중에서 꿀이 들은 벌집을 통째로 판매할 때는 꿀이 새서 끈적거리는 것을 방지하기 위해 랩으로 꼼꼼하게 잘 포장해서 판매한다. 짙은 빨간색 리본으로 묶은 이 상품들은 선물용으로 굉장히 인기 있다. 어떤 건축가는 고객 선물용으로 하루에 일곱 개나 사가기도 했다.

혈기왕성한 사람들이 생각하기에는 지방보다 런던에서는 양봉가들끼리 송년회를 하는 경우가 드물다고 느낄 것이다. 나는 그런 행사가 정말로 그립다. 슈롭셔에서는 내 매력적인 임대오두막이 있는 크고 오래된 사유지 정원에서 주연(酒宴)을 열곤 했다. 이 의식은 신앙과는 관련이 없는 꽤 독창적인 일이었다. 땅 주인과 농부들, 사냥터 관리인들도 벌에 미친 사람이 겨울철에 여흥을 즐기기 위해서 어떤 일을 벌이는지 볼 기회라서 좋아했던 것 같다. 우리는 이때 킹이의 조리법대로 만든 따끈한 토디(toddy)[256]를 접대하곤 했다.

---

[256] 위스키나 럼 같은 독한 술에 따뜻한 물을 타고 설탕·레몬을 넣은 음료.

킹이의 따끈한 토디

재료:
부시밀 위스키(Bushmill's whisky)[257] 건강을 생각해서 조금, 헤더 꿀 1티스푼 정도 레몬 1개, 정향과 막대계피 1개

머그잔에 헤더 꿀 1티스푼과 부시밀 위스키를 조금 넣는다. 입맛에 따라 레몬즙을 한 번이나 두 번 짜 넣고, 정향 2개와 막대계피 1개가 있으면 넣는다. 막 끓은 물을 채워 넣고, 레몬 1조각으로 마무리한다. 바로 마신다.

전통적인 주연

나의 작은 축제는 수고하며 지냈던 한 해의 마감을 기념하는 것이기도 했으며, 술을 마시며 친한 친구들과 대화를 나누고, 지난 양봉철이 아무리 골치 아팠다고 하더라도 이제는 지나갔음을 축하하는 자리였다. 당연히 그때는 내가 집에서 담근 벌꿀 술로 벌들의 건강과 따뜻한 날씨를 기원하는 건배 제의를 했다. 그 술은 지난 몇 년간 노력해서 재현에 성공한 고대 양조맥주다. 나는 내년에는 런던 꿀을 이용해서 런던 버전을 만들 작정이다. 꿀마다 다른 독특한 특성을 고려해서 만들면 아주 훌륭할 것이다.

여자들은 애나 어른이나 모두 담쟁이덩굴과 조화로 만든 화려한 화관을 썼는데, 거기에는 발포고무로 만든 벌 모양 액세서리가 달렸다. 내 친구들은 제일 좋은 트위드와 겨울양복을 차려입고 마당에 나와 벌꿀맥주

---

[257] 아이리시 위스키.

통이나 통돼지구이 주위에 섰다. 손님들은 불을 지핀 오래된 벌꿀통 둘레에 모여 손을 녹였다. 낡은 벌통과 벌집을 태웠더니, 벌집에 밀랍이 잔뜩 들어서 폭죽처럼 불꽃이 튀었다.

농부의 아내들은 유지방이 풍부한 크림을 얹은 케이크와 푸딩을 엄청나게 많이 갖고 왔다. 이 글을 쓰면서 그때 기억이 떠올라 저절로 미소가 지어진다. 젠장, 정말 재미있었는데. 춤도 추고, 서로 축복해주기도 하고, 때로는 양봉에 관한 영화를 상영하기도 했다. 친구가 빌려준 디지털 프로젝터를 내 트럭 뒤에 올려놓고 19세기 영주의 저택 벽면에 화면을 비추니 야외영화관 못지않았다.

내년 1월쯤에 이런 겨울모임을 도시양봉장의 땅 주인들과 고객들을 초대해서 내 런던 작업장에서 열어보려는 계획을 세웠다. 아무래도 사람들을 끌어들이려면 꿀벌과 탁구를 활용하는 것이 좋을 듯싶다(꿀을 포장하는 테이블이 탁구대로 딱 좋게 생겼다!). 또한, 새해 첫날에는 나의 양봉작업을 아낌없이 도와주는 모든 자원봉사자와 함께 산책하는 시간을 마련하고 싶다. 호화로운 행진을 위해 길을 차단해서 도로가 텅 비므로 시내 여기저기를 마음껏 돌아다니기에 더없이 좋은 기회다. 우리 패거리는 피커딜리 거리 한복판을 활보할 수 있을 것이다.

산책하는 목적은 런던에 있는 내 양봉장들과 내년 봄에 새로 맡을 양봉장을 방문하는 것이다. 계속 걸어 다니려면 보나 마나 케이크를 먹을 게 분명한데, 결국에는 전통적인 기름진 음식(fry-up)[258]을 먹기 위해 올드 콤튼 거리(Old Comton Street)에 있는 우리가 좋아하는 카페로 우르르 몰려

---

[258] 전형적인 영국식 아침식사. 베이컨, 소시지, 달걀, 토스트, 구운 토마토 등 엄청 기름진 음식으로 이루어진다.

들어갈 것이다. 이것은 1년 내내 나를 지원해주고 열심히 일해준 모든 이들에게 내 나름대로 감사를 표현하는 방식이다. 이 모든 것들은 크리스마스가 지난 후에 할 일이고, 솔직히 난 지금 파김치가 되었다. 그런데 쉬면서 에너지를 보충할 틈도 없다.

대신에 크리스마스 전 주에 친구 몇 명과 포트넘 백화점 옥상에 모여 송년회를 하기로 했다. 벌통을 보니까 그간 도통 손질할 틈이 없어서 미루어둔 티가 팍팍 나는데, 봄에는 금속광택제를 조금 묻혀서 구리 부분을 잘 문질러 닦아주고 지붕 꼭대기의 금박장식 부분도 때워야겠다. 이제 포트넘의 양봉장은 고위 관리들도 백화점에 들를 때마다 어김없이 방문하는 장소가 되었으며, 그 벌통을 디자인한 조나단 밀러가 착안한 벌꿀 맛보기 투어의 한 코스가 되었다. 또한, 다른 양봉가들도 견학 삼아 올 때가 많으므로, 내년 시즌을 위해서 벌통들이 최상의 상태로 보이도록 하는 것이 중요하다.

그러나 우선은 민스파이나 한 개 먹고 벌통에 위스키 한 방울을 떨어뜨리면서, 번창했던 지난 양봉철에 관해 벌들에게 감사하고, 다가오는 황량한 시기를 잘 견뎌주기를 기원한다.

하지만 벌들은 벌통장식이나 이런 작은 파티에는 관심조차 없다. 그래서는 안 되는 것을 알지만, 도저히 참을 수가 없어서 무거운 참나무 지붕을 열고 안을 살짝 들여다보았다. 벌들이 퐁당 주위에 무리지어 더없이 행복하게 퐁당을 갉아 먹는 모습이 보였다. 메리 크리스마스, 내 귀여운 벌들아. 내년에 만나자. 그때 또다시 시련이 오긴 하겠지만······.

새로운 아이디어를 위한 시간

장황한 이야기는 이제 그만해야겠다. 내가 겪은 모험과 사고와 사업전략 이야기를 들으면서(그것 중 일부는 비정상적으로 보일 수도 있겠지만), 즐거웠기를 바란다. 나로서는 이 글을 통해 직접 양봉을 해보고 싶어졌다거나, 시간과 공간의 제약으로 벌통 하나만이라도 분양받고 싶은 마음이 고무되었다면 아주 기쁘겠다.

이제 행동으로 옮길 시간이다. 방법은 아주 많다. 비록 직접 양봉업에 뛰어들거나 벌통 하나를 분양받지 않는다고 하더라도, 적어도 꿀벌이라는 생물체와 가까워지는 체험을 해본다거나, 참으로 아름답고도 놀라운 그들의 생애를 이해하게 되길 바란다.

또한, 내가 진행하는 영국 토종벌 후원 캠페인에 동참해주기를 바란다. 영국 토종벌은 대단히 영리하고 강인한 품종으로 놀라울 정도로 우수한 특성이 있다. 나는 이 캠페인이 영국에서 우리의 벌들을 지키는 최선의 기회라고 생각한다. 양봉하는 인력들이 급증하고, 벌 수요도 엄청나게 증가하는데, 가능하면 외국 품종을 사용하지 말고 토종벌을 쓰는 것이 무엇보다 중요하다. 토종벌은 특별히 이 나라의 기후와 풍토에 맞게 잘 적응했기 때문이다.

앞으로 더 많은 연구를 진행할 필요가 있으며, 그에 따른 투자도 따라주어야 할 것이다. 뜻있는 개인이나 단체 중에도 자금이 부족하여 어려움을 겪는 경우가 있다. 이들이 토종벌의 미래를 여는 열쇠가 될 것이므로, 될 수 있는 대로 그들을 지원해주기를 촉구하는 바이다. 나는 대형 슈퍼마켓들이 유전학 분야를 지원하는 것을 보고 마음이 든든해졌다. 언젠가는 런던이 살충제를 전혀 사용하지 않는 청정지대가 되기를 바란다.

걱정스럽게도, 몇 년 전에 중국에서 들여온 꿀에서 대량의 항생물질이 발견되었다. 그 결과 유럽으로 수입되는 꿀 단속을 강화했는데, 엄격한 검열 요건을 충족하지 못한 품종의 꿀이 상당히 많았다. 내가 듣기로는 영국의 입국 심사장에 걸린 휴대금지 품목 포스터에는 살상무기류인 권총, 폭발물과 더불어 꿀이 기재되었다고 한다.

여러모로 보아 이것은 참 반가운 일이다. 이러한 수입 규제 덕분에 외국산 벌꿀을 접할 기회가 줄어들어서, 사람들이 영국산 토종꿀을 더 찾게 되었다. (다만 아직은 수요를 충족시킬 수 있을 만큼 토종꿀을 많이 생산하지는 않는다.) 한 가지 더 좋은 소식은 심혈을 기울여 벌꿀 생산지를 선정해서 공정거래란 기치 아래 꿀을 수입하는 데이비드의 상품이 사람들로부터 많은 사랑을 받는다는 것이다.

이제는 영국 토종벌이 거의 잡종이 되긴 했지만, 그렇더라도 양봉할 때 되도록이면 영국 벌을 사용하고, 꿀도 영국 벌꿀을 사주기를 부탁하는 바이다. 판매상들이 영국산 벌꿀제품들을 갖출 의향은 있지만, 조달 가능성 때문에 망설이는 경우가 종종 있다. 다행히도, 판매용 꿀을 생산하는 양봉가들이 더 많아지면서, 사람들이 영국산 꿀과 향토 꿀을 돈을 조금 더 주더라도 살 만한 가치가 있다고 인식하기 시작했다. 이러한 상황이 오래가기를 빈다.

다소 기발한 아이디어가 또 하나 있는데, 런던에 있는 공원 한군데를 골라서 빈티지 트랙터로 땅 갈기 시합을 벌이는 것이다. 그렇게 해서 갈아엎은 땅에다 보리지(borage)와 전동싸리같이 벌들이 좋아하는 꽃들을 심어서 야생화밭을 만들 수 있을 것이다. 아직 이 계획은 아무에게도 내놓은 적이 없다. 단지 걱정스러운 점은 땅을 깊이 갈다가 2차 세계대전 때의 불발탄을 건드리지나 않을까 하는 것이다.

폭발물 이야기는 일단 접어두고, 나는 메링턴(Merrington)[259]에 있는 조와 앤의 창고에서 오래된 내 트랙터인 작은 회색 퍼기를 런던으로 가져와 시합에 참가할 것이다. 조가 그 모습을 본다면 아주 흐뭇해할 것이다. 나로서는 오래도록 간직했던 꿈을 실현하는 셈이다. 프로비던스(Providence)에 있는 우리 할머니의 작은 농장에서 어렸을 때 타봤던 트랙터를 언젠가는 직접 운전해보고 싶었다. 그곳에서 벌을 향한 사랑이 처음으로 마음속에 싹텄다.

벌들은 매우 매력적이고 근면하고 개성이 넘치며, 자신이 맡은 임무에 헌신하는 모습이 정말 놀라울 따름이다. 벌이 없는 나의 인생은 상상할 수도 없다. 잊지 말고 나처럼 벌들에게 모든 것을 이야기하라…… 그렇게 하다 보면 많은 깨달음을 얻을 것이다.

12월 Tip

모든 양봉가가 해야 할 일:
* 내년 양봉계획을 세워라. 될 수 있으면 손잡이가 달린 큰 사과주 병을 들고 난롯불 앞에 앉아 계획을 세워라.
* 생산한 꿀이 여러 크리스마스 선물 가게에서 성황리에 잘 팔린다면, 이 축제의 시기에 쉬면서 충분히 즐겨라. 그리고 상인을 대상으로 상품과 손해배상까지 보장하는 보험에 반드시 가입하도록 하라.

---

259 슈롭셔에 있는 작은 마을 이름.

맺음말

감사드립니다!

    오스카상 시상식의 수상자처럼, 나도 이 글을 마치면서 중요한 몇몇 사람에게 감사의 말씀을 전하고 싶다. 그들이 없었더라면 이 모든 것이 불가능했을 것이다. 절대 울지 않으리라 약속한다.

    웨일스에 있는 데이비드 웨인라이트. 그가 키우는 벌들의 소굴에서 함께 시간을 보내게 해줘서 감사드린다. 이곳에 수차례 방문할 때마다 내 얼굴에 찬물을 끼얹은 것 같은 충격을 받았다. 그 경험은 현실에 안주하던 나를 놀라운 양봉의 세계에 새로이 눈뜨게 했다. 나로 하여금 좀 더 큰 포부를 갖도록 해주었다. 상업 양봉에 관해 지금 내가 알고 있는 모든 것은 전부 그에게서 배운 것이다. 런던에서 양봉업을 개척했던 그의 경험담이 감동적이었듯이, 벌에 관한 그의 지식은 정말 대단하다. 데이비드는 아무리 오랜 시간 일해도 절대 지치지 않는 열정과 능력을 갖췄으면서도 정말 겸손한 양봉의 대가이다.

    메링턴 레인(Merrington Lane) 농장의 조와 앤 부부. 그들의 따뜻하고 친절한 환대와 좋은 차와 케이크, 그것과 더불어 삶을 대하는 조 특유의 관조적인 태도에 이르기까지 모든 것에 감사한다. 런던 공원에서 벌어질 시합에 가져갈 내 오래된 퍼거슨 트랙터를 비롯한 내가 양봉하면서 만들어낸 온갖 잡동사니를 그들의 건초창고에 보관해두었는데도, 이런 것들을 군소리 하나 없이 잘 참아준 것 또한 감사하는 바이다.

사냥터 관리인인 데이비드 킹(킹이). 그의 튼튼한 체력, 생존 본능, 강인한 투지와 벌을 사랑하는 마음을 보고 많이 배웠다. 그리고 낮이든 밤이든, 외딴 황무지에서든 농장에서든, 항상 내 벌통을 점검해주며 늘 망설이지 않고 도와주었던 것에도 감사한다. 또한, 꿩고기, 갓 캐낸 감자, 깍지콩, 톡 쏘는 맛이 나는 까막까치밥나무 열매같이 기막힌 선물들을 내 차에 몰래 넣어주었던 것도 대단히 감사하다. 그것들은 하나같이 맛있었으며, 그런 헌신은 정말 타의 추종을 불허한다.

우량 종봉 육성의 대가인 피터 킹지. 나에게 숲을 빌려주고, 항상 뛰어난 품종의 벌을 제공했으며, 우리의 양봉기술에 대해 요다(Yoda) 스타일로 현명하게 조언해준 것에 감사한다. 나는 런던 북부 숲의 개발 허가가 나지 않기를 바라는 마음으로 이 글을 썼다. 그 숲은 도시 근교에 있으면서도 내 벌들과 양봉장비의 가장 멋진 안식처인데, 개발이라는 명목으로 숲이 훼손되면 고전을 면치 못할 것이다.

네드의 엄마이자 이 일의 공범 격인 나의 왕년의 파트너 질 미드. 아무도 우리의 비전을 지원해주지 않던 초창기에, 내가 양봉을 시작할 수 있도록 도와주고 지지해준 것에 감사한다. 다른 양봉가들은 믿을 수 없을 정도로 편안한 시기를 보내던 시절에, 우리는 진정한 개척자처럼 느껴졌다.

그리고 무엇보다 나의 벌들, 그들의 도움과 투지에 감사한다. 그들은 나의 삶이며, 그들이 없었다면 나란 존재는 무용지물이었을 것이다. 고맙다, 벌들아. 너희는 진정 의심의 여지 없이 헌신해주었다. 진정으로.

알다시피 오스카상 시상식의 수상소감처럼 감사인사를 드린다고는 했는데, 어땠는지……

농부가 세상을 바꾼다

귀 농 총 서
guidebook

도시농업

_도시농사꾼이 알아야 할 모든 것

텃밭보급소 엮음 | 국판 284쪽

팍팍한 도시생활에 촉촉한 윤기를 주는 도시농업

사람이 흙을 일구고 생명을 키워서 많은 사람들과 나눔을 실천할 수 있는 도시농업은 생명을 창조하는 일, 녹색을 살리는 참다운 문화를 조성하는 일이다. 무엇보다도 잘 먹고, 잘 사는 일을 내 손으로 해결할 수 있다는 데 그 의미가 크다.

도시농업은 도시에서 넘쳐나는 음식물쓰레기를 자원 순환시키는 데 이용되도록 한다. 또한 농사가 사라지면서 함께 사라진 공동체가 흙을 기반으로 이웃과 자연 생명이 함께 하는 공동체적인 삶을 되찾아준다. 그리고 도시농업을 통해 작물종 다양성을 구현한다면 우리 생태계에 건강함을 되찾아줄 것이고, 이것은 결국 우리가 행복하게 잘 사는 밑거름이 된다. 이 책은 내로라하는 도시농부들의 목소리를 통해 다양한 방법으로 팍팍한 도시 한가운데 새로운 녹색 생명문화를 만들고 있는 현장을 전한다. 이를 통해 도시의 식량자급률을 높이며, 붕괴된 공동체문화를 다시 세우는 의미를 일깨워준다.

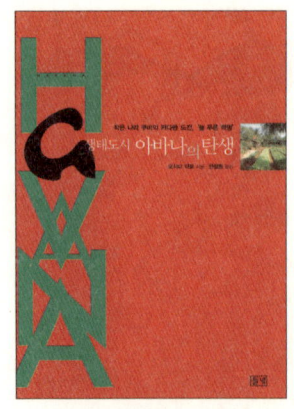

생태도시 아바나의 탄생

_작은 나라 쿠바의 커다란 도전, '늘 푸른 혁명'

요시다 타로 지음·안철환 옮김 | 국판 334쪽

지속가능한 도시로 다시 태어난 아바나에서 인류의 미래를 본다

1990년대에 쿠바는 상상을 초월하는 10년 동안의 경제붕괴에 직면했다. 소련의 붕괴와 1959년 혁명 이후 계속된 미국의 경제봉쇄라는 이중고 때문에 석유부터 일상용품에 이르기까지 모든 물자를 공급받지 못하는 비상사태에 직면했던 것이다. 이런 위기상황에서 아바나 시민이 선택한 비상수단은 도시를 경작하는 것이었다. 그것도 농약이나 화학비료조차 없이! 이렇게 맨손으로 시작한 도시농업은 10년을 지나자 인구 220만 명이 넘는 도시가 유기농업으로 채소를 완전히 자급하는 데까지 발전했으며, 환경친화적인 에너지·교통·의료·교육·녹화·NPO 정책을 견지함으로써 쿠바는 이제 탈석유문명을 꿈꾸는 생태주의자들의 뜨거운 시선을 받고 있다.

게릴라 가드닝

리처드 레이놀즈 지음·여상훈 옮김 | 국판 변형 316쪽 | 올 컬러

우리는 총 대신 꽃을 들고 싸운다

환경을 아끼는 사람들, 환경에 관심이 있는 사람들이 모여 혁명을 일으켰다. 그 이름은 '게릴라 가드닝'. 이 조용한 혁명은 버려진 공공용지를 화려하고 생명 넘치는 공간으로 바꾸어놓는다. 한 줌 씨앗을 손에 들고 방치, 무관심, 공동체 정신의 붕괴와 싸우기 위해 헌신을 무기 삼아 한 발 한 발 전진했다. 어둠을 틈타 아파트 앞 공터에 꽃을 심는 것으로 게릴라 가드닝을 시작했을 때, 리처드 레이놀즈는 외로운 1인 활동가였다. 그러나 그는 곧 전 세계를 아우르는 운동의 선봉장이 되었다. 이 책은 30개국에서 벌어지고 있는 독특한 주변문화의 투쟁사를 정리하고 21세기 운동의 방향을 제시한다.

작물을 사랑한 곤충
_논밭에서 만나는 해충·익충 이야기

한영식 지음 | 국판 228쪽 | 올 컬러

해충을 알면 농사가 보인다!

농부들은 벌레를 발견하는 대로 꾹꾹! 눌러 죽인다. 그래도 안 되면 살충제를 뿌린다. 작물에 꼬이는 해충은 질 좋은 농산물 생산을 방해하는 최고 적수니까. 하지만 해충들은 쉽게 죽지 않는다. 오히려 내성을 키운 슈퍼 해충으로 재탄생할 따름이다. 해충을 완전히 박멸하기란 매우 어려운 일이다. 그러나 해충의 숫자를 조절하는 건 가능하다. 가장 좋은 방법은 천적을 이용하여 해충을 조절하는 것. 새, 거미, 침노린재, 파리매 등의 육식성 천적이 많을 때 작물 해충들은 꼼짝하지 못한다. 해충에 의한 작물 피해가 줄어들면 독한 살충제를 뿌릴 까닭도 없다. 친환경 유기농업도 자연스럽게 실현된다.
이 책은 논밭 해충의 종류를 나비류, 노린재류, 딱정벌레류, 그 밖의 곤충류로 나누어 설명하면서 생태적 특성과 가해 상황, 방제법 등을 자세히 알려주는 최고의 지침서다!

유기농 채소 기르기 텃밭백과

박원만 지음 | 사륙배판변형 576쪽 | 올 컬러
2009년 정농회 선정도서

10년 동안 직접 기르며 쓴 유기농 채소 텃밭일지

초보자들이 자신의 밭 상황과 책 내용을 비교해보면서 농사지을 수 있도록 친절하고 상세하게 텃밭농사의 전 과정을 담은 책이다. 씨뿌리기부터 싹트는 모습, 밭 만들기, 자라는 모습, 병든 모습, 수확하는 모습까지 직접 찍은 사진을 1,400여 장 실었다. 이 책의 미덕은 작물이 병충해에 피해를 입었을 때 어떤 모습이 되는지, 피해를 예방하려면 어떻게 해야 하는지 등을 일일이 기록하고 사진으로 직접 보여준다는 데 있다. 전국서점 자연과학 분야에서 베스트셀러 자리를 놓치지 않을 만큼 귀농인과 도시농부들에게 가장 인기가 많은 책이다.
"실험실을 잠시 자연으로 옮겨 이 책을 완성했습니다. 실험이 잘 안 될 때는 1년을 기다려 다시 파종하고 식물이 자라는 모습을 기록했습니다. 만약 이 일이 생계였다면 이런 식의 관찰자적인 농사는 짓지 못했을 겁니다. 평생 직업으로 농사를 짓는 농부들에게는 부끄러운 일이지요." _ 지은이의 말 중에서

나의 애완 텃밭 가꾸기

이학준 글·그림 | 크라운판 변형 248쪽
중국 하남과기출판사 수출

공감 백 퍼센트, 만화로 읽는 텃밭 매뉴얼

텃밭 가꾸는 데 필요한 거의 모든 내용을 만화로 재현한 책. 거름을 만드는 법부터 씨 뿌리기, 모종 심기, 물주기, 웃거름 주기, 솎아주기, 수확하기 등 텃밭농사에 필요한 A부터 Z까지를 포괄적으로 다루되, 실전에서 우러나온 경험을 양념처럼 곁들여 읽는 즐거움을 배가했다. 일단 책을 펴놓고 읽으면서 머릿속에 남은 것을 따라 하면 된다. 텃밭농사를 시작하는 시점인 3월부터 농기구를 정리하고 사람도 땅도 잠시 휴식을 취하는 11월까지 텃밭농사법을 월별로 정리하여 해당 월에 꼭 하고 넘어가야 할 일이나 잊으면 안 되는 점들을 정리해놓았다. 귀농을 꿈꾸거나 준비하는 사람들의 필독서.

내 손으로 가꾸는 유기농 텃밭

전국귀농운동본부 엮음 | 296쪽 | 올 컬러

내 손으로 키워 먹는 텃밭농사가 참 웰빙

가장 안전하고 참된 먹을거리는 우리 땅에서, 우리의 손으로, 제철에 맞게 재배되는 농산물이다. 아무리 유명한 유기농식품이라 해서 먼 타국에서 오랫동안 배에 실려 오는 것이 과연 유기농적인 식품일 수 있을까? 게다가 철을 잃어버린 과일이나 채소들이 하우스 온실에서 비싼 석유를 때어 가며 키우는 것이 농약을 치지 않았다 해서 과연 안전한 식품이라 할 수 있겠는가?

제철에 맞춰 농사를 지으면 작물의 본성이 살아 있어 병충해에 강하기 마련이다. 그것도 내가 먹을 것, 가족이 먹을 것을 직접 짓는다면 사랑을 갖고 키우기 때문에 농약을 마음껏 칠 수가 없다. 유기농식품이라 해서 매우 비유기적인 에너지 고투입 식품을 먹느니, 내 손으로 조그만 텃밭에서 농사를 지으면 농약을 치더라도 시중의 유기농식품보다 더 유기적일 수 있다.

자급자족 농 길라잡이

_내 손으로 길러 먹는 자연란·벼·보리·채소·과수·농가공품

나카시마 다다시 지음·김소운 옮김 | 사륙배판변형 360쪽

24절기 자연 흐름에 맞춘 자급자족 밥상

20세기는 석유의 시대였다. 석유는 우리를 먹이고 입히고 재우는 등 삶의 모든 면에 깊숙이 침투해 있다. 물론 농사에도 마찬가지다. 대규모로 밭을 일구는 근대농업에서 석유와 농기계는 빼놓을 수 없는 존재다. 이 책의 저자 '나카시마 다다시'는 농업의 기계화·기업화가 우리 사회에 어떤 부작용을 가져오는지를 날카롭게 지적하며 앞으로 다가올 석유 고갈 시대를 스스로 대비해야 한다고 말한다. 그리고 그 해결책으로 자기 먹을거리를 스스로 자급하는 '자급농'이 되기를 제안한다.

이 책에는 자급농으로서 60년을 살아온 그의 경험이 담뿍 녹아들어 있다. 마당에서 50마리로 시작하는 소규모 양계법부터 트랙터를 이용하지 않아 비용이 적게 드는 무경운 밭 벼농사와 보리농사, 농약을 치지 않는 채소 재배와 씨앗을 받는 방법, 나아가 간단한 농산물 가공까지 자급자족을 위해 저자가 체득한 지혜와 기술이 가득하다. 석유 문명의 그늘에서 벗어나 대자연의 혜택에 의지해 자급자족하는 저자의 생활방식을 엿볼 수 있다.

숨쉬는 양념·밥상

장영란 글·김광화 사진 | 크라운판 변형 352쪽 | 올 컬러

평생 곁에 둬야 할 '손맛 이론서'

올해로 귀농한 지 15년이 된 저자가 전하는 '자연스럽고 건강한' 밥상 노하우. 모든 맛의 기본인 양념 만들기와 밥상의 중심인 밥 짓기에 초점을 맞춰 쉽고 소박한 요리법을 선보인다. 장 담그는 일은 시간과 정성이 들어가는 일이라 다들 어려워하기 마련이지만, 도시에 사는 독자들도 할 수 있도록 최대한 간편한 방법을 추렸다.

진정한 요리는 화려하고 특별한 음식이 아니라 우리가 늘 먹는 식단에서 시작해야 한다. 한국인의 밥상에 꼭 등장하는 양념과 밥은 요리의 기본이자, 평생 먹고 살아야 하므로 더욱 중요하다. 기본에 충실하면 어려웠던 요리가 이해되고 곧 즐거운 경지에 오른다. 베테랑 주부에게 밥 짓는 일은 요리가 아닌 것처럼, 장 담그는 일도 조금씩 습관처럼 하다 보면 몸에 익은 하나의 일상이 될 수 있다. 그대로 따라 하는 요리책이 아닌, '나만의 비법'을 갖게 해주는 요리 이론서와 함께한다면 숨어 있는 손맛 유전자가 깨어날 것이다.

약이 되는 잡초음식 숲과 들을 접시에 담다

변현단 지음·안경자 그림 | 국판 320쪽 | 올 컬러
2010년 문화관광부 우수교양도서

약이 되고 찬도 되는 50가지 잡초음식의 향연장!

매일 먹는 밥상에 비상이 걸렸다! 화학재료의 남용으로 우리 밥상이 위험 수위에 오른 지는 이미 오래. 하지만 건강한 밥상으로 바꾸는 일도 만만치는 않다. 이제 인스턴트 음식과 매식에서 벗어나 철 따라 즐길 수 있는 자연산 식물에 눈을 돌려보자. 잡초음식을 상용하여 병도 고치고 건강도 찾은 저자의 생생한 경험담이 그만의 독특한 농철학과 함께 소개된다. 석유가 점령한 우리 밥상의 심각성을 경고하는 1부에 이어, 2부는 우리 산야에 나는 자연산 풀을 일상에서 건강한 먹을거리로 즐길 수 있는 여러 가지 조리법을 소개한다. 풀이나 뿌리뿐 아니라 꽃잎까지 다양하게 활용하여 식탁의 그린지수를 높여본다.

땅심 살리는 퇴비 만들기

_ 석종욱이 들려주는 내 땅 살리는 퇴비제조법

석종욱 지음 | 국판 264쪽 | 올 컬러

땅심을 살려야 농사가 산다!

농업의 모체는 흙이다. 흙에 종자나 모종을 심어 물과 양분을 공급해서 자라게 하고, 다 자라면 수확하여 인간이 먹는다. 그런데 이 재배과정에서 오염이 발생한다면 어떻게 될까? 또 땅심이 부족하면 어떻게 될까? 오염물질은 먹을거리를 통해 우리 몸에 들어올 것이고, 땅심이 약한 곳에서는 절대로 좋은 먹을거리를 생산할 수 없다. 땅심을 확보하는 데 가장 필요한 것이 유기물이다. 무조건 유기물만 주면 땅심이 좋아진다고 생각하는 사람들이 많은데 그렇지 않다. 생(生)유기물을 사용하면 땅속에서 발효가 일어나 작물에 피해를 주기 때문에, 이를 미리 발효시켜 퇴비로 만든 뒤에 사용해야 한다.
이 책에서는 퇴비를 만들기 위한 재료 선택부터 기술적인 제조방법과 사용효과 등에 대해 설명한다. 수십 년간 오로지 퇴비 연구에만 몰두해온 저자의 땅심 올리기 노하우를 상세히 밝혔다.

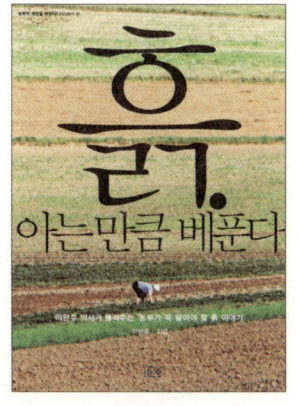

흙, 아는 만큼 베푼다

_이완주 박사가 들려주는 '농부가 꼭 알아야 할 흙 이야기'

이완주 지음 | 국판 336쪽 | 올 컬러

우리가 미처 몰랐던 흙의 속사정

농업인에게 흙은 애증의 대상이자 생계의 수단이다. 좋은 흙, 건강한 흙 없이는 소출을 낼 수 없다. 하지만 흙의 성격을 잘 이해하고 친하게 지내는 사람은 별로 없다. 그 속을 들여다볼 수도 없거니와 그 안에서 끊임없이 일어나는 화학적인 변화를 도무지 예측할 수 없는 탓이다. 그만큼 흙 속에서 이루어지는 다양한 변화는 상상 이상으로 복잡하다. 알기 쉽게 설명하기도 어렵다.
이 책은 어렵고 복잡한 흙의 생리를 이야기처럼 풀어내어 독자를 변화무쌍한 흙의 세계로 안내하는 길라잡이다. 필자가 이 책에서 강조하는 키워드만 확실하게 이해해도 흙을 알고 농사를 살리는 데 문제가 없을 것이다.

이웃과 함께 짓는 흙부대 집

김성원 지음 | 사륙배판변형 320쪽 | 올 컬러

2009년 정농회 선정도서

국내 최초로 흙부대 집을 짓다!

저자는 이 책에서 몸소 체득한 흙부대 건축의 노하우를 꼼꼼하게 소개한다. 어떤 방식을 택할 것인지, 건축자재는 어디서 구입하는지, 시공할 때 주의할 점은 무엇인지를 친절하게 알려준다. 또한 다양한 사례를 통해 흙부대 건축의 역사와 적용, 발전 양상을 안내한다. 그러나 그가 무엇보다 집중적으로 조명한 것은 우리 주변에서 흙부대로 집을 지은 사람들의 생생한 건축 이야기다. 지역공동체와 더불어 집짓기를 꿈꾸는 모든 이의 나침반.

시골집 고쳐 살기

_인생을 담은 맞춤형 생태주택

전희식 지음 | 신국판변형 240쪽

시골집을 고쳐 살면 뭐가 좋은데?

시골 살림집 고쳐 살기의 장점과 묘미는 '맞춤형'이자 '생태형'이라는 점. 집주인의 형편이나 취향에 맞춰서 고쳐 살 수 있으니 좋고, 새집을 짓는 과정에서 발생하는 자연 훼손 문제를 염려하지 않아도 좋으며, 집을 고치기 시작하는 순간 진정한 동네 주민이 될 수 있기 때문이다. '겨울에는 좀 춥게 살고, 여름에는 좀 덥게 사는 집, 여러 가지로 불편하지만 좋은 집, 늘 손봐야 해서 즐거운 집'에 대한 정겨운 이야기를 담았다. 조금은 힘들어도 자연과 더불어, 그리고 이웃과 더불어 행복하게 살아갈 수 있는 생태적 삶이 담겨 있다. 친절하고 따뜻한, 그러면서도 손쉽게 따라 할 수 있는 매우 실용적인 집 고치기 이야기.